貓頭鷹書房

　　有些書套著嚴肅的學術外衣，但內容平易近人，非常好讀；有些書討論近乎冷僻的主題，其實意蘊深遠，充滿閱讀的樂趣；還有些書大家時時掛在嘴邊，但我們卻從未看過……

　　如果沒有人推薦、提醒、出版，這些散發著智慧光芒的傑作，就會在我們的生命中錯失──因此我們有了**貓頭鷹書房**，作為這些書安身立命的家，也作為我們智性活動的主題樂園。

貓頭鷹書房──智者在此垂釣

貓頭鷹書房 255

數學大觀念

從數字到微積分，
全面理解數學的 12 大觀念

The Magic of Math
Solving for *x* and Figuring Out Why

亞瑟・班傑明◎著

王君儒◎譯

貓頭鷹

THE MAGIC OF MATH: Solving for x and Figuring out Why by Arthur Benjamin
Copyright © 2015 by Arthur Benjamin
Complex Chinese translation copyright © 2017, 2023
by Owl Publishing House, a division of Cité Publishing Ltd.
Published by arrangement with Basic Book, a Member of Perseus Books LLC
through Bardon-Chinese Media Agency
博達著作權代理有限公司
ALL RIGHTS RESERVED

數學大觀念：全面理解從數字到微積分的 12 大觀念

作　　　者	亞瑟‧班傑明 (Arthur Benjamin)
譯　　　者	王君儒
責任副主編	王正緯（二版）
特約編協	周南
專業校對	魏秋綢、林昌榮
版面構成	張靜怡
封面設計	兒日
行銷統籌	張瑞芳
行銷專員	段人涵
出版協力	劉衿妤
總編輯	謝宜英
出版者	貓頭鷹出版

發　行　人　涂玉雲
發　　　行　英屬蓋曼群島商家庭傳媒股份有限公司城邦分公司
　　　　　　104 台北市中山區民生東路二段 141 號 11 樓
　　　　　　劃撥帳號：19863813；戶名：書虫股份有限公司
城邦讀書花園：www.cite.com.tw　購書服務信箱：service@readingclub.com.tw
購書服務專線：02-2500-7718~9（週一至週五 09:30-12:30；13:30-18:00）
24 小時傳真專線：02-2500-1990~1
香港發行所　城邦（香港）出版集團／電話：852-2877-8606／傳真：852-2578-9337
馬新發行所　城邦（馬新）出版集團／電話：603-9056-3833／傳真：603-9057-6622
印　製　廠　中原造像股份有限公司
初　　　版　2017 年 3 月／二版 2023 年 3 月
定　　　價　新台幣 480 元／港幣 160 元（紙本書）
　　　　　　新台幣 336 元（電子書）
Ｉ　Ｓ　Ｂ　Ｎ　978-986-262-613-9（紙本平裝）／978-986-262-609-2（電子書 EPUB）

有著作權‧侵害必究
缺頁或破損請寄回更換

讀者意見信箱　owl@cph.com.tw
投稿信箱　owl.book@gmail.com
貓頭鷹臉書　facebook.com/owlpublishing

【大量採購，請洽專線】(02) 2500-1919

城邦讀書花園
www.cite.com.tw

國家圖書館出版品預行編目資料

數學大觀念：全面理解從數字到微積分的 12 大觀念／亞瑟‧班傑明（Arthur Benjamin）著；王君儒譯. -- 二版. -- 臺北市：貓頭鷹出版：英屬蓋曼群島商家庭傳媒股份有限公司城邦分公司發行，2023.03
　面；　公分．
譯自：The magic of math: solving for x and figuring out why
ISBN 978-986-262-613-9（平裝）

1. CST：數學教育

310.3　　　　　　　　　　　111022153

本書採用品質穩定的紙張與無毒環保油墨印刷，以利讀者閱讀與典藏。

推薦序
數學的魔術之道

師大電機系助理教授、數感實驗室共同創辦人／賴以威

有一種符合本書主題的二分法：討厭數學的人跟喜歡數學的人。

前者埋怨：

「數學跟現實脫節。」

後者部分同意這話，他們會說：

「數學是獨立於現實世界的另一個世界。」

請帶點魔幻的色彩來想像以下的畫面：你拿起筆在紙上算數學，簡單的 1+1 或微分方程都可以。然後奇妙的事發生了，你的手穿過紙張，整個人往紙裡墜，你進入了數學的另一個世界。

不需要畫五芒星的魔法陣（我忍住不跟你聊裡面的黃金比例），不需要任何繁瑣的祭祀儀式，只要一張紙、一支筆跟任何一道數學式子，你就能自由進出數學的世界。

・

受到工程背景的影響，我在分享數學有趣之處時，常常著眼在數學世界與現實世界的連結。現實世界有 500 元鈔票，500 大卡的手搖飲料，還有台灣搖滾天王伍佰。但從數學世界裡看，他們都是變成了純粹的數字 500。我是個虔誠的信徒，常去廟裡拜拜擲筊，一方面在現實世

界裡乞求天神保佑，一方面在數學世界裡和機率之神祈禱。兩個世界之間往返，你很容易看到許多有趣的現象，複雜的問題脫下外皮，被解構成一條條式子；全然不相關的幾件事，在數學世界裡都是一個模樣，這樣的視角媲美從《巡者系列》的幽界裡窺視人界*。

班傑明教授在本書中提供了另一個角度，他直接讓我們探索「數學世界本身的趣味」，不需要來來回回，光是只有數字與幾何圖形的數學世界就夠我們玩得不亦樂乎，讚嘆連連了。請繼續想像，你在數學世界跟團旅行，來到著名景點歐拉公式

$$e^{i\pi} + 1 = 0$$

導遊難掩興奮之情地說：

「e、i、π、0、1，五個重要又看似毫無關係的數字，竟然被巧妙地整合在一起！」

覺得不夠神奇嗎？可能是符號帶來的隔閡，讓我們換成近似的數字

$$(2.72)^{\sqrt{-1} \times 3.14} + 1 \approx 0$$

這樣或許更有感覺吧。無窮無盡的數字大海中找出來的兩個無理數字，搭配根號 -1 這個被國中小數學課本禁止的虛數，組合起來再 $+1$ 竟然很趨近於 0。這是數學世界的大峽谷，展現數學大自然的神工鬼斧。

讚嘆完大峽谷之美，我們都會想去告示牌或上網查查它的成因。理當來說你也會想了解歐拉公式背後的原因。導遊風趣地講解，不時穿插其他有趣的知識。你注意到他胸口的名牌：亞瑟‧班傑明。

‧

＊《巡者系列》是俄國經典魔幻小說，幽界是指超凡人才能進入的，與現實世界平行並存的空間。

　　原文書名《the Magic of Math》把兩個我很喜歡的名詞數學和魔術放在一起。小時候我曾摸著牆壁，百思不得其解為什麼有人可以穿越比這道牆厚上好幾倍的萬里長城，把人身體切一半又復原。雖然當下沒聯想到，但多年後回想，這樣的困擾其實跟面對一道數學難題很相似：盯著一個奇形怪狀的幾何圖形，我覺得不可能算出它的面積，但同時我又清楚知道，下一頁翻過來就是印好的解答。

　　魔術是很精密的機制，能欺騙人類的直覺。數學同樣很精密，它的本意是補充人類的直覺（有些人可能會說「是為了打擊人的信心」，但我想那是「數學考試」，而不是「數學」本身），讓我們能精準地達成某些事情，簡化某些過程。了解到這點後，你會發現數學跟魔術之間有驚人的相似之處，換個角度，數學就能從惱人的題目變成有趣的魔術。國內也有幾位優秀的數學魔術師：吳如皓、莊惟棟、林壽福幾位老師，都擅長結合數學與魔術，有機會一定要看看他們的表演。班傑明教授更是箇中翹楚，他曾在 TED 上表演過幾個數學魔術，這回他將數學魔術的訣竅放在書裡。魔術很有趣，背後的原理更有價值。

　　比方說，有一兩個魔術是速算，比起掌握速算技巧，更重要的是了解「為什麼這些技巧有用」，進而思考「該怎麼設計這樣的技巧」。我和我的團隊老師常舉辦給國小學生的「數學實驗課」，裡面恰好也有介紹速算。我們讓小朋友比賽，一些人心算，一些人按計算機，看誰算得快。小朋友覺得很無聊，比賽彷彿不需要開始就知道勝負。

$$2+2+2+2+2$$
$$1+2+3+7+8+9$$

　　題目一打出來，心算的小朋友開心得不得了，一秒內就大喊出答案，按計算機的小朋友很鬱悶，他們也知道答案，偏偏被要求得按下每個數字、符號，怎麼都跟不上心算的速度。

1. 一樣的數字相加，可以用乘法

2. 找到和為 10 的兩組數字

這是深植在每個人心中的速算訣竅，或是用另一個詞來說——規律。比起一個個數字相加，運用題目裡數字的這兩個規律，就能大幅縮短計算時間。數學的本質是發掘規律，化繁為簡。班傑明教授舉了一個很精采的例子，只要告訴他一個日期（年月日），他就能立刻回答你是星期幾。這只是我們題目的進階再進階版，背後的原理都是一樣，找出規律。

能洞察規律的人，便能得到他人無法得到的資訊，以更快的方式得到資訊，或是，成為一位數學魔術師。這才是數學的真正意義。

各界專家推薦

　　作者班傑明站在普羅大眾的立場，精挑細選出兼具趣味與生活的例子，活化了書中每一個章節要討論的數學主題。12 個章節所展現的數學知識涵蓋了小學、國中、高中的算術、代數、幾何、三角、排列組合，以至於大學的微積分和數論。班傑明選用題材普及親民，敘述深入淺出，原本不易了解的數學觀念，總是可以展現其美妙迷人的規律與內涵，讓人想一窺堂奧，這是一本吸引讀者重複細細品嘗的好書。

──李信昌／「昌爸工作坊」站長

　　亞瑟‧班傑明的數學普及演講內容豐富扎實，舉證親切得體，而且他台風穩健，舉手投足之間，洋溢著數學家的自信與優雅，真是不可多得的數學宣道師。我們閱讀本書，除了欣賞他的這些個人風格之外，還可以從容地理解他在熟悉的數學主題上，帶給我們意想不到的驚喜！

──洪萬生／台灣師大數學系退休教授

　　作者是一位天才型的數學魔術舞台表演者，本書足以和他的 TED 魔術秀互相輝映，同樣精采，震撼而神奇！也可看成是用數學概念情境

來鋪陳廣義的數學魔術。每個數學概念透由作者的智慧和巧思演繹後，具有畫面和故事性，不僅平易近人，高潮迭起，且不失深刻。的確，本書每一章節都可以設計成令學生喜愛的魔術，非常值得推薦給廣大的中學生和教師們參考！

——林壽福／教育部國教署中央團諮詢教師、台北市興雅國中退休教師

翻轉數學課堂的經驗中，對於數學的拆解、重組、觀察與變化是非常重要的思考探索。而班傑明先生的數學魔手讓這些看似困難的腦力激盪變成了一篇篇充滿趣味、新奇的冒險故事，深深地觸發著我去探索每一個答案，不自覺地進入到數字的奇幻世界。如同書中所言，每一個故事的閱讀都會期待著讓人出乎意料的結果。本書是身為翻轉教師所必備的優質教材，也是誘發孩子「Buy In」數學課最佳的起點。

——施信源／龍埔國小國際教育中心主任、

全球翻轉教學推廣亞洲區輔導教師

大家都說魔術師絕對不能揭露自己的祕密，但值得高興的是，班傑明忽略了這個無聊的格言。他向他的觀眾揭露數字的祕密，以及其他連數學家都著迷千年的數學幻象。

——伯格（Edward B. Burger），美國西南大學校長，

著有《原來數學家就是這樣想問題：掌握 5 個元素讓你思考更有效》

在《數學大觀念》中，班傑明成功達成了看似完全不可能的戲法，高等數學在這裡如此自然流露又充滿魅力，讓人不禁懷疑當初在數學課

上怎麼會覺得無聊又困惑。坊間有很多試圖將數學普及化的書，而此書絕對是最好的選擇之一，事實上，每讀一頁，我都發現自己學到了新的東西，或是以一種創新的方法看待熟悉的主題。

──羅森豪斯（Jason Rosenhouse），

詹姆斯麥迪遜大學數學教授，著有《The Monty Hall Problem》

這本書對我的學生來說會是神奇魔術！如果在我求學時期就能感受到該有多好。他們學的數學愈多，就會愈頻繁地回頭翻閱本書，每一次的再訪都能有更深的認知並發現新的領域。

──魯斯克（Richard Rusczyk），

「解題的藝術」網站發起人，美國數學競賽主任

在《數學大觀念》中，數學魔術師班傑明帶領我們在既有趣又富教育意義的情況下一同收割基本數學概念，並以一種普羅大眾能接受的方式展現出來。這本書最吸引人的部分是大量使用親和、實際的方式來講解和串聯各種觀念。

──葛利恆（Ronald Graham），美國數學學會榮譽會長，

《Magical Mathematics》一書的共同作者

閱讀《數學大觀念》就像是在一個有許多迷人例證的花園中輕鬆漫步，任何對魔術、謎題，或數學有興趣的人都會享受閱讀這本書的時光。

──卡拉威（Maria M. Klawe），哈維穆德學院校長

　　這本書是數學的一陣旋風，從算術和代數一路吹到微積分和無窮大，其中 9 這個數字尤其巧妙。班傑明熱情又吸引人的寫作風格使得《數學大觀念》成為數學愛好者錦上添花的絕佳囊中之物。

——塔爾曼（Laura Taalman），

詹姆斯麥迪遜大學數學與統計學院教授

　　數學充滿著令人驚奇的美麗規律，而班傑明風趣的個性將這些模式在《數學大觀念》中注入生命，你將不只是發現許多絕妙的點子，同時也會找到一些有趣的數學魔術戲法，絕對會讓你想要在朋友和家人面前試試看。做好準備，數學比你想得更有趣。

——哈特（George W. Hart），石溪大學的數學雕刻家及研究教授，

數學博物館的共同發起人

　　班傑明的創作立刻就成為了數學經典，結合艾西莫夫的清晰、加德納（Martin Gardner）的品味，再加上他自己的幽默感和冒險故事，真希望在我小時候就有這本書了。

——蔡茨（Paul A. Zeitz），舊金山大學數學系教授及系主任，

著有《The Art and Craft of Problem Solving》

　　無論任何程度，讀者都能在本書中發現一種玩樂的樂趣。多數魔術師並不揭露他們的祕密，但在《數學大觀念》中，班傑明教你如何揭開美麗數學背後的真相，數學也因此更令人嘆為觀止。

——蘇（Francis Su），美國數學協會會長

　　《數學大觀念》提供了一個在數學世界中遼闊又難忘的旅程，在這裡，不僅數字會跳舞，數學的祕密也都被揭露了。只要打開本書開始閱讀，你將會籠罩在班傑明的魔術文字之中。幸運的是，這裡的祕密並沒有魔術師不可告人的機密，所以無庸置疑地，你可以分享或表演給家人和朋友看。

──查提爾（Tim Chartier），戴維森學院數學教授，

著有《Math Bytes》

此書獻給我的妻子迪娜，
以及我的女兒羅瑞兒和艾麗兒

目次

前言

　　我一直熱愛著魔術，不論是看其他魔術師或是由我自己施展這些戲法，我總是為達成這些驚豔技巧的手法深深著迷。而且我最愛找出其中的祕密了，只要用上一點簡單的規則，我也能發明屬於自己的招式。

　　我對數學的感受也是如此，在很小的時候，我就認為數字自有魔法。讓我來介紹一個你可能會感興趣的小遊戲：請在 20 到 100 之間挑一個數字。想好了嗎？現在把十位數和個位數加在一起，然後用你本來挑好的數字減掉這個總和，最後，將這個新數字的十位數和個位數加起來。你現在想的答案是不是正是 9 呢？（如果不是，或許你可以再回去驗算一次。）很酷吧，是不是？數學正是像這樣充滿魔力，然而大多數人在學校裡從沒見識過這一面。在本書中，你將會看到數字、形狀，和單純的邏輯能創造出許多讓人愉快的驚喜，再加上一點代數和幾何學，你就能經常發掘出這些魔術背後的祕密，或許還能自己發現一些美妙的數學呢！

　　這本書包含了像是算術、代數、幾何學、三角函數以及微積分等基礎數學領域，但也同時涵蓋了較不常見的主題，像是巴斯卡三角形、無窮大，以及某些具有神奇特性的數，例如 9、π、e、i、費氏數以及黃金分割比。儘管前述這些深遠的數學領域都無法在僅僅幾頁之中講清楚說明白，我希望的是你在看完本書後能理解一些主要的概念，了解為什麼數學能這樣運作，並能體會到每一個領域的優雅和箇中關聯。即使你已經看過其中某些主題了，我仍希望你接下來能用新的角度重新檢視它

們，並樂在其中。在我們學習更多數學概念的同時，其中的魔術也會愈來愈精巧且迷人，舉例來說，下面是我最愛的方程式之一：

$$e^{i\pi} + 1 = 0$$

有些人稱之為「上帝的方程式」，因為在這個神奇的方程式裡有許多數學中最重要的概念，尤其是 0 和 1，它們是所有算術的基礎；而 π = 3.14159... 以及 e = 2.71828... 也分別是幾何學和微積分學中最重要的數；另外還有平方就是 −1 的虛數 i。我們會在第八章繼續探討 π，在第十章詳加論述 i 和 e 的細節，並在第十一章利用數學來解釋這個神奇的等式。

這本書的目標讀者是那些將來有天會需要上數學課、正在上數學課，或是已經不再上數學課的人。簡而言之，不論是恐懼數學還是熱愛數學的人，我希望大家都能樂在其中，而為了達到這個目標，我必須建立一些規則。

規則 1：跳過這些灰框框無妨（但這個除外）！

每個章節裡都有一些「悄悄話」，當我突然想岔開話題講些什麼有趣的東西時就會出現。這些灰框框可能是額外的例子、證明，或是比較適合進階讀者的內容，在你第一次閱讀本書時可能會想先跳過這部分（或許第二次和第三次也是一樣），而我深切希望你會再次翻開本書，數學是一個值得再訪的領域。

規則 2：不要擔心跳過了任何段落抑或是整個章節。除了可以忽略灰框框之外，任何時候如果碰到瓶頸就放輕鬆繼續向前進吧！有時你需要對一個觀念先有看法之後才能完全理解它，如果稍候再來回顧這些主

題，你將會很意外的發現它變得多麼簡單，如果在閱讀本書的中途停下來，而因此錯過後面很多有趣的東西，那就太可惜了。

　　規則 3：別跳過最後一章。最後一章談論數學中的無窮大，其中有很多學校老師可能不會教你的有趣想法，而且有很多結論並不仰賴其他章節的內容來支撐；但另一方面來說，最後一章所提及的觀念在前面每一章都有出現過，這可能會讓你更有動力去回顧本書前面的部分。

　　規則 π：敬請期待會出乎意料。雖然數學的確是一門相當重要的科目，但並不代表傳授數學也要用同樣嚴肅又枯燥的方式來進行。身為哈維穆德學院的數學教授，我總是忍不住使用各種臨時起意的雙關語、玩笑話、詩詞、歌曲或是魔術戲法來創造歡樂的課堂時光，這種氣氛我也希望在本書中躍然紙上！（而且因為這是一本書，所以你不用親耳聽我唱歌，真是太幸運了！）

　　照著這些規則，探索數學的魔術之道吧！

$1 + 2 + 3 + 4 + \cdots + 100 = 5050$

數字的魔術

數字的規律

我們從數字開始認識數學。在學校裡，我們用文字、符號或是各種物體來表示和計算各種大小的數，然後再花費數年用加減乘除和其他算術程序來運用它們。然而，通常我們還是沒發現這些數字本身蘊含的魔力，如果我們看得更深入一點，就會發現數字的各種組合能為我們的生活帶來樂趣。

讓我們從下面這個題目開始吧。在數學家高斯（Karl Friedrich Gauss）還是個小男孩的時候，他的老師要全班同學將 1 到 100 之間的所有數相加。這件冗長又單調的工作是讓小朋友有事情忙，可以讓老師有時間做些其他事情，然而讓老師和同學吃驚的是，高斯立刻就寫下了答案：5050。他是怎麼做到的？高斯在腦海中將 1 到 100 分成兩排，如下圖所示，上面那一排是 1 到 50，下面那一排則是**倒序**的 51 到 100。高斯發現將上下兩排的五十個數分別相加都會得到同一個總和：101，所以總數會是 50×101，也就是 5050。

1	2	3	4	…	47	48	49	50
+ 100	+ 99	+ 98	+ 97	…	+ 54	+ 53	+ 52	+ 51
101	101	101	101	…	101	101	101	101

▲ 將 1 到 100 分成兩排，每一組數字相加都會得到 101。

高斯後來成為十九世紀最偉大的數學家，不是因為他心算的速度很快，而是因為他能夠讓數字在紙上起舞。在本章，我們會探討許多有趣的數字規律，並且開始看看數字如何跳起舞來！在這些規律中，有些能縮短心算的過程，而有些只是這些數字單純的規律之美。

我們已經用高斯的邏輯來將前 100 個數字相加，但如果我們的目標是前 17 個、前 1000 個或前一百萬個數字給加起來呢？事實上，我們依

然可以使用他的邏輯來得到前 n 個數目之和，其中這個 n 可以是任何你想要的數目！有些人認為如果能將這些數字視覺化，它們就不會那麼抽象。下圖我們用 1、3、6、10 和 15 個圓點來創造出一些三角形，這些數字也因此被稱為**三角形數**（對於一個圓點是否算是三角形或許有些爭議，但數目 1 的確被視為三角形數），而第 n 個三角形數的正式定義是 $1+2+3+\cdots+n$。

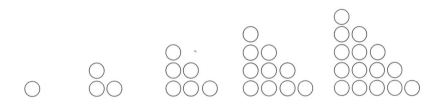

▲ 前五個三角形數為 1、3、6、10 以及 15。

請注意當我們把兩個三角形放在一起時發生了什麼事，如下圖所示：

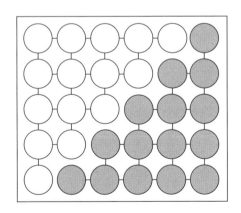

▲ 這個長方形裡面有幾個圓點？

這兩個三角形組成了一個 6 直行 5 橫列的長方形，其中共有 30 個圓點，因此每一個三角形所擁有的圓點數量必定是它的一半，也就是

15 個。當然這點我們早就知道了，但這個論點顯示出的是如果照我們剛剛做的那樣，將兩個同樣有 n 列的三角形放在一起，你將會得到一個有 n 列以及 $n+1$ 行的長方形，其中包含的圓點數量會是 $n \times (n+1)$ 個（通常簡寫為 $n(n+1)$ 個）。因此，我們能導出一個**前 n 個數目之和**的公式：

$$1 + 2 + 3 + \cdots + n = \frac{n(n+1)}{2}$$

看看我們剛剛完成了什麼：我們找到了一個能得到前一百個數字之和的模式，並且能推廣解決相同形式下的所有題目。如果我們需要計算從 1 到一百萬之和，現在只要兩個步驟就能完成：將 1,000,000 乘以 1,000,001 然後再除以 2！

一旦發現一個數學公式，其他的公式通常也呼之欲出。比如說，如果我們將上方公式等號兩邊的方程式都乘以 2，我們就會得到一個**前 n 個偶數之和**的公式：

$$2 + 4 + 6 + \cdots + 2n = n(n+1)$$

那麼，**前 n 個奇數之和**呢？讓我們來看看這些數字是怎麼說的：

$$
\begin{aligned}
1 &= 1 \\
1 + 3 &= 4 \\
1 + 3 + 5 &= 9 \\
1 + 3 + 5 + 7 &= 16 \\
1 + 3 + 5 + 7 + 9 &= 25 \\
&\vdots
\end{aligned}
$$

▲ 前 n 個奇數之和的答案是什麼？

等號右邊的數目都是**完全平方**：1×1、2×2、3×3……。顯而易見地，前 n 個奇數之和的答案似乎都是 $n \times n$，通常寫為 n^2，但要怎麼確

保這不只是個暫時性的巧合呢？我們會在第六章用一些方法導出這個公式，但如此簡潔的模式應該要有個簡單易懂的解釋。我最喜歡用「算算有幾點」的策略來形容它，這也可以說明為什麼我們稱 25 這樣的數目為完全平方，又為什麼前 5 個奇數之和等於 5^2？讓我們來看看下面這個 5×5 的正方形。

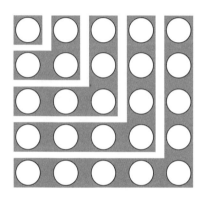

▲ 這個正方形中有多少個圓點？

這個正方形有 5×5=25 個圓點。不過讓我們用另一個方式來數數看，從左上方的那一個圓點開始，這一個圓點被三個圓點包圍，然後依序是五個、七個以及九個圓點，最後會得到：

$$1 + 3 + 5 + 7 + 9 = 5^2$$

如果任選一個 $n \times n$ 的正方形，我們能將其分成 n 個大小分別是 1、3、5、…、$(2n-1)$ 的 L 型區塊。當用這種方法來檢視時，我們會得到**前 n 個奇數之和**的公式：

$$1 + 3 + 5 + \cdots + (2n - 1) = n^2$$

悄悄話

　　稍後在本書中，我們會看看這個算圓點的方法（以及一般以兩種殊途同歸的解法來解答同一個題目的方式）如何能在高等數學中引導出一些有趣的結果。這個方法同時也對理解基礎數學很有幫助。舉例來說，為什麼 3×5＝5×3？我相信你一定從未質疑過這一點，在乘法運算中，各個數的順序並不會造成影響（數學家會說乘法中的數可以**交換**）就是我們小時候學到的論點。但為什麼 3 袋各有 5 顆彈珠的總和會跟 5 袋各有 3 顆彈珠的答案是一樣的？如果用一個 3×5 的長方形來計算，這就很容易解釋了。以橫列為單位，我們就有以五點為一列、共三列的圓點，也就是 3×5 個圓點；另一方面來說，我們也能有以三點為一直行、共五行的圓點，也就是 5×3 個圓點。

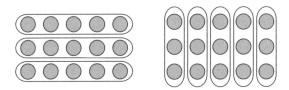

▲ 為什麼 3×5＝5×3 ？

　　讓我們運用這個從奇數之和衍生出的規律來找出一個甚至更為美麗的模式，如果我們的目標是讓數字起舞，或許你會說我們要來跳一些**平方之舞**了。

　　看看下面這個有趣的等式金字塔：

$$1 + 2 = 3$$
$$4 + 5 + 6 = 7 + 8$$
$$9 + 10 + 11 + 12 = 13 + 14 + 15$$
$$16 + 17 + 18 + 19 + 20 = 21 + 22 + 23 + 24$$
$$25 + 26 + 27 + 28 + 29 + 30 = 31 + 32 + 33 + 34 + 35$$
$$\vdots$$

你看出什麼規律了嗎？算出每一列有幾個數字很簡單，依序是 3、5、7、9、11 個。但接下來令人出乎意料的規律出現了，每一列的第一個數是什麼？從前五列來說，依序是 1、4、9、16、25……。看起來似乎是完全平方，為什麼會這樣呢？讓我們看看第五列，在第五列之前出現過多少個數字？如果我們統計出前四列共有幾個數字，會得到 3+5+7+9 這個結果。而要知道第五列的第一個數字是什麼，我們只要在這個總和再加上 1，就能得到前五個奇數之和，也就是我們熟知的 5^2。

現在我們來驗算第五列等式，在不做任何加法運算的情況下，高斯會怎麼做呢？如果我們暫時忽略第一個數字 25，左邊就只剩下五個數，每一個數都是右邊相對應的數減掉 5 的結果。

25	26	27	28	29	30
	− 31	− 32	− 33	− 34	− 35
	−5	−5	−5	−5	−5

▲ 將第五列等式其等號左邊與右邊相比。

等號右邊五個數的總和比它們左邊相對應之數的總和多出 25，但左邊的第一個數字 25 已經補償了這個差距，因此兩邊的總和就能如前所述地達成平衡。運用同樣的邏輯，再加上一點點代數，這個規律就可以無止盡地延伸下去。

悄悄話

這部分是寫給那些現在就想看到一些代數的人,這裡就是了!第 n 列等式之前有 $3+5+7+\cdots+(2n-1)=n^2-1$ 個數,所以等號左邊一定是從 n^2 開始,接著是從 n^2+1 一直到 n^2+n 的 n 個連續數值,而右邊的連續數值則是從 n^2+n+1 到 n^2+2n。如果我們暫時忽略左邊的 n^2,就能發現右邊的 n 個數每一個都比左邊相對應的數大上 n,所以左右兩邊的差距會是 $n\times n$,等同於 n^2。不過左邊的首項數目 n^2 已經彌補了這個差距,因此這個等式能得到平衡。

是時候認識新的模式了。我們已經了解奇數可以用來創造平方,那麼接下來讓我們看看如果將所有的奇數都放在一個大三角形裡又會如何,如下圖所示。

$$
\begin{array}{ccccccccccc}
 & & & & 1 & & & & = & 1 & = & 1^3 \\
 & & & 3 & + & 5 & & & = & 8 & = & 2^3 \\
 & & 7 & + & 9 & + & 11 & & = & 27 & = & 3^3 \\
 & 13 & + & 15 & + & 17 & + & 19 & = & 64 & = & 4^3 \\
21 & + & 23 & + & 25 & + & 27 & + & 29 & = & 125 & = & 5^3 \\
 & & & & \vdots & & & & & \vdots & & \vdots
\end{array}
$$

▲ 奇數三角形。

我們看到 $3+5=8$、$7+9+11=27$、$13+15+17+19=64$。數目 1、8、27、64 有什麼相同之處?它們都是完全立方!舉例來說,將第五列的五個數字相加,我們會得到:

$$21+23+25+27+29=125=5\times5\times5=5^3$$

　　這個規律似乎暗示著第 n 列的總和會是 n^3。但這個算式究竟是萬無一失，或只是某些「奇」怪的巧合呢？為了幫助我們了解這個規律，請特別注意第一、三、五列中間的那個數字，你看到了什麼？是完全平方數 1、9，和 25；第二列和第四列沒有「中間」數，但在中間兩邊的分別是 3 和 5（平均值為 4）以及 15 和 17（平均值為 16），讓我們看看能如何好好利用這個規律吧。

　　再看一次第五列，只要注意到這五個數字以 25 為中心相互對稱，就可以在其實不做任何加法運算的情況下「看出」總和是 5^3。由於這五個數字的平均是 5^2，所以總數一定是 $5^2 + 5^2 + 5^2 + 5^2 + 5^2 = 5 \times 5^2$，也就是 5^3；同樣地，第四列四個數字的平均是 4^2，所以總和一定是 4^3，再用上一點點代數（這部分先跳過），你就能證明第 n 列的 n 個數字平均為 n^2，所以總和必定是預期的 n^3。

　　既然我們正在討論立方以及平方，我不禁想再給你看一個模式：從 1^3 開始，加上依序每個數字的立方，總和會是多少？

$$1^3 = 1 = \mathbf{1}^2$$
$$1^3 + 2^3 = 9 = \mathbf{3}^2$$
$$1^3 + 2^3 + 3^3 = 36 = \mathbf{6}^2$$
$$1^3 + 2^3 + 3^3 + 4^3 = 100 = \mathbf{10}^2$$
$$1^3 + 2^3 + 3^3 + 4^3 + 5^3 = 225 = \mathbf{15}^2$$
$$\vdots$$

▲ 立方之和永遠是完全平方。

　　當我們開始計算立方的總和，會得到 1、9、36、100、225 等等，這些數全部都是完全平方。但它們並不是**隨便一個**完全平方，而是 1、3、6、10、15 等數的平方，這些數目全都是三角形數！先前我們將三角形數視為整數的總和，所以舉例來說：

$$1^3 + 2^3 + 3^3 + 4^3 + 5^3 = 225 = 15^2 = (1 + 2 + 3 + 4 + 5)^2$$

換言之，首 n 個立方之和等於首 n 個數字之和的平方。我們目前還沒有要證明這個結果，不過我們將會在第六章提供兩個證明。

快速心算

有些人會看著這些數目規律然後說：「好，這樣是不錯啦，但到底能帶來什麼好處？」大部分數學家的回應可能會像藝術家一樣：「美麗本身便是它存在的價值。」而且愈是深入了解這些數字模式，它們愈是更加美麗。但不只如此，這些模式也能有著實際的應用。

我很高興自己曾發現了一個簡單的模式（雖然我並不是第一人）。在我年輕的時候，我看著兩個相加會成為 20 的數字組合（好比 10 和 10，或 9 和 11），思考著兩數相乘能夠得到多大的乘積，而結果顯示出最大的乘積出現在兩數都等於 10 的時候。下面的規律能證實這一點：

	與 100 的差距
$10 \times 10 = 100$	
$9 \times 11 = 99$	1
$8 \times 12 = 96$	4
$7 \times 13 = 91$	9
$6 \times 14 = 84$	16
$5 \times 15 = 75$	25
$\vdots$	$\vdots$

▲ 兩個相加等於 20 的數字之乘積。

這個模式從不出錯。當兩個數字的差值愈大，所產生的乘積就會愈小，而這些乘積與 100 的差距又是多少呢？ 1、4、9、16、25、……。也就是 1^2、2^2、3^2、4^2、5^2 等等，這個規律一向如此嗎？我決定來試試其他的例子，來看看下面這些相加等於 26 的數字組合：

<u>與 169 的差距</u>

$13 \times 13 = 169$	
$12 \times 14 = 168$	1
$11 \times 15 = 165$	4
$10 \times 16 = 160$	9
$9 \times 17 = 153$	16
$8 \times 18 = 144$	25
$\vdots$	$\vdots$

▲ 兩個相加等於 26 的數字之乘積。

　　又一次，最大的乘積出現在兩個數字相等的時候，其他的乘積則與 169 漸漸以相差 1、4、9……的間距減少。在試過幾個例子以後，我已經相信這個規律正確無誤（之後我會示範背後的代數給你看），並且體認到運用這個規律來將數目平方能使計算變得更快速。

　　假設我們想要平方 13，除了直接計算 13×13 之外，我們可以用更簡單的算式：$10 \times 16 = 160$。這已經很接近答案了，但是因為我們將原本的數字各加上及減去 3，所以答案缺少了 3^2，也就是：

$$13^2 = (10 \times 16) + 3^2 = 160 + 9 = 169$$

　　讓我們試試另一個例子，運用同樣的方法來算 98×98，將其中一個數加上 2 變成 100，另一個數則減去 2 變成 96，再加上 2^2，也就是：

$$98^2 = (100 \times 96) + 2^2 = 9600 + 4 = 9604$$

　　如果這個數字的尾數是 5，平方運算會更簡單。因為當你將數字加上或是減去 5，得到的兩數就都會以 0 為結尾，舉例來說：

$$35^2 = (30 \times 40) + 5^2 = 1200 + 25 = 1225$$

$$55^2 = (50 \times 60) + 5^2 = 3000 + 25 = 3025$$

$$85^2 = (80 \times 90) + 5^2 = 7200 + 25 = 7225$$

現在試試看 59^2，藉由加上以及減去 1，會得到 $59^2=(60\times58)+1^2$。但是如何才能不用紙筆就算出 60×58 的答案？給你一個四字箴言：從左到右。我們先略過 0，然後將 6×58 從左到右來運算，得到 $6\times50=300$ 以及 $6\times8=48$，將這些數字加在一起（從左到右）會得到 348，由此可知 $60\times58=3480$，並且

$$59^2 = (60 \times 58) + 1^2 = 3480 + 1 = 3481$$

悄悄話

下面用代數來解釋這個方法為什麼可行。（你可以考慮在看完第二章的**平方之差**後再回頭來看這部分。）

$$A^2 = (A+d)(A-d) + d^2$$

當 A 是被平方的數字時，d 就是與最接近簡單整數的差值（雖然無論 d 的數值為何，這個等式都能成立）。舉例來說，當平方 59 時，$A=59$ 而 $d=1$，所以這個方程式告訴你要以 $(59+1)\times(59-1)+1^2$ 來計算，就跟前面的算法一樣。

一旦你熟悉如何平方兩位數的數字，你就可以用同樣的方法來平方三位數的數字。比方說，如果已知 $12^2=144$，則

$$112^2 = (100 \times 124) + 12^2 = 12,400 + 144 = 12,544$$

類似的方法也可以應用在相乘任兩個接近 100 的數字，這個方法一開始看來像是個純粹的魔術。看看接下來這個 104×109 的題目，我們在每個數字旁邊寫下它與 100 的差值，如下圖所示；然後將第一個數字本身加上第二個數字的差值，就會得到 $104+9=113$；再將兩個差值相

乘，在這個題目裡是 $4\times9=36$，最後將這些數字放在一起，答案就神奇地出現了：

$$\begin{array}{r}
104 \ (4) \\
\times\ \ 109 \ (9) \\
\hline
113\ \ 36
\end{array}$$

▲ 將接近一百的兩數相乘的神奇辦法：在此為 $104\times109=11,336$。

　　我會在第二章舉更多例子來示範這個題目背後的代數。但因為我們現在正討論心算，讓我再稍微多講一些有關這個主題的部分。我們花了一大堆時間在學習紙筆算術，但只用了一點點時間來學習如何在腦中運算數學。就現況來說，大部分時間你必須在腦中計算的機會比能用紙筆多上許多。多數龐大的運算會用計算機來得到準確的答案，但通常你在看營養標示或是聽演講和銷售報告的時候並不會拿出計算機。在這些情況下，你會希望能對這些重要的數值做出一些還不錯的心算預估值。在學校裡教的那些方法對紙上運算來說非常夠用，但是通常都對心算沒什麼幫助。

　　我可以寫本關於快速心算策略的書，不過接下來有些基本的概念。我要一再地強調，主要的技巧是一定要將題目「從左至右」來解決。心算是一個不斷簡化的過程，你從一個困難的題目開始著手，把它變成簡單的題目，最後再找出答案。

心算加法

　　看看像這樣的問題：

$$314 + 159$$

　　（我用橫式來呈現數目，這樣你才比較不會有衝動拿出紙筆）從314 開始，先加上 100，讓它變成一個比較簡單的題目：

$$414 + 59$$

將 414 加上 50，題目就變得更簡單了，我們可以立刻解出：

$$464 + 9 = 473$$

這就是心算加法的基礎。此外偶爾有用的方式只有一個，那就是有時我們可以將一個棘手的加法題目轉變成簡單的減法題目。這通常發生在我們相加商品價錢的時候，比如說，我們來算算看

$$\$23.58 + \$8.95$$

由於 \$8.95 比 \$9 少 \$0.05，我們先將 \$23.58 加上 \$9，再減掉 \$0.05，題目就會簡化成

$$\$32.58 - \$0.05 = \$32.53$$

心算減法

在做心算減法時，最重要的是「多減再加回」的概念。舉例來說，當要減去 9 時，比較簡單的方式是先減去 10，再把 1 加回去，例如：

$$83 - 9 = 73 + 1 = 74$$

或是要減去 39 時，先減去 40 可能會是比較容易的做法，然後再把 1 加回去。

$$83 - 39 = 43 + 1 = 44$$

當要減去兩位數或更大的數字時，重要的是利用**補數**（關於這點你之後絕對會想補我一個讚）。一個數字的補數是它與下一位數的差值，對個位數的數字來說就是與 10 的差值（比如說 9 的補數就是 1），對二位數的數字來說則是與 100 的差值，看看下面這些相加等於 100 的數字組合，你注意到什麼了嗎？

87	75	56	92	80
+ 13	+ 25	+ 44	+ 08	+ 20
100	100	100	100	100

▲ 相加等於 100 的互補二位數。

　　我們會說 87 的補數是 13，75 的補數是 25 等等。反之亦然，13 的補數是 87，而 25 的補數是 75。將每個題目從左至右讀，你會注意到（除了最後一個題目外）每一組題目左邊的位數（十位數）相加等於 9，而右邊的位數（個位數）相加會等於 10，只有在數字以 0 為結尾的時候才會有例外（就像最後一個題目）。舉例來說，80 的補數為 20。

　　讓我們將這個補數策略運用在題目 1234−567 上，目前這看來還不是一個有趣的紙上習題，然而有了補數的幫忙，**困難的減法題就能變成簡單的加法題！**要減去 567，我們先從減去 600 開始，這樣比較簡單，尤其是在你由左到右來思考的時候：1234−600=634。但你減掉太多了，多少是太多呢？來看看 567 和 600 的差值是多少，這跟 67 和 100 之間的差值一樣，也就是 33。因此：

$$1234 - 567 = 634 + 33 = 667$$

　　請注意，這個加法問題特別簡單，因為「進位」的問題並不存在。在使用補數概念來解決減法問題時，通常就會是以下這種狀況。

　　類似的情況發生在三位數的補數：

789	555	870
+ 211	+ 445	+ 130
1000	1000	1000

▲ 相加等於 1000 的互補三位數。

對大多數的問題來說（當數字不是以 0 作結尾時），相對應的位數相加會等於 9，只有最後一組位數的總和會是 10。以 789 為例，7+2＝9、8+1＝9，而 9+1＝10。這在找零的時候特別有用，比如說，在我家附近的熟食店中，我最愛的三明治要價 6.76 美元，那麼在我付 10.00 美元後會找回多少零錢呢？答案正是 676 的補數，也就是 324，所以會得到的零錢是 3.24 美元。

悄悄話

每次去買這個三明治，我總是不免注意到三明治的價錢和找零都是完全平方（26^2＝676，而 18^2＝324）。（加分題：除此之外，還有另一對相加等於 1000 的完全平方，你能找出來嗎？）

心算乘法

在背好十十乘法表之後，你就能夠心算出任何乘法題目的答案了（至少會是大約值）。我們的下一步是熟悉（但不是背起來！）你那些個位數與二位數相乘的題目，關鍵在於從左至右來運算。舉例來說，當題目是 8×24 時，你應該先計算 8×20，然後再加上 8×4：

$$8 \times 24 = (8 \times 20) + (8 \times 4) = 160 + 32 = 192$$

一旦你精通了這個方式，就可以來試試看個位數與三位數相乘的題目了。這會比較難處理一點，畢竟你必須記住的數字比較多。但關鍵是要在過程中漸漸的把數字加上去，這樣你就不用一次記太多東西。舉例來說，當計算 456×7 時，我們在加上最後的 42 以前先暫停一下，將 2800 與 350 相加，如下圖所示：

$$
\begin{array}{r}
456 \\
\times\ \ \ \ 7 \\
\hline
\end{array}
$$

$$
\begin{array}{r}
400 \times 7 = \quad 2800 \\
50 \times 7 = +\ \ \ 350 \\
\hline
3150 \\
6 \times 7 = +\ \ \ \ \ 42 \\
\hline
3192
\end{array}
$$

　　一旦你掌握了這種規模的訣竅，就可以接著處理二位數與三位數相乘的題目了。對我來說，樂趣正是從這裡開始，因為這些問題通常可以有很多不同的解法，藉由用各種方式來計算問題，你也可以確認你的答案，並同時沉醉在算術的一致之中！我將會用 32×38 這一個例子來示範各種方法。

　　最為人熟知的方法（差不多就是你在紙上計算那樣）就是**加法**，這可以應用在所有問題上。我們將其中一個數字（通常是位數較小的那一個）分成兩部分，然後分別與另一個數字相乘，再將結果相加，例如：

$$32 \times 38 = (30 + 2) \times 38 = (30 \times 38) + (2 \times 38) = \cdots$$

　　看看我們怎麼計算 30×38？我們先算 3×38，再將 0 加在最後，就像這樣：3×38=90+24=114，所以 30×38=1140。然後 2×38=60+16=76，所以

$$32 \times 38 = (30 \times 38) + (2 \times 38) = 1140 + 76 = 1216$$

　　另一個用來解決這個問題的方式（通常用在當數目以 7、8 或 9 結尾的時候）則是減法，這裡我們先利用 38=40−2 的已知事實來得到

$$38 \times 32 = (40 \times 32) - (2 \times 32) = 1280 - 64 = 1216$$

　　利用加法或減法都會有同一個挑戰，就是在做分別計算時必須記住龐大的數目（像是 1140 或 1280），這可能會有點困難。我通常是偏好

在二位數乘法時利用**因數分解法**，只要其中一個數值等同於兩個一位數相乘就可以使用這個方法。在這個例子中，我們看到 32 可以因數分解為 8×4，因此

$$38 \times 32 = 38 \times 8 \times 4 = 304 \times 4 = 1216$$

如果我們將 32 因數分解為 4×8，會得到 38×4×8＝152×8＝1216，但我比較喜歡先將兩位數與較大的因數相乘，這樣下一個數目（通常是三位數）才能與較小的因數相乘。

悄悄話

因數分解法在以 11 為乘數時也相當好用，因為有一個特別簡單的小技巧：**將被乘數中兩個位數的值相加，並將總和放在兩個位數中間**。以 53×11 為例，我們可知 5＋3＝8，所以答案會是 583。那麼 27×11 呢？由於 2＋7＝9，所以答案就是 297。那麼如果兩個位數的和大於 9 呢？在這種狀況下，我們將總和的第二個數目插入中間，並且將第一個位數加上 1，以 48×11 為例，由於 4＋8＝12，所以答案是 528。同樣地，74×11＝814。這個方法可以運用在任何以 11 為乘數的時候，例如：

$$74 \times 33 = 74 \times 11 \times 3 = 814 \times 3 = 2442$$

另一個計算二位數乘法的有趣方法是**挪近法則**，乍看之下簡直就是在變魔術！這個方法可以運用在**兩數的第一個數字相同**之時，舉例來說，你能相信下面這個式子嗎：

$$38 \times 32 = (30 \times 40) + (8 \times 2) = 1200 + 16 = 1216$$

這個計算在最後一位數相加等於 10 的時候又特別簡單（如上式所例：兩個數目都同樣以 3 開頭，而最後一位數是 8+2=10），這裡有另一個例子：

$$83 \times 87 = (80 \times 90) + (3 \times 7) = 7200 + 21 = 7221$$

就算最後一位數相加不等於 10，這個算法幾乎還是一樣簡單。以 41×44 為例，如果你把較小的數字減 1（以得到 40 這個十進位整數）就必須同時將較大的那方加上 1，得到：

$$41 \times 44 = (40 \times 45) + (1 \times 4) = 1800 + 4 = 1804$$

對 34×37 來說，如果你將 34 減去 4（以得到 30 這個十進位整數），那麼要相乘的另外一數會是 37+4=41，最後再加上 4×7，如下式所列：

$$34 \times 37 = (30 \times 41) + (4 \times 7) = 1230 + 28 = 1258$$

這麼一來，我們在前面看到的那個 104×109 的神祕乘法就只是相同方法的應用而已了。

$$104 \times 109 = (100 \times 113) + (04 \times 09) = 11300 + 36 = 11,336$$

有些學校會要求學生將乘法表背到 20×20，但與其記這麼多數目的乘積，我們只要用剛剛這個方法就可以很快算出答案了，例如：

$$17 \times 18 = (10 \times 25) + (7 \times 8) = 250 + 56 = 306$$

為什麼這個神祕的公式如此有用？這點我們需要在第二章用代數來討論。而且一旦有了代數，我們又可以找到新的計算方法。舉例來說，我們就能了解為什麼最後一個問題也可以用下式這個解法：

$$18 \times 17 = (20 \times 15) + ((-2) \times (-3)) = 300 + 6 = 306$$

說到乘法表，看看下圖，這就是我在前面提過的個位數圖表。這裡有一個會吸引年輕高斯的問題：**乘法表中的所有數字之和是多少？**花個幾分鐘，試試看你能不能找到一個優雅的方法來解決它，我會在這一章的結尾告訴你答案。

×	1	2	3	4	5	6	7	8	9	10
1	1	2	3	4	5	6	7	8	9	10
2	2	4	6	8	10	12	14	16	18	20
3	3	6	9	12	15	18	21	24	27	30
4	4	8	12	16	20	24	28	32	36	40
5	5	10	15	20	25	30	35	40	45	50
6	6	12	18	24	30	36	42	48	54	60
7	7	14	21	28	35	42	49	56	63	70
8	8	16	24	32	40	48	56	64	72	80
9	9	18	27	36	45	54	63	72	81	90
10	10	20	30	40	50	60	70	80	90	100

▲ 乘法表中 100 個數字的總和是多少？

心算預估和除法

下面這些簡單的題目具有簡單的答案，但我們在學校中幾乎不曾教過：

一、如果將兩個三位數相乘，你可以立刻告訴我答案會是幾位數嗎？

二、將四位數與五位數相乘得到的答案會是幾位數呢？

我們在學校花了這麼多時間學習如何產生出乘法和除法所運算出來的結果，卻幾乎沒有思考過答案背後重要的一面。了解答案大約的「尺寸」其實比知道答案的第一個數字或最後一個數字來得重要，（知道答案的第一個數字是 3 完全沒有意義，除非你知道答案是接近 30,000 或 300,000 還是 3,000,000。）第一個問題的答案是五或六位數，為什麼會是這樣？這個答案可能的最小值是 $100 \times 100 = 10,000$，也就是五位數；而可能的最大值是 999×999，這數目肯定比 $1000 \times 1000 = 1,000,000$ 少，也就是低於七位數（只是些微！）。既然 999×999 比較小，那肯定就是六位數了（當然，你也可以在腦海中做簡單運算：$999^2 = (1000 \times 998) + 1^2 = 998,001$）。因此，兩個三位數的乘積一定是五或六位數。

而第二個問題的答案則是八或九位數，為什麼呢？最小的四位數是 1000，也就是 10^3（一個 1 後面有三個 0），而最小的五位數是 $10,000 = 10^4$，所以最小的乘積是 $10^3 \times 10^4 = 10^7$，也就是八位數。（10^7 是怎麼出現的？$10^3 \times 10^4 = (10 \times 10 \times 10) \times (10 \times 10 \times 10 \times 10) = 10^7$。）而最大的乘積則是以毫釐之差低於十位數的 $10^4 \times 10^5 = 10^9$，所以答案一定不超過九位數。

運用這個邏輯，我們可以得到一個簡單的規則：**m 位數乘以 n 位數得到的答案會是 $m+n$ 或 $m+n-1$ 位數。**

通常只要看看每個數的首項（最左邊的）數字，就能輕易地了解答案會有多少位數。如果各個首位數之乘積等於或大於 10，那麼答案必定是 $m+n$ 位數。（以 271×828 為例，首位數的乘積是 $2 \times 8 = 16$，因此答案會是六位數。）如果首位數的乘積等於或小於 4，則答案就會是 $m+n-1$ 位數，例如 314×159 就會是五位數。如果首位數的乘積是 5、6、7、8 或 9，則需要進一步檢視。比方說，222×444 是五位數，然而 234×456 就是六位數了。兩個答案都非常接近 100,000，而這點正是關鍵所在。

如果反向運算這個規則，我們甚至可以得到更簡單的除法規則：一**個 m 位數除以 n 位數得到的答案會是 $m-n$ 或 $m-n+1$ 位數。**

舉例來說，一個九位數除以一個五位數，答案一定會是四或五位數。判斷是哪一個答案的規則甚至比乘法的狀況更簡單，不需將首位數相乘或是相除，只要**比較**它們就可以了。如果第一個數目（被除數）的首位數小於第二個數目的首位數，則答案就是較小的 ($m-n$)；如果第一個數目的首位數大於第二個數目的首位數，則答案會是較大的 ($m-n+1$)；如果首位數相等，那我們就以同樣的規則來比較第二位數。比方說，314,159,265 除以 12,358，答案會是五位數，但如果我們改成除以 62,831，則答案會是四位數。而 161,803,398 除以 14,142 則會得到五位數答案，因為 16 大於 14。

我不會繼續解釋心算除法，因為這跟紙筆運算太接近了。（事實如此，所有除法題目的紙筆運算都要求從左至右產生答案！）不過這裡有一些捷徑，或許有時候能幫上忙。

當以 5 為除數的時候（或是任何以 5 結尾的數目），將分子與分母都乘上兩倍通常能讓計算變簡單，比方說：

$$34 \div 5 = 68 \div 10 = 6.8$$

$$123 \div 4.5 = 246 \div 9 = 82 \div 3 = 27\frac{1}{3}$$

將兩個數目都乘以 2 之後，你可能會注意到 246 和 9 都能被 3 整除（我們會在第三章對這點多做討論），所以藉由將兩數都除以 3，我們能夠再度簡化這個除法算式。

悄悄話

看看一到十的倒數：

$$1/2 = 0.5, \ 1/3 = 0.333\ldots, \ 1/4 = 0.25, \ 1/5 = 0.2$$

$$1/6 = 0.1666\ldots, \ 1/8 = 0.125, \ 1/9 = 0.111\ldots, \ 1/10 = 0.1$$

　　上述所有的十進位循環小數要不是有限小數，就是在小數第二位後開始循環。不過分數 1/7 是一個詭異的例外，此數在小數第六位之後才開始循環：

$$1/7 = 0.142857\,142857\ldots$$

　　（其他倒數的十進位循環小數都很快就見底了，因為除了 7 之外，從 2 到 11 的倒數都在除 10、100、1000、9、90，或 99 時就能得到，但是第一個 7 能整除的這類數目是 999,999。）如果你將 1/7 的小數寫進一個圓圈裡，神奇的事就發生了：

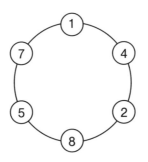

▲ 七的循環圓周。

　　讓人驚奇的是，以 7 為分母的其他分數也都可以從各自的起點製造出一模一樣的循環圓周，如下：

$$1/7 = 0.142857\,142857\ldots,\quad 2/7 = 0.285714\,285714\ldots,$$

$$3/7 = 0.428571\,428571\ldots,\quad 4/7 = 0.571428\,571428\ldots,$$

$$5/7 = 0.714285\,714285\ldots,\quad 6/7 = 0.857142\,857142\ldots$$

讓我們用在幾頁之前問的數學問題來結束這一章，**乘法表中所有數字加總之後是什麼呢**？當你第一次看到這個問題時，簡直就像是要將前100個數目加起來一樣令人卻步。但因為愈來愈熟悉在與數字起舞的過程中所產生出的美麗模式，我們就更有機會來找出這個問題的美麗答案。

首先我們將第一排的數目相加。高斯（或我們的三角函數公式，或就是簡單的加法）告訴我們：

$$1+2+3+4+5+6+7+8+9+10 = 55$$

那麼第二排的總和呢？只需要

$$2+4+6+\cdots+20 = 2(1+2+3+\cdots+10) = 2 \times 55$$

用同樣的方法，第三列的總和會是 3×55，繼續用這個邏輯，我們可以得知這些數目的總和最後會是

$$(1+2+3+\cdots+10) \times 55 = 55 \times 55 = 55^2$$

而你現在應該有辦法在腦中算出這個答案了……3025 ！

$$\frac{2n + 4}{2} - n = 2$$

代數的魔術

充滿魔力的開場白

來說說我第一次與代數相遇的故事。小時候父親曾給我上過一堂課，他說：「兒子，代數其實就像算術，只是你用字母取代了數字。比如說，$2x+3x=5x$，$3y+6y=9y$，這樣懂了嗎？」我說：「應該懂了。」他說：「好，那 $1Q+2Q$ 是多少？」我很有自信地回答：「$3Q$。」他說：「我聽不到，可以說大聲一點嗎？」所以我大喊：「三 Q！」然後他說：「不客氣！」（我父親對雙關語、笑話、故事的興趣總是比教數學多得多了，我真該一開始就提高警覺的！）

第二次碰上代數，是在我試圖理解下面這個魔術戲法的時候。

第一步：從 1 到 10 之間挑一個數字（如果你想挑更大的數目也可以）。

第二步：將數字乘以 2。

第三步：再加上 10。

第四步：然後除以 2。

第五步：將計算結果減掉你原本選的數字。

我相信你現在所想的數字一定是 5，對吧？

這個魔術背後的祕密是什麼？正是代數。讓我們一步步來討論這個戲法，從第一步開始，我不知道你選了什麼數字，所以我用字母 N 來代替它。當我們用一個字母去代表一個未知數時，這個字母就稱為**變數**。

在第二步中，你將數字乘以 2，所以你現在想的數是 $2N$。（我們通常避免使用乘法的符號，尤其是因為 x 這個字母經常做為變數。）在第三步之後，這個數字變成 $2N+10$；第四步，我們將總量除以 2 得到 $N+5$；最後，我們減去原始數字，也就是 N，把 $N+5$ 減去 N 之後，你就只剩下 5 了。我們可以將這個戲法概括在下表中。

第一步：	N
第二步：	$2N$
第三步：	$2N + 10$
第四步：	$N + 5$
第五步：	$N + 5 - N$
答　案：	5

代數的規則

　　讓我們從一個謎題開始講起：找出一個數，它加上 5 之後會變成原本的三倍。

　　要解開這個謎題，讓我們先將這個未知數稱作 x。它加上 5 成為 $x+5$，而原始數的三倍則是 $3x$。我們希望這兩數會相等，所以要解開這個方程式

$$3x = x + 5$$

如果我們將方程式兩邊都減去 x，會得到

$$2x = 5$$

　　（$2x$ 是怎麼出現的？$3x-x$ 等同於 $3x-1x$，於是得到 $2x$。）將方程式兩邊都除以 2，便得到

$$x = 5/2 = 2.5$$

我們可以驗證這個答案：2.5+5=7.5，等同於 2.5 的 3 倍。

悄悄話

這裡有另一個可以用代數解釋的戲法。寫下任一個「依序遞減」的三位數，像是 842 或是 951，把這些數目反轉，用原數值減掉反轉之後的數值，然後再一次反轉這個答案，最後將反轉前後的兩數相加。下面我們用 853 這一數來解釋：

$$
\begin{array}{r}
853 \\
-\ 358 \\
\hline
495
\end{array}
\qquad
\begin{array}{r}
495 \\
+\ 594 \\
\hline
1089
\end{array}
$$

現在試試看不同的數字，你得到什麼答案呢？驚人的是，只要正確地照著這個步驟，你的答案永遠都會是 1089！怎麼會這樣？

代數英雄出現了！假設我們選擇了一個三位數 abc，其中 $a>b>c$。就如同 $853=(8\times100)+(5\times10)+3$，$abc$ 的值會是 $100a+10b+c$。當我們將它反轉，會得到 cba，也就是 $100c+10b+a$，以原數減去反轉後的數值，我們得到

$$
\begin{aligned}
&(100a+10b+c)-(100c+10b+a) \\
&= (100a-a)+(10b-10b)+(c-100c) \\
&= 99a-99c = 99(a-c)
\end{aligned}
$$

換言之，差值必定是 99 的倍數。由於原數中的各位數依序遞減，所以 $a-c$ 至少會是 2，結果一定會是 2、3、4、5、6、7、8，或 9 其中一數。因此，在減法運算之後，我們必定會得到下列其中之一：

198、297、396、495、594、693、792 或 891

在上述的每一個情況中，當我們將這些數字與它們反轉的數值相加時，

$$198 + 891 = 297 + 792 = 396 + 693 = 495 + 594 = 1089$$

我們會發現答案注定是 1089。

剛剛說明的是我所謂的**代數黃金法則**：同時對等式兩邊做同樣改變。

舉例來說，假設你想要解出下面這個方程式中的 x

$$3(2x + 10) = 90$$

我們的目標是把 x 獨立出來。首先我們將等號兩邊都除以 3，這樣方程式就會簡化為

$$2x + 10 = 30$$

接下來我們要擺脫 10 這個數字，藉由將兩邊都減去 10，我們會得到

$$2x = 20$$

最後，當我們將兩邊都除以 2，就只會剩下

$$x = 10$$

驗算永遠不嫌多。在這個題目裡，我們看到當 $x = 10$，則 $3(2x + 10)$ $= 3(30) = 90$，答案是正確的。這個方程式會有其他的解嗎？不會。因為 x 的值也必須滿足後續的方程式，所以 $x = 10$ 是唯一解。

這裡有一個 2014 年出現在《紐約時報》上的真實例子。根據報導，當時索尼影業的電影《名嘴出任務》在網路上市四天後，就在線上購買及租借共創造出一千五百萬美金的收入，索尼影業並未表示其中以 15 美金購買或以 6 美金租借的比例分別是多少，不過製片公司曾說總共有約兩百萬筆交易。為了解出這個題目，我們先用 S 代表線上購買的

數量，並用 R 代表線上租借的數量。由於總共有兩百萬筆交易，我們可得知

$$S + R = 2{,}000{,}000$$

而因為線上購買每筆是 15 美金，線上租借則是每筆 6 美金，所以總收入會滿足

$$15S + 6R = 15{,}000{,}000$$

從第一個方程式我們可以看出 $R=2{,}000{,}000-S$，這讓我們可將第二個方程式重新寫為

$$15S + 6(2{,}000{,}000 - S) = 15{,}000{,}000$$

或者是 $15S+12{,}000{,}000-6S=15{,}000{,}000$。其中用到的變數只有 S，所以又能重寫為

$$9S + 12{,}000{,}000 = 15{,}000{,}000$$

將兩邊都減去 12,000,000，便會得到

$$9S = 3{,}000{,}000$$

因此 S 會是一百萬的三分之一，也就是 $S{\approx}333{,}333$，所以 $R=2{,}000{,}000$ $-S{\approx}1{,}666{,}667$。（驗算：總銷售金額會是 $15(333{,}333)+\$6(1{,}666{,}667){\approx}$ $\$15{,}000{,}000$。）

　　該來討論一個讓乘法和加法合作無間的規則了：**分配律**。我們在書中一直用到這個規則，卻還沒有明確稱呼過它。在分配律中，任何數 a、b、c 服從

$$a(b + c) = ab + ac$$

這正是我們用來將一位數乘上二位數的規則，舉例來說：

$$7 \times 28 = 7 \times (20 + 8) = (7 \times 20) + (7 \times 8) = 140 + 56 = 196$$

如果用計數來思考就會很有道理了。假設我有 7 袋硬幣，每個袋子裡有 20 個金幣和 8 個銀幣，我總共有多少個硬幣？一方面來看，每個袋子裡有 28 個硬幣，所以硬幣的總數會是 7×28 個；另一方面，我們也可以認為是有 7×20 個金幣和 7×8 個銀幣，總共是 (7×20)+(7×8) 個硬幣，於是得到 7×28＝(7×20)+(7×8)。

我們也可以用幾何學來檢視分配律，看看下面這個長方形，你可以用兩個不同的觀點來看它的面積，如下圖所示：

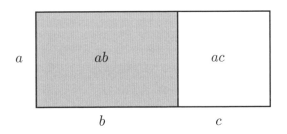

▲ 這個長方形示範了分配律：$a(b+c)=ab+ac$。

一方面來說，這個長方形的面積是 $a(b+c)$；另一方面，長方形左邊的面積是 ab，右邊的面積是 ac，所以兩者加起來的面積是 $ab+ac$。這裡示範的分配律適用於 a、b、c 都是正數的時候。

順帶一提，有時候我們會在分配律中同時使用數字和變數，例如：

$$3(2x + 7) = 6x + 21$$

由左至右來看時，這個方程式是用乘法將 2x+7 乘以 3；但如果由右至左來看，則可以視為因數分解 6x+21，也就是把 6x 和 21 都「抽出一個 3」。

　　為什麼當負數乘上負數時會得到正數？比如說，為什麼 $(-5) \times (-7) = 35$ ？許多老師想出各種方法來解釋這個問題，從討論消除負債到簡單的一句：「就是這樣。」然而「實」際的原因是我們希望分配律能夠運用在「所有」數目上，而不是只有正數。如果你希望分配律也能用在負數（以及零），那麼你必須接受這個結果，讓我們來看看原因為何。

　　假設你接受 $-5 \times 0 = 0$ 以及 $-5 \times 7 = -35$ 的事實，（接下來要用的策略也能用來證明這兩個等式，但大多數人樂於直接接受這些論點。）那麼我們來求下式的數值

$$-5 \times (-7 + 7)$$

　　答案等於多少？一方面，這就只是 -5×0，我們知道會等於 0；但另一方面，用上分配律，這也等於 $((-5) \times (-7)) + (-5 \times 7)$，因此：

$$((-5) \times (-7)) + (-5 \times 7) = ((-5) \times (-7)) - 35 = 0$$

　　既然 $((-5) \times (-7)) - 35 = 0$，我們的結論必定是 $(-5) \times (-7) = 35$。一般來說，分配律保證 $(-a) \times (-b) = ab$ 在 a 和 b 為任意數值時都適用。

「頭外內尾」的魔術

分配律中有一項重要的結論，那就是代數的**「頭外內尾」規則**（FOIL），這個規則聲稱任何數目或變數 a、b、c、d 皆服從

$$(a + b)(c + d) = ac + ad + bc + bd$$

頭外內尾規則的意思是依照頭項相乘、外項相乘、內項相乘、尾項相乘的順序來運算。在這裡，ac 是 $(a+b)(c+d)$ 中兩個頭項的乘積，ad 是外項的乘積，bc 是內項的乘積，而 bd 則是尾項的乘積。

為了闡明這點，我們用頭外內尾規則來將兩數相乘：

$$\begin{aligned}
23 \times 45 &= (20 + 3)(40 + 5) \\
&= (20 \times 40) + (20 \times 5) + (3 \times 40) + (3 \times 5) \\
&= 800 + 100 + 120 + 15 \\
&= 1035
\end{aligned}$$

悄悄話

為什麼頭外內尾規則會管用？根據分配律（將總和放在前面）我們有

$$(a + b)e = ae + be$$

接下來如果我們將 e 代換成 $c+d$，會得到

$$(a + b)(c + d) = a(c + d) + b(c + d) = ac + ad + bc + bd$$

其中，最後一個等式是再次運用分配律導出的結果。如果你比較喜歡偏向幾何學的論點（當 a、b、c、d 都是正數時），那麼請用兩個不同的方法取得下面這個長方形的面積：

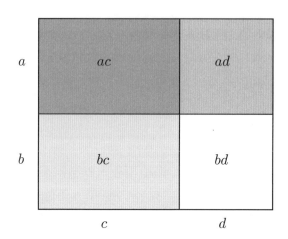

一方面來說，這個長方形的面積是 $(a+b)(c+d)$；另一方面，我們可以將這個大的長方形分成四個較小的長方形，其面積分別為 ac、ad、bc 以及 bd，所以這個面積也等同於 $ac+ad+bc+bd$，將同樣面積的兩式寫成等式，就得到頭外內尾規則。

接著是一個頭外內尾規則的神奇應用。擲兩顆骰子並照著下表來計算，舉例來說，假設你擲出兩顆骰子後，第一顆骰子的頂部是 6 而第二顆是 3，那麼它們的底部便各為 1 和 4。

擲兩顆骰子（假設我們得到 6 和 3）：			
將頂部的數相乘：	6×3	$=$	18
將底部的數相乘：	1×4	$=$	4
將第一個頂部和第二個底部的數相乘：	6×4	$=$	24
將第一個底部和第二個頂部的數相乘：	1×3	$=$	3
總和：			49

在這個例子中，我們得到的總和是 49。如果你自己用任何一顆正常的六面骰子來嘗試，得到的答案也會一模一樣。這個結果是基於一個事實：每一顆正常六面骰子的相對兩面相加會等於 7。所以如果骰子頂部的數是 x 和 y，那麼底部的數字肯定是 $7-x$ 和 $7-y$。因此，用上代數之後，我們會得到下表：

擲兩顆骰子（得到 x 和 y）：			
將頂部的數相乘：	xy	$=$	xy
將底部的數相乘：	$(7-x)(7-y)$	$=$	$49 - 7y - 7x + xy$
將第一個頂部和第二個底部的數相乘：	$x(7-y)$	$=$	$7x - xy$
將第一個底部和第二個頂部的數相乘：	$(7-x)y$	$=$	$7y - xy$
總和：		$=$	49

請注意我們在第三排如何使用頭外內尾規則（且 $-x$ 乘以 $-y$ 得到正數 xy）。我們也能不用上那麼多代數就得到 49 這個答案，只要看看上表的第二排並留意其中的算式，就能看出這正是我們使用頭外內尾規則計算 $(x+(7-x))(y+(7-y))=7\times7=49$ 後會得到的四項。

在大多數的代數課中，頭外內尾規則主要用在展開如下這種算式：

$$(x+3)(x+4) = x^2 + 4x + 3x + 12 = x^2 + 7x + 12$$

請注意，在最後的展開式中，7（稱作 x 項的**係數**）只是兩數 3+4 的總和；而最後一個數 12（稱作**常數項**）則是 3×4 的乘積。只要經過練習，你就能夠立刻寫出答案。舉例來說，由於 5+7=12，且 5×7=35，我們就能立刻得出

$$(x+5)(x+7) = x^2 + 12x + 35$$

這個方法也適用於負數，下面有一些例子。在第一個例子中，我們利用 6+(−2)=4 及 6×(−2)=−12 的事實：

$$(x+6)(x-2) = x^2 + 4x - 12$$
$$(x+1)(x-8) = x^2 - 7x - 8$$
$$(x-5)(x-7) = x^2 - 12x + 35$$

接下來有些使用相同數字的範例

$$(x+5)^2 = (x+5)(x+5) = x^2 + 10x + 25$$
$$(x-5)^2 = (x-5)(x-5) = x^2 - 10x + 25$$

特別注意：$(x+5)^2 \neq x^2+25$。剛接觸代數的學生常常會犯這個錯誤。另一方面，當數字異號時，事情就變有趣了。比方說，由於 $5+(-5)=0$，因此

$$(x+5)(x-5) = x^2 + 5x - 5x - 25 = x^2 - 25$$

一般來說，像這樣的「平方差」公式很值得背起來：

$$(x+y)(x-y) = x^2 - y^2$$

我們在第一章用過這個公式，那時候是為了學習能夠快速計算平方的捷徑。這個方法是基於下列代數：

$$A^2 = (A+d)(A-d) + d^2$$

首先讓我們來檢驗這個公式。根據平方之差的公式，我們能看出 $[(A+d)(A-d)]+d^2=[A^2-d^2]+d^2=A^2$，因此在這個公式中 A 和 d 可以是任何數值。在實際計算中，A 是被平方的數字，而 d 則是與「簡單整數」的差值。舉例來說，要將 97 平方，我們選擇 $d=3$，因此

$$97^2 = (97+3)(97-3) + 3^2$$
$$= (100 \times 94) + 9$$
$$= 9409$$

悄悄話

　　下面我們用圖形來證明平方差的規則，其中顯示出一個原本面積為 x^2-y^2 的幾何物體可以重新畫分為一個面積為 $(x+y)(x-y)$ 的長方形。

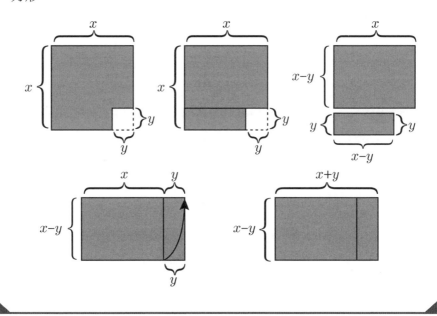

　　我們在第一章也學過一個將相近數字相乘的方法，當時我們只將重點放在接近一百或是以同樣數字開頭的兩數，不過一旦我們了解這個方法背後的代數，就能把它用在更多情況中。下面顯示出挪近法則中的代數原理：

$$(z+a)(z+b) = z(z+a+b) + ab$$

　　因為 $(z+a)(z+b)=z^2+zb+za+ab$，接著我們能將 z 從前三項中因數分解出來，所以這個公式能夠成立。想挑任何數字都可以，但我們在這裡選擇用 z 代表結尾為零的數字。舉例來說，要解出 $43×48$ 這個問

題，我們讓 $z=40$、$a=3$、$b=8$，然後我們的公式就會顯示出

$$43 \times 48 = (40+3)(40+8)$$
$$= 40(40+3+8) + (3 \times 8)$$
$$= (40 \times 51) + (3 \times 8)$$
$$= 2040 + 24$$
$$= 2064$$

請留意，要相乘的原始兩數相加會是 $43+48=91$，而要相乘的「簡單整數」相加也是 $40+51=91$。這並不是一個巧合，因為代數告訴我們要相乘的原始兩數相加會是 $(z+a)+(z+b)=2z+a+b$，這也同樣是「簡單整數」z 和 $z+a+b$ 的和。用上這個代數，我們能看出此數也可以「進位」成「簡單整數」。比如說，剛剛的最後一題也能用 $z=50$、$a=-7$ 以及 $b=-2$ 的組合來完成，如此一來我們一開始的乘法運算就會是 50×41。（只要注意到 $43+48=91=50+41$，這就是一個能得到 41 的簡單方法。）於是，

$$43 \times 48 = (50-7)(50-2)$$
$$= (50 \times 41) + (-7 \times -2)$$
$$= 2050 + 14$$
$$= 2064$$

悄悄話

在第一章中，挪近法則只用來相乘兩個稍大於 100 的數字，但這個方法其實也能神奇的應用在稍小於 100 的數字，舉例來說：

$$96 \times 97 = (100-4)(100-3)$$
$$= (100 \times 93) + (-4 \times -3)$$
$$= 9300 + 12$$
$$= 9312$$

　　請注意，96+97=193=100+93。（實際上，我只是將最後一位數相加。從 6+7 就能得知 100 會乘於一個結尾是 3 的數字，所以這個數一定是 93。）同時，一旦熟悉了這個方法，你就不用再將兩個負數相乘，而只要將它們正數的數值相乘就行了，比如說：

$$97 \times 87 = (100 - 3)(100 - 13)$$
$$= (100 \times 84) + (3 \times 13)$$
$$= 8400 + 39$$
$$= 8439$$

　　這個方法也能用在當數字稍微大於或小於 100 的時候，但你必須要在最後多做一步減法，比方說：

$$109 \times 93 = (100 + 9)(100 - 7)$$
$$= (100 \times 102) - (9 \times 7)$$
$$= 10,200 - 63$$
$$= 10,137$$

　　再者，我們就能從 109−7 或 93+9 或 109+93−100 得到 102 這個數字。（或者只要將原本兩數的最後一位數相加，9+3 告訴你數字會以 2 為結尾，這樣的資訊差不多也就夠了。）經過練習，你就可以用這個方法來相乘任何相對接近的數字。接下來我要示範的是中等難度的三位數計算，請注意，這裡的數字 a 和 b 都不是個位數。

$$218 \times 211 = (200 + 18)(200 + 11)$$
$$= (200 \times 229) + (18 \times 11)$$
$$= 45,800 + 198$$
$$= 45,998$$

$$985 \times 978 = (1000 - 15)(1000 - 22)$$
$$= (1000 \times 963) + (15 \times 22)$$
$$= 963,000 + 330$$
$$= 963,330$$

求解 x

在本章稍早，我們看到了用代數的黃金法則來解出一些方程式的例子。當方程式中只有一個變數（假設為 x）且等式兩邊都是「線性」（這表示它們可以包含很多個 x 或是 x 的倍數，但除此之外不會更複雜了，比如說 x^2 項）的時候，求解 x 就很簡單了。舉例來說，要解開下列方程式

$$9x - 7 = 47$$

我們可以將兩邊都加上 7 以得到 $9x=54$，然後除以 9 得到 $x=6$。

或者對一個稍微複雜一點的代數問題來說：

$$5x + 11 = 2x + 18$$

將兩邊都減去 $2x$ 並同時將兩邊減去 11 來簡化它，就會變成

$$3x = 7$$

並得到解 $x=7/3$。任何線性方程式最終都可以簡化為 $ax=b$（或 $ax-b=0$），也就是解為 $x=b/a$（若 $a \neq 0$）。

二次方程式（其中出現了變數 x^2）的情況就變得比較複雜了，最容易解決的二次方程式類似下面這樣

$$x^2 = 9$$

會產生兩個解：$x=3$ 以及 $x=-3$。即使等號右邊不是完全平方，如下式

$$x^2 = 10$$

我們還是會得到兩解，$x=\sqrt{10}=3.16...$ 以及 $x=-\sqrt{10}=-3.16...$。總括來說，當 $n>0$ 的時候，$\sqrt{n}$ 稱作 n 的**正平方根**，表示某個正數的平

方為 n。當 n 不是完全平方時，我們通常會用計算機來求 $\sqrt{n}$ 的值。

悄悄話

那麼方程式 $x^2 = -9$ 又是如何呢？就目前的情況，我們會說它沒有答案。實際上，的確沒有一個**實數**的平方會得到 -9。但是我們在第十章會看出這個問題實際上有兩個答案，也就是 $x=3i$ 以及 $x=-3i$，其中 i 稱作**虛數**，它的平方是 -1。如果現在聽起來這些既不真實又荒唐無比，沒關係，你的人生也曾有過**負**數看起來毫無可能的時候，（怎麼可能會有小於 0 的數值？）在這些數變得合理之前，你需要的只是用正（*right*）確的方法來看待它。

一個如下的方程式

$$x^2 + 4x = 12$$

因為有 $4x$ 這一項的存在，使得求解稍微更複雜一些。不過還是有幾個不同的方法能解決它，就像心算一樣，解題的方式通常都不只一種。

我試著用來解決這個問題的第一個方法是**因式分解法**。第一步是將所有的項統統移到等號左邊，這樣留在右邊的就只有 0 而已了。如此一來，方程式就變成

$$x^2 + 4x - 12 = 0$$

接下來呢？碰巧在上一段練習頭外內尾規則時，我們見過 $x^2+4x-12=(x+6)(x-2)$ 這個結果，因此我們的題目能轉變為

$$(x + 6)(x - 2) = 0$$

要讓乘積等於 0，唯一的方法是讓兩項之中至少一項等於 0，因此我們一定會得到 $x+6=0$ 或 $x-2=0$ 其中一個，也就表示解為二擇一

$$x = -6 \text{ or } x = 2$$

這樣，你應該就能驗證並解出原始題目了。

根據頭外內尾規則，$(x+a)(x+b)=x^2+(a+b)x+ab$，這個算式使得因數分解二次式的過程有點像是在解謎。比方說在最後一個題目中，我們必須找到兩個數 a 和 b，其總和為 4 且乘積為 -12，而最後的答案是 $a=6$ 且 $b=-2$。讓我們來練習一下，試試看因數分解 $x^2+11x+24$ 這一題。在這裡，謎題變成：找出兩數，其總和是 11 且乘積為 24。由於 3 和 8 能滿足這些條件，因此我們得到 $x^2+11x+24=(x+3)(x+8)$。

但現在假設我們有一個像 $x^2+9x=-13$ 這樣的方程式，並沒有什麼簡單的方法可以用來因式分解 $x^2+9x+13$，但是不用怕！對於這樣的情況，**二次公式**可以拯救我們，這個有用的公式聲稱

$$ax^2 + bx + c = 0$$

的解為

$$x = \frac{-b \pm \sqrt{b^2 - 4ac}}{2a}$$

其中的 $\pm$ 記號意為「加或減」。這裡有個例子，對下列方程式來說

$$x^2 + 4x - 12 = 0$$

我們的 $a=1$、$b=4$ 且 $c=-12$。

因此這個公式告訴我們

$$x = \frac{-4 \pm \sqrt{16 - 4(1)(-12)}}{2} = \frac{-4 \pm \sqrt{64}}{2} = \frac{-4 \pm 8}{2} = -2 \pm 4$$

所以就如我們所預期的，$x=-2+4=2$ 或 $x=-2-4=-6$。對這個題目來說，我想你會認同因數分解法是比較直接的解法。

悄悄話

另外一個用來解決二次方程的方法叫做「配方法」。對方程式 $x^2+4x=12$ 來說，我們先將等號兩邊都加上 4，得到

$$x^2 + 4x + 4 = 16$$

將兩邊都加上 4 是因為這樣等號左邊就能變成 $(x+2)(x+2)$，所以題目會變成

$$(x + 2)^2 = 16$$

也就是 $(x+2)^2=4^2$，因此

$$x + 2 = 4 \text{ or } x + 2 = -4$$

這告訴了我們 $x=2$ 或 $x=-6$，就跟前述一樣。

但是對下列方程式

$$x^2 + 9x + 13 = 0$$

二次公式是我們最好的選擇。這個題目中的 $a=1$、$b=9$ 且 $c=13$，因此，二次公式告訴我們

$$x = \frac{-9 \pm \sqrt{81 - 52}}{2} = \frac{-9 \pm \sqrt{29}}{2}$$

這不是我們能輕易觀察到的答案。在數學中需要背住的公式很少，但這個二次公式絕對是其中一個。只要一點點的練習，你很快就會發現使用這個公式就像唸 a、b、c 一樣簡單！

悄悄話

所以二次公式是如何運作的？讓我們將方程式 $ax^2+bx+c=0$ 改寫成

$$ax^2 + bx = -c$$

然後將等號兩邊都除以 a（但 a 不等於 0），得到

$$x^2 + \frac{b}{a}x = \frac{-c}{a}$$

因為 $(x + \frac{b}{2a})^2 = x^2 + \frac{b}{a}x + \frac{b^2}{4a^2}$，所以我們可以在上式的等號兩邊都加上 $\frac{b^2}{4a^2}$ 來完成配方，並得到

$$\left(x + \frac{b}{2a}\right)^2 = \frac{b^2}{4a^2} + \frac{-c}{a} = \frac{b^2 - 4ac}{4a^2}$$

等號兩邊都取平方根

$$x + \frac{b}{2a} = \pm\frac{\sqrt{b^2 - 4ac}}{2a}$$

因此如預期得到

$$x = \frac{-b \pm \sqrt{b^2 - 4ac}}{2a}$$

將代數變成圖形

　　數學在十七世紀時跨出一大步，因為這時法國數學家費馬和笛卡兒各自發現將代數方程式圖象化，以及反之將幾何學物體用代數方程式來呈現的方法。

　　讓我們從一個簡單方程式的圖形開始

$$y = 2x + 3$$

　　這個方程式表示不論變數 x 的數值為何，我們將這個值乘以 2 倍並加上 3 就會得到 y 的數值。下表列出了一些 x 和 y 的組合，接下來我們標出這些點，如下圖所示。當畫在圖形上時，這些點被稱為**序對**，比方說，在這裡標出的點會是 $(-3,3)$、$(-2,-1)$、$(-1,1)$ 等等。當你將這些點連在一起並做外推之後，得到的結果稱之為**圖形**，下方展示的是方程式 $y=2x+3$ 的圖形。

x	y
-3	-3
-2	-1
-1	1
0	3
1	5
2	7
3	9

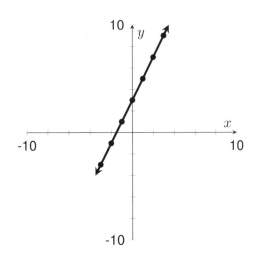

▲ 方程式 $y=2x+3$ 的圖形。

接著來介紹一些有用的術語：圖中的水平線稱作 **x 軸**，垂直線稱作 **y 軸**；這個範例中的圖形是一個**斜率**為 2 且 **y 軸截距**為 3 的直線，其中斜率測量的是直線的斜度。由於「斜率」是 2，這表示每當 x 值增加 1 的時候，y 值就會增加 2（你可以在表中看出）。「y 軸截距」就是 $x=0$ 的時候 y 所對應的值，以幾何學來說，這就是當直線與 y 軸相交之處，一般來說，方程式的圖形

$$y = mx + b$$

是一條斜率為 m 且 y 軸截距為 b 的直線（反之亦然），我們通常將直線本身和它的方程式視為一體，所以我們可以直截了當地說上圖中的圖形就是直線 $y=2x+3$。

下圖是 $y=2x-2$ 和 $y=-x+7$ 這兩條直線

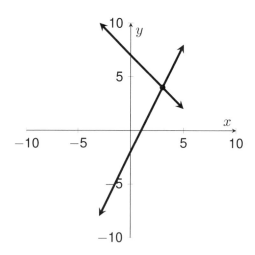

▲ $y=2x-2$ 和 $y=-x+7$ 在哪裡相交？

$y=2x-2$ 的斜率為 2 而 y 軸截距為 -2（這個圖形跟 $y=2x+3$ **平行**，是前者垂直向下移 5 單位長度的平行線）。$y=-x+7$ 的斜率為 -1，所以每當 x 值增加 1，y 值就會減少 1。讓我們用代數來決定線上

的 (x,y) 點出現在哪裡，這兩條直線的交點就是它們有同一組 x 值和 y 值的時候，所以說我們想要找出兩條線在具有相同 y 值時的 x 值是多少，也就是我們需要解出

$$2x - 2 = -x + 7$$

將兩邊都加上 x 和 2，我們會得到

$$3x = 9$$

所以 $x=3$。一旦我們知道 x 為何，就能用兩個方程式中的任何一個來算出 y。因為 $y=2x-2$，所以 $y=2(3)-2=4$（或者用 $y=-x+7$ 能得到 $y=-3+7=4$），由此可知這兩條直線的交點是 $(3,4)$。

　　畫一條直線很簡單，只要你知道線上的任何兩點就能輕易完成整條直線，但是碰上二次函數時（此時出現變數 x^2），情況就比較棘手了。最容易畫出圖形的二次方程是 $y=x^2$，如下圖所示。而二次函數的圖形則稱作**拋物線**。

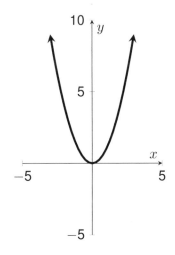

▲ $y=x^2$ 的圖形

下面是 $y=x^2+4x-12=(x+6)(x-2)$ 的圖形。

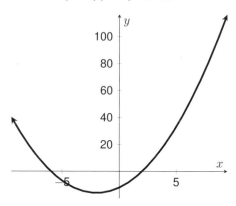

▲ $y=x^2+4x-12=(x+6)(x-2)$ 的圖形，y 軸的單位長度已被更改。

請注意，當 $x=-6$ 或 $x=2$ 時，$y=0$。因為拋物線在這兩個點與 x 軸相交，所以我們可以從圖中看出這一點。並不意外地，拋物線的最低點出現在這兩個點的中點 $x=-2$，而 $(-2,-16)$ 就稱作拋物線的**頂點**。

我們在日常生活中每天都會碰到拋物線，任何時候當我們丟出一個物體，無論這個物體是一顆棒球或是飲水器的水柱（如下圖所示），它創造出的曲線幾乎就等同於拋物線。拋物線的性質也被用在設計頭燈、望遠鏡，以及圓盤式的衛星天線上。

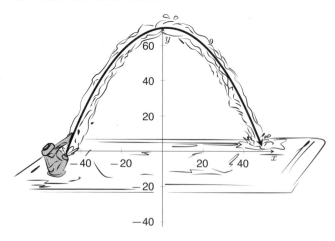

▲ 這是一個典型的飲水器，其水柱符合拋物線 $y=-.03x^2+.08x+70$。

　　來認識一些術語吧！目前我們已經認識了多項式，它是由很多數字和單一變數（假定為 x）所組成，其中變數 x 可以具有正整數指數，指數中的最大值稱作多項式的次數。舉例來說，$3x+7$ 是一個一次（線性）多項式。一個次數為二的多項式，像是 $x^2+4x-12$，稱作**二次**；而一個次數為三的多項式，像是 $5x^3-4x^2-\sqrt{2}$，則稱作**三次**。次數為四或五的多項式分別稱作**四次**或是**五次**。（我沒聽過更高次數的多項式名稱，或許是因為不常用到。）一個沒有變數的多項式，比方說多項式 17，它的次數為 0 並稱作**常數多項式**。最後，一個多項式不能含有無窮多項，比方說 $1+x+x^2+x^3+\cdots\cdots$ 就不是一個多項式。（這叫做**無窮級數**，我們會在第十二章中做更多討論。）

　　請注意，多項式中變數的指數只能是正整數，所以指數不能是負數或是分數。比方說，像 $y=1/x$ 或是 $y=\sqrt{x}$ 這樣的方程式就不是一個多項式，因為結果會是 $1/x=x^{-1}$ 或 $\sqrt{x}=x^{1/2}$，這一點我們之後會在悄悄話中多做解釋。

　　當 x 使多項式等於 0 的時候，我們定義這就是多項式的**根**。舉例來說，$3x+7$ 有一個根，也就是 $x=-7/3$；$x^2+4x-12$ 的根則是 $x=2$ 以及 $x=-6$；而一個像 x^2+9 這樣的多項式並沒有實數根。請注意，每個一次多項式（也就是一條直線）剛好有一個根，因為這條直線跟 x 軸的交點剛好是一個。而一個二次多項式（也就是拋物線的圖形）最多有兩個根；多項式 x^2+1、x^2 以及 x^2-1 則分別有零個、一個，和兩個根。

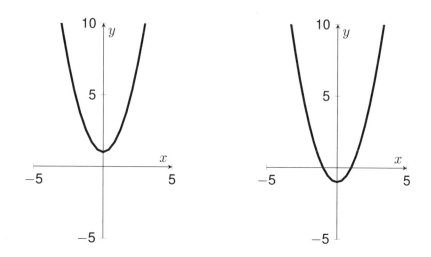

▲ 圖形 $y=x^2+1$ 和 $y=x^2-1$ 分別有 0 個和 2 個根，而前面所畫的 $y=x^2$ 則只有 1 個根。

接下來我們有些三次多項式的圖形，你將會發現到它們最多會有三個根。

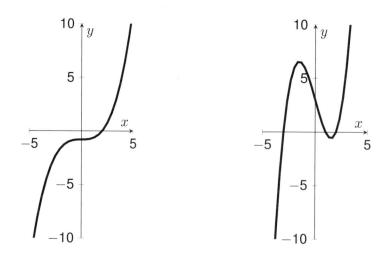

▲ $y = (x^3 - 8)/10 = \frac{1}{10}(x-2)(x^2+2x+4)$ 的圖形有一個根，
而 $y = (x^3 - 7x + 6)/2 = \frac{1}{2}(x+3)(x-1)(x-2)$ 有三個根。

　　在第十章我們會遇上**代數基本定理**，這個定理能證明每一個有 n 次的多項式最多會有 n 個根。除此之外，多項式也可以被因數分解成部分的一次或是二次項，舉例來說：

$$(x^3 - 7x + 6)/2 = \frac{1}{2}(x-1)(x-2)(x+3)$$

有三個根 (1、2 和 −3)，然而

$$x^3 - 8 = (x-2)(x^2 + 2x + 4)$$

只有一個實數根 x=2。（此式也含有兩個複數根，但我們絕對要等到第十章再來討論它們。）對了，我應該要指出一點，現在要找出大部分的函數圖形是很簡單的，只要將方程式輸入你最愛的搜尋引擎就可以了。比方說，輸入「y=(x^3−7x+6)/2」之後，類似上面的那個圖形就會出現。

　　在本章中，我們已經看到如何能簡單地找到任何一次或二次方程式的根。其實也有用來找到三次或四次多項式根的公式，但就非常複雜了。這些公式在十六世紀時被發明出來，在此之後的兩百多年，數學家都在尋找一個可以解出任何一個五次多項式的公式。許多數學界中的頂尖學者試著要解決這個問題，但都徒勞無功。一直到十九世紀初期，一位挪威數學家阿貝爾證明了世上並不存在能解出五次或更高次多項式根的公式，這成為了一個只有數學家才會覺得有趣的謎語：為什麼牛頓沒有證明五次的不可能理論？因為他不是阿貝爾！我們會在第六章中看到更多用來證明某事不可能的例子。

悄悄話

　　為什麼 $x^{-1}=1/x$？舉例來說，為什麼 $5^{-1}=1/5$？看看下面這些數字的形式：

$$5^3 = 125, \ 5^2 = 25, \ 5^1 = 5, \ 5^0 = ?, \ 5^{-1} = ??, \ 5^{-2} = ???$$

請注意，每次我們將指數減少 1，數字就會除以 5，想一想你就會覺得這很合理。為了讓這個模式持續下去，我們需要 $5^0 = 1$、$5^{-1} = 1/5$、$5^{-2} = 1/25$……。但其中的真正原因是**指數法則**，它告訴我們 $x^a x^b = x^{a+b}$。且說這個規則在 a 和 b 是正整數時很有道理，比方說，$x^2 = x \cdot x$，而 $x^3 = x \cdot x \cdot x$，因此：

$$x^2 \cdot x^3 = (x \cdot x) \cdot (x \cdot x \cdot x) = x^5$$

由於我們希望這個法則也能適用於 0，所以我們需要

$$x^{a+0} = x^a \cdot x^0$$

因為等號左邊等於 x^a，所以右邊必定也一樣，不過這只有在 $x^a = 1$ 時才能成立。

既然我們希望指數法則也能夠運用在負整數上，這使我們不得不接受

$$x^1 \cdot x^{-1} = x^{1+(-1)} = x^0 = 1$$

將兩邊都除以 x，暗示著 x^{-1} 一定等於 $1/x$。用類似的論點，可得到 $x^{-2} = 1/x^2$、$x^{-3} = 1/x^3$……。

此外由於我們希望指數法則能適用於所有的實數，所以我們必須接受

$$x^{1/2} x^{1/2} = x^{1/2 + 1/2} = x^1 = x$$

因此如果我們將 $x^{1/2}$ 平方，就會得到 x，由此我們可得出（當 x 是正數時）$x^{1/2} = \sqrt{x}$。

找出 Y（以及 X！）

讓我們藉著一個以代數為原理的魔術戲法，用同樣的手法為這一章做個結尾：

第一步：從 1 到 10 之間挑兩個數字。

第二步：將兩數相加。

第三步：將得到的數乘以 10。

第四步：加上原本兩數中較大的那一個。

第五步：再減去原本兩數中較小的那一個。

第六步：告訴我你現在想著的數字，我會告訴你原本的兩數是什麼！

信不信由你，只要有這麼一點資訊，你就可以得知兩個原數。舉例來說，如果最後的答案是 126，那麼你一定是挑了 9 和 3。這個招式即使再多用上幾次，你的觀眾依然很難了解你是如何做到的。

祕訣在此：要找出較大的那個數，看看答案的最後一位數（在此是 6），將此數與前面的數相加（在此是 12），再除以 2，這麼一來我們就可以得到較大的數為 $(12+6)/2 = 18/2 = 9$。而要得知較小的數，看看剛剛得到的較大那一數（9），然後減去答案的最後一位數，在此為 $9-6=3$。

這裡提供另外兩個用來練習的例子，如果答案是 82，那麼較大的數會是 $(8+2)/2=5$，較小的數則是 $5-2=3$。如果答案是 137，那麼較大的數會是 $(13+7)/2=10$，而較小的數則是 $10-7=3$。

為什麼這個方法行得通？假設你從 X 和 Y 開始，其中 X 等於或大於 Y，照著原本的指示以及下表中的代數，我們可以看到在第五步之後你會得到 $10(X+Y)+(X-Y)$。

第一步：	X and Y
第二步：	$X + Y$
第三步：	$10(X + Y)$
第四步：	$10(X + Y) + X$
第五步：	$10(X + Y) + (X - Y)$
較大的數：	$((X + Y) + (X - Y))/2 = X$
較小的數：	$X - (X - Y) = Y$

這對我們有什麼幫助？請注意，由 $10(X+Y)$ 形成的數目會以 0 為結尾，而在 0 前面的一個（或多個）數字會是 $X+Y$。由於 X 和 Y 是 1 到 10 之間的數，而且 X 大於或是等於 Y，所以 $X-Y$ 必定會是一位數（在 0 和 9 之間），因此答案的最後一位數必定是 $X-Y$。舉例來說，如果你從 9 和 3 開始，則 $X=9$ 且 $Y=3$，因此答案在第五步之後開頭必定會是 $X+Y=9+3=12$，而結尾會是 $X-Y=9-3=6$，也就是 126。一旦我們知道 $X+Y$ 和 $X-Y$ 的值，我們就可以用兩數的平均來得到 $((X+Y)+(X-Y))/2=X$。至於 Y，我們可以計算 $((X+Y)-(X-Y))/2$（在例子中是 $(12-6)/2=6/2=3$），但我找到了一個更簡單的方法，只要將得到的較大那個數減去第五步答案的最後一位數 $(9-6=3)$ 就可以了，因為 $X-(X-Y)=Y$。

悄悄話

如果你想要給自己一些額外的挑戰（觀眾們可能會想用計算機），可以要求觀眾在 1 到 100 之間隨意挑兩個數字，但是現在要將第三步從乘以 10 改成乘以 100，然後就像之前那樣進行下去。比方說，如果他們選的是 42 和 17，那麼在第五步之後此數會是 5925，你可以將此數的最後兩位數與其他部分拆開，並用兩數相加

的平均來重建答案。在這題中，較大的數是 $(59+25)/2 = 84/2 = 42$；而要得到較小的數，則用較大的數減掉答案的最後兩位數，在這題中正如我們預期的是 $42-25 = 17$。這個方法能成功的原因和前面的解釋幾乎一模一樣，只差在這一題中第五步的答案是 $100(X+Y)-(X-Y)$，其中 $X-Y$ 是答案中的最後兩位數。

這裡還有另一個例子：如果答案是 15,222（所以 $X+Y=152$，而 $X-Y=22$），則較大的數為 $(152+22)/2 = 174/2 = 87$，而較小的數為 $87-22 = 65$。

$\sqrt{9} = 3$

9 的魔術

最神奇的數字

小時候，我最喜歡 9 這個數字了，因為它似乎蘊含許多神奇的特性。我想給你看一個例子，請照著下列充滿魔力的數學指示：

1. 想一個在 1 到 10 之間的數（如果不滿意，你也可以挑更大的整數並使用計算機）。
2. 將這個數乘以 3。
3. 然後加上 6。
4. 把得到的數字再乘以 3。
5. 如果你願意的話，把這個數字再乘以 2。
6. 將這個數字的所有位數相加，如果是個位數，就停止運算。
7. 如果是二位數，那麼將兩個位數再次相加。
8. 專心想著你的答案。

直覺告訴我你正在想的數字是 9，對不對？（如果不是的話，你或許該回過頭驗算一下。）

是什麼讓 9 這個數字如此神奇？我們會在本章看到它的一些神奇特性，然後我們甚至會考慮有另一個世界的存在，在那裡 12 和 3 的功能相等而且完全合理！9 的第一個神奇特性可以從它的倍數中看出來：

9、18、27、36、45、54、63、72、81、90、99、
108、117、126、135、144⋯⋯

這些數目有什麼共通點？如果你將每個數字各自的位數相加，似乎每次都會得到 9。讓我們挑其中幾個來試試看：18 的各個位數之和是 1＋8＝9；27 是 2＋7＝9；144 則是 1＋4＋4＝9。但是慢著，這裡有一個例外：99 的位數和是 18，不過 18 本身仍是 9 的倍數。所以我們得到下

面這個重要結論，這件事你可能在小學就學過了，而我們稍後也會在這一章中解釋：

如果一個數字是 9 的倍數，那麼它的各個位數之和也必定是
9 的倍數（反之亦然）。

舉例來說，123,456,789 的位數和是 45（9 的倍數），所以這個數就是 9 的倍數。反過來說，314,159 的位數和是 23（非 9 的倍數），所以這個數就不是 9 的倍數。

讓我們用這個規則來了解前面的那個魔術戲法，並仔細檢驗其中的代數。你先想一個數字，我們稱之為 N。乘上三倍之後你會得到 $3N$，並在下一步變成 $3N+6$。將這個數字再乘上三倍則是 $3(3N+6)=9N+18$，也就是 $9(N+2)$。如果你決定要再乘上 2，就會得到 $18N+36=9(2N+4)$；但不管有沒有乘上 2，你最後的答案都會是 9 乘上一個整數，所以最後一定會得到 9 的倍數。當你計算這個數字的各個位數之和，你一定會再度得到一個 9 的倍數（可能是 9 或 18 或 27 或 36），而且這些數目的**各個**位數之和必定為 9。

還有另一個我也很喜歡用的魔術戲法，它是前面那個魔術的變形。找一個有計算機的人，請他從下列四位數中挑出一個：

3141 或 2718 或 2358 或 9999

這些數字分別是 π（詳見第八章）的前四位數、e（詳見第十章）的前四位數、連續幾個費氏數（詳見第五章），以及四位數的最大值。請他將所選的四位數乘上任何一個三位數，結果會是一個你不可能會知道的六位數或七位數。接下來請他在腦海中圈出答案中的任一位數，但不要是 0（因為它已經像是個圓圈了！），然後要他以任意順序將所有沒圈起來的數字唸出來，並且專心想著那個剩下的數字。你只要稍加注意，就可以成功地揭開答案了。

所以說祕密是什麼呢？請注意，能選擇的這四個數字都是 9 的倍數。既然是從一個 9 的倍數開始，那麼乘上一個整數之後結果仍然會是 9 的倍數，因此它的位數和也一定會是 9 的倍數。隨著數字被逐一唸出，你只要將它們統統相加即可，被藏起來的那一個數字在加上之後能使總和變成 9 的倍數。舉例來說，假設他唸出 5、0、2、2、6 和 1，這些數字的總和是 16，那麼被藏起來的數字一定是 2，因為加上之後能得到最接近的 9 的倍數，也就是 18；如果唸出來的數字是 1、1、2、3、5、8，總和為 20，那麼隱藏的數字一定是 7，這樣才能得到 27；假設你將唸出的數字相加得到 18，他藏起來的是哪個數字？由於我們告訴過他不要圈選 0，所以缺少的數字一定是 9。

但為什麼一個 9 的倍數其位數和永遠是 9 的倍數呢？讓我們來看看下面這個例子，當 3456 以 10 的次方項表示時，看起來如下式

$$3456 = (3 \times 1000) + (4 \times 100) + (5 \times 10) + 6$$
$$= 3(999 + 1) + 4(99 + 1) + 5(9 + 1) + 6$$
$$= 3(999) + 4(99) + 5(9) + 3 + 4 + 5 + 6$$
$$= （9\text{ 的倍數}）+ 18$$
$$= 9\text{ 的倍數}$$

運用同樣的邏輯，如果一個數字的位數和是 9 的倍數，則此數本身一定也是 9 的倍數（反之亦然：任何一個 9 的倍數其位數和一定是 9 的倍數）。

去九法

如果這個數字的位數和不是 9 的倍數時又是如何呢？以數字 3457 來說，照著上述步驟，我們可以將 3457（其位數和為 19）寫成

3(999)＋4(99)＋5(9)＋7＋12，所以 3457 比一個 9 的倍數多出 7＋12＝
19。而且因為 19＝18＋1，其實暗示著 3457 只比 9 的一個倍數大上 1 而
已。我們用下列方法也能得到同樣的結論，先將 19 的位數相加，然後
再將 10 的位數相加

$$3457 \rightarrow 19 \rightarrow 10 \rightarrow 1$$

　　這個將數字中的位數相加，並且一再重複直到只剩下一位數的方法
叫做**去九法**。這是因為在每一步中，減去的值都是 9 的倍數，而最後得
到的那個一位數稱作原數的**數根**。舉例來說，3457 的數根就是 1，而
3456 的數根則是 9。我們可以將前面的論述簡單總結一下，對任何正數
n 來說：

如果 n 的數根為 9，那麼 n 就是 9 的倍數，
除此之外，數根就是 n 除以 9 所產生的餘數。

　　或是以代數來表示，如果 n 的數根是 r，則對某些整數 x 來說

$$n = 9x + r$$

　　去九法的過程是一個用來驗算加法、減法和乘法題目的有趣方式。
比方說，如果一個加法題目計算正確，那麼答案的數根必定等同於位數
和的數根。下面有個加法題的例子：

$$
\begin{array}{r}
91787 \rightarrow 32 \rightarrow 5 \\
+\ 42864 \rightarrow 24 \rightarrow 6 \\
\hline
134651 \qquad \overline{11} \rightarrow ② \\
\downarrow \qquad\qquad \\
20 \quad \rightarrow ② \\
\end{array}
$$

　　請注意，相加的兩數其數根分別是 5 和 6，兩者的和為 11，而它的
數根為 2。至於答案 134,651 的數根同樣為 2，這一切並非巧合。一般

來說，這些方法能夠成立是基於代數式

$$(9x + r_1) + (9y + r_2) = 9(x + y) + (r_1 + r_2)$$

如果數根不相等，那麼一定是在某處出了差錯，但請切記：**即使數根相等**，也並不保證你的答案也就是對的。這些步驟有九成時間能找出大部分的隨機錯誤，不過要留意的是，如果你不小心交換兩個數字的位置，這個方式並沒有辦法找出錯誤，因為在錯誤位置的兩個正確數字並不會改變位數和的結果。但是如果只搞錯了一個數字，這個方式就能偵測出這個失誤，除非錯誤是出在將 0 誤認為 9 或是將 9 誤認為 0 的時候。我們也能套用這個計算過程來相加一長串的數字，舉例來說，假設你買了許多東西，而它們的價錢如下：

$$
\begin{array}{rcrcc}
112.56 & \to & 15 & \to & 6 \\
96.50 & \to & 20 & \to & 2 \\
14.95 & \to & 19 & \to & 1 \\
48.95 & \to & 26 & \to & 8 \\
108.00 & \to & 9 & \to & 9 \\
17.52 & \to & 15 & \to & 6 \\
\hline
398.48 & & 32 & \to & ⑤ \\
\downarrow & & & & \\
32 \to ⑤ & & & &
\end{array}
$$

將答案的各個位數相加，我們能看到總和的數根是 5，個別數根的總和為 32，而因為 32 的數根也是 5，所以兩個答案一致。去九法也可以應用在減法上，比方說，將我們先前的加法題改成減法題：

$$
\begin{array}{rcrcc}
91787 & \to & 32 & \to & 5 \\
-\,42864 & \to & 24 & \to & 6 \\
\hline
48923 & & -1 & \to & ⑧ \\
\downarrow & & & & \\
26 \to ⑧ & & & &
\end{array}
$$

這個減法題的答案是 48,923，數根為 8。當我們將題目中的兩個數根相減會得到 5-6=-1，不過這依然與我們的答案相符，因為 -1+9=8，而在答案加上（或是減去）9 的倍數並不會改變數根。運用同樣的邏輯，若差值為 0，也等同數根為 9。

讓我們利用所學來創造另一個魔術戲法（與本書前言中出現的那種類似）。跟著下列指示；也可以依你的喜好使用計算機：

1. 想著任何一個二位數或三位數。

2. 將各個位數相加。

3. 用原數減掉步驟二的結果。

4. 將這個新數字的各個位數相加。

5. 如果答案是偶數，就乘以 5。

6. 如果答案是奇數，就乘以 10。

7. 最後減去 15。

你現在想著的是 75 嗎？

舉例來說，如果你選了 47，那麼首先是加法運算 4+7=11，再來是 47-11=36，然後是 3+6=9，這是一個奇數，所以將它乘以 10 進而得到 90，最後 90-15=75。另一方面，如果你選擇的是 831 這個三位數，那麼 8+3+1=12；831-12=819；8+1+9=18，這是一個偶數，所以 18×5=90，再減掉 15 得到 75，與前面的結果相同。

這個戲法之所以能夠成立，是因為如果原數的位數和是 T，則表示原數一定比 9 的一個倍數大上 T。當我們將原數減掉 T 的時候，必定會得到一個 9 的倍數，其值小於 999，所以位數和會是 9 或是 18。（舉例來說，當我們一開始選擇 47 時，位數和是 11，將 47 減去 11 會得到 36，其位數和為 9。）在下一步之後，我們必定會先得到 90（因為不是 9×10 就是 18×5）再得到答案 75，就像上述的例子那樣。

去九法同樣可以用在乘法上，讓我們看看將之前的那兩個數字相乘
會發生什麼事：

$$
\begin{array}{r}
91787 \to 32 \to 5 \\
\times 42864 \to 24 \to \underline{6} \\
\hline
3{,}934{,}357{,}968 30 \to \textcircled{3} \\
\downarrow \\
57 \to 12 \to \textcircled{3}
\end{array}
$$

根據第二章的頭外內尾規則，就能了解去九法能運用在乘法上的原
因。看看最後一個例子，右邊的數根告訴我們對某些整數 x 和 y 來說，
進行乘法運算的是 $9x+5$ 和 $9y+6$，而當我們將它們相乘，會得到

$$
\begin{aligned}
(9x+5)(9y+6) \quad &= \quad 81xy + 54x + 45y + 30 \\
&= \quad 9(9xy + 6x + 5y) + 30 \\
&= \quad （9 \text{ 的倍數}）+（27 + 3） \\
&= \quad （9 \text{ 的倍數}）+ 3
\end{aligned}
$$

雖然傳統上並不會用去九法來驗算減法題，我還是忍不住想給你看
一個將數字除以 9 的方法，它神奇得簡直就像是魔法一樣。這個方式有
時候被稱為吠陀數學。想想這個題目

$$
12302 \div 9
$$

將它改寫成

$$
9\overline{)12302}
$$

現在將第一個數字寫在橫線的上方，然後將 R（代表餘數）寫在最
後一位數上面，就像這樣

$$
\overset{\textcircled{1} \qquad\quad R}{9\overline{)12302}}
$$

接下來我們將上下各一個數字像下面那樣圈起來，圈出的數字是 1 和 2，相加等於 3，所以我們將 3 放在商數的下一位數。

$$
9 \overline{)1\ 2\ 3\ 0\ 2} \quad 1\ 3 \quad R
$$

然後是 3＋3＝6。

$$
9 \overline{)1\ 2\ 3\ 0\ 2} \quad 1\ 3\ 6 \quad R
$$

再來是 6＋0＝6。

$$
9 \overline{)1\ 2\ 3\ 0\ 2} \quad 1\ 3\ 6\ 6\ R
$$

最後，我們將 6＋2＝8 當成餘數。

$$
9 \overline{)1\ 2\ 3\ 0\ 2} \quad 1\ 3\ 6\ 6\ R\ 8
$$

答案揭曉了：12,302÷9＝1366 餘 8。這看起來也太簡單了！讓我們用少一點篇幅來計算另一個題目：

$$31415 \div 9$$

答案如下！

$$
9 \overline{)3\ 1\ 4\ 1\ 5} \quad 3\ 4\ 8\ 9\ R\ 14
$$

從最上面的 3 開始，我們先計算 3＋1＝4，然後是 4＋4＝8；8＋1＝9；9＋5＝14，所以答案是 3489 餘 14。但是因為 14＝9＋5，所以我們將商數加上 1，答案變成 3490 餘 5。

下面是個帶有誘人答案的單純題目，我把這題留給你來驗證（看你想用紙筆或是心算都可以）

$$111,111 \div 9 = 12,345\ R\ 6$$

從前面的題目，我們能看出如果餘數大於或等於 9 的時候，只要簡單地在商數加上 1，並將餘數減去 9 就對了。同樣的做法也用在除法問題的過程中，當兩數之和大於 9 的時候，我們標出「進位」，然後將和減去 9，再像之前那樣繼續（還是我應該說**進行**？）下去。舉例來說，對於 4821÷9 這個題目，我們這麼開始：

$$\overset{④\qquad\;\;R}{9\overline{)4\;8\;2\;1}}$$

我們從 4 起頭，但因為 4+8=12，所以我們在 4 的上方寫上 1（來標明進位），然後將 12 減去 9，在下一位數寫下 3。接著是 3+2=5；5+1=6，便得到 535 餘 6 這個答案，如下所示

$$\overset{\overset{1}{4\;3\;5\;R\;6}}{9\overline{)4\;8\;2\;1}}$$

這裡提供另一個進位很多次的題目，試試看 98,765÷9：

$$\overset{\overset{1\;\;1\;\;1}{9\;8\;6\;3\;R\;8}}{9\overline{)9\;8\;7\;6\;5}}$$

橫線上方由 9 開始，9+8=17，我們標出進位並減去 9，因此商數的第二位數為 8；接下來 8+7=15，標出進位並寫下 15－9=6；然後 6+6=12，標出進位並寫下 12－9=3；最後，你的餘數會是 3+5=8。將所有的進位加進去，我們的答案就是 10,973 餘 8。

悄悄話

如果你認為以 9 為除數很酷，那麼來看看以 91 為除數又如何。要求別人挑任意一個二位數，你都可以在除以 91 後立刻得到所有需要的小數位。不用紙筆，我絕非說笑！舉例來說：

$$53 \div 91 = 0.582417\ldots$$

更精確地說，答案會是 $0.\overline{582417}$，在 582417 上面的那一槓表示這些數字會無止盡地重複下去。這些數字是從哪裡冒出來的？其實就跟將 11 與二位數相乘一樣簡單。用上我們在第一章學到的方法，計算出 $53 \times 11 = 583$，把這個數字減去 1 就可以得到前半部的答案，也就是 0.582；後半部的答案等於 999 減去前半部的答案，也就是 $999 - 582 = 417$，因此我們得到預告的答案 $0.\overline{582417}$。

我們再來算一個例子，試試 $78 \div 91$。首先 $78 \times 11 = 858$，因此答案是以 857 開頭。而 $999 - 857 = 142$，所以 $78 \div 91 = 0.\overline{857142}$。其實我們在第一章就看過這個數了，因為 78/91 約分後就是 6/7。

這個方法能夠成立是因為 $91 \times 11 = 1001$，因此，在第一個例子中，$\frac{53}{91} = \frac{53 \times 11}{91 \times 11} = \frac{583}{1001}$，而因為 $1/1001 = 0.\overline{000999}$，所以我們可以從 $583 \times 999 = 583,000 - 583 = 582,417$ 中得到答案的循環部分。

由於 $91 = 13 \times 7$，這給了我們一個計算除以 13 的好方法，那就是用**反約分**來得到 91 這個分母。比方說，1/13 = 7/91，而又因為 $7 \times 11 = 077$，所以我們得到

$$1/13 = 7/91 = 0.\overline{076923}$$

同樣地，因為 $14 \times 11 = 154$，所以 $2/13 = 14/91 = 0.\overline{153846}$。

10、11、12 和模算數（Modular Arithmetic）的魔術

剛剛我們學到了 9 的特性，其中有許多能延伸到其他的數目。當使用去九法時，我們本質上是將數字除以 9 之後，拿餘數來替代數字本身。對大多數人來說，這個用餘數來替換數字的想法並不是什麼新概

念，從我們學會如何分辨時間開始就在這麼做了。比如說，如果時鐘顯示現在是 8 點鐘（沒有區分上午或是下午），那麼 3 小時後的時間會如何顯示？如果是 15 小時後呢？或者 27 小時後呢？還是 9 小時之前呢？雖然你的第一反應可能會說答案是 11 或 23 或 35 或 −1，但是這些數值在時鐘上顯示出的都是 11 點鐘，因為上述的每個時間彼此都相差 12 小時的倍數。數學家會用這樣的記號表示

$$11 \equiv 23 \equiv 35 \equiv -1 \quad (\text{mod } 12)$$

▲ 3 小時後時鐘上顯示的時間會是幾點呢？ 15 小時後呢？ 27 小時之後呢？
9 小時之前呢？

一般說來，如果 a 和 b 相差 12 的倍數，我們會說 $a \equiv b$ (mod 12)；或者說，如果 a 和 b 除以 12 之後得到相同的餘數，則 $a \equiv b$ (mod 12)。更廣泛地說，如果 a 和 b 相差 m 的整數倍，我們會說這兩數 a 和 b **同餘 m**，並表示為 $a \equiv b$ (mod m)，也可以這麼說：

若 $a=b+qm$ 且 q 為整數，則 $a \equiv b$ (mod m)

同餘式的好處就是它們的運算基本上就跟一般的方程式一樣，而且我們可以在模算數中使用加法、減法和乘法。舉例來說，如果 $a \equiv b$ (mod m) 且 c 是任何整數，則下式也同樣成立

$$a+c \equiv b+c \text{ 且 } ac \equiv bc \text{ (mod } m)$$

不同的同餘式可以相加、相減或是相乘。比方說，如果 $a \equiv b$ (mod m) 且 $c \equiv d$ (mod m)，則

$$a + c \equiv b + d \text{ 且 } ac \equiv bd \text{ (mod } m)$$

舉例來說，由於 $14 \equiv 2$ 且 $17 \equiv 5$ (mod 12)，所以 $14 \times 17 \equiv 2 \times 5$ (mod 12)，實際上的確 $238 = 10 + (12 \times 19)$。這項規則表示出我們可以增加同餘式的次方，所以如果 $a \equiv b$ (mod m)，那麼我們會得到「冪次法則」：

對任何正整數 n 來說，$a^2 \equiv b^2$　$a^3 \equiv b^3$　$\cdots$　$a^n \equiv b^n$　(mod m)

悄悄話

為什麼模算數能夠成立？如果 $a \equiv b$ (mod m) 且 $c \equiv d$ (mod m)，那麼存在整數 p 和 q 使得 $a = b + pm$ 且 $c = d + qm$，於是 $a + c = (b + d) + (p + q)m$，因此 $a + c \equiv b + d$ (mod m)。除此之外，運用頭外內尾規則：

$$ac = (b + pm)(d + qm) = bd + (bq + pd + pqm)m$$

所以 ac 和 bd 相差 m 的整數倍且 $ac \equiv bd$ (mod m)。藉由將同餘式 $a \equiv b$ (mod m) 自我相乘，我們能得到 $a^2 \equiv b^2$ (mod m)，一直重複這個步驟就能得到冪次法則。

在以 10 為基底的時候，冪次法則使得 9 成為一個很特別的數字。這是因為

$$10 \equiv 1 \quad \text{(mod 9)}$$

冪次法則告訴我們，對任何 n 來說 $10^n \equiv 1^n = 1 \pmod 9$，因此像 3456 這樣的數字會滿足

$$
\begin{aligned}
3456 \quad &= \quad 3(1000) + 4(100) + 5(10) + 6 \\
&\equiv \quad 3(1) + 4(1) + 5(1) + 6 = 3 + 4 + 5 + 6 \pmod 9
\end{aligned}
$$

由於 $10 \equiv 1 \pmod 3$，這也解釋了為什麼想要知道一個數目是否為 3 的倍數（或是除以 3 的餘數為何）時只要將位數相加即可。如果我們用不同的基底，假設為 16 好了（稱作**十六進位**，用於在電機工程和電算科學中），那麼因為 $16 \equiv 1 \pmod{15}$，所以你只要將位數相加，就能知道一個數字是不是 15（或是 3 或 5）的倍數，並看出該數除以 15 會得到的餘數。

回到以 10 為基底，這裡有一個更簡潔的方法可以用來判斷一個數字是不是 11 的倍數，這個方法是基於以下事實

$$
10 \equiv -1 \pmod{11}
$$

因此 $10^n \equiv (-1)^n \pmod{11}$，所以 $10^2 \equiv 1 \pmod{11}$、$10^3 \equiv (-1) \pmod{11}$……。舉例來說，像 3456 這樣的數字能滿足

$$
\begin{aligned}
3456 \quad &= \quad 3(1000) + 4(100) + 5(10) + 6 \\
&\equiv \quad -3 + 4 - 5 + 6 = 2 \pmod{11}
\end{aligned}
$$

所以 3456 除以 11 會得到餘數 2。一般性的規則是，若且唯若一個數目是 11 的倍數，那麼在我們將各個位數交替做加法和減法時，得到的答案會是 11 的倍數（像是 0、±11、±22……）。比方說，31,415 是 11 的倍數嗎？藉由計算 $3-1+4-1+5=10$，我們能斷定此數不是 11 的倍數，但如果我們改用 31,416，那麼總和就會是 11，因此 31,416 是 11 的倍數。

同餘 11 的算術實際上運用在創造和驗證國際標準書號（ISBN）中，假設你的書具有十位數的國際標準書號（對 2007 年以前出版的書

來說大多如此），前面的幾個位數分別對應到國家地區、出版機構和書名的識別碼，但是第十碼（稱作**檢查碼**）是用來滿足一個特別的數值關係。更精確地說，如果是像 a-bcd-$efghi$-j 這樣的十位數，那麼 j 是被選來滿足

$$10a + 9b + 8c + 7d + 6e + 5f + 4g + 3h + 2i + j \equiv 0 \quad (\text{mod } 11)$$

舉例來說，我在二〇〇六年出版了《數學速算魔法》這本書，它的國際標準書號是 0-307-33840-1，所以的確

$$10(0) + 9(3) + 8(0) + 7(7) + 6(3) + 5(3) + 4(8) + 3(4) + 2(0) + 1$$
$$= 154 \equiv 0 \quad (\text{mod } 11)$$

因為 $154 = 11 \times 14$。你可能會好奇如果檢查碼必須為 10 的時候怎麼辦，在這種情況下，這個位數會由羅馬數字中代表 10 的字母 X 取代。國際標準書號系統有一個很棒的特性，如果有一個位數錯了，系統能夠偵測出來。比方說，如果第三個位數錯了，則最後的總和會少掉 8 的某個倍數，可能是 ± 8、± 16、$\cdots$、± 80，但這些數字中沒有一個是 11 的倍數（因為 11 是一個質數），所以新的總和不可能是 11 的倍數。事實上，只要用一些代數，就能證明這個系統可以偵測出兩個位數互換的錯誤。舉例來說，假設位數 c 和 f 位置互換但是其他部分都是正確的，那麼對總和來說唯一會影響的就是 c 項和 f 項的貢獻，原本的總和應該是 $8c+5f$，但新的總和卻是 $8f+5c$，兩者之間的差是 $(8f+5c)-(8c+5f)$ $=3(f-c)$，它並不是 11 的倍數，因此新的總和也不會是 11 的倍數。

在 2007 年，出版社改成使用十三碼的國際標準書號系統，這個系統採用十三位數，並使用 mod 10 取代原本的 mod 11。在這個新系統下，數字 abc-d-efg-$hijkl$-m 只有在滿足下式的時候才有效

$$a + 3b + c + 3d + e + 3f + g + 3h + i + 3j + k + 3l + m \equiv 0 (\text{mod } 10)$$

舉例來說，本書的十三碼國際標準書號是 978−0−465−05472−5，快速檢測這個數目的方法是先將奇數位和偶數位的數字分開來計算

$$(9+8+4+5+5+7+5)+3(7+0+6+0+4+2)$$
$$=43+3(19)=43+57=100 \equiv 0 \quad (\text{mod } 10)$$

十三碼的國際標準書號可以檢查出任何單一位數的錯誤，以及大部分（但不是全部）連續數值中的換位錯誤，比方說，在最後一個例子中，如果最後三位數從 725 變成 275，那麼錯誤就不會被發現，因為新的總和 110 仍舊是 10 的倍數。類似的 mod 10 系統也用在驗證條碼、信用卡和金融卡卡號上，模算數也在設計電子電路和網路金融安全中扮演重要的角色。

曆法計算

我最喜歡的派對數學戲法是根據某人生日的資訊，告訴他出生的那天是星期幾。舉例來說，如果有人告訴我他出生於二〇〇二年五月二日，我可以立刻說出他出生的那天是星期四。更實用的技巧則是找出今年或明年中的任何日期是星期幾。在這一節，我會教你達成這個戲法的簡單方法以及背後蘊含的數學。

但在我們探究這個方法之前，不妨先來複習一些關於曆法的科學和歷史。由於地球繞太陽一周大約是 365.25 天，所以典型的一年是 365天，但我們每四年會加上一個閏日，也就是二月二十九日這天。（這麼一來，每四年我們會有 $4 \times 365 + 1 = 1461$ 天，差不多剛剛好。）這是儒略曆的概念，在大約兩千年以前由凱薩大帝建立，舉例來說，公元兩千年是閏年，之後的每四年：二〇〇四、二〇〇八、二〇一二、二〇一六……一直到二〇九六年也都是閏年，但是二一〇〇並不是閏年，這是為什麼呢？

　　這個問題是因為一年實際上有 365.243 天（大約比 365.25 天少 11 分鐘），所以閏年的次數稍微多了一些。當繞太陽公轉四百次之後，我們會經歷 146,097 天，但對儒略曆來說卻是 400×365.25＝146,100 天（多出了三天）。為了避免這個問題（以及其他跟復活節日期相關的難題），教宗格雷戈里十三世在一五八二年創建了格里曆。在這一年，天主教國家從他們的日曆中移除十天，舉例來說，儒略曆中的一五八二年十月四日星期四接著的是格里曆中的一五八二年十月十五日星期五。在格里曆中，可以被 100 除盡的年份只有在同時能被 400 除盡的狀況下才是閏年（因此減掉了三天）。於是西元一六〇〇年在格里曆中依然是閏年，但一七〇〇、一八〇〇，和一九〇〇年都不是閏年；同理可證，二〇〇〇和二四〇〇都是閏年，但二一〇〇、二二〇〇，和二三〇〇都不是。在這個系統下，任何一個四百年的區間都會有 100－3＝97 個閏年，因此總天數會是 (400×365)＋97＝146,097 天，就跟需要的一樣。

　　格里曆並沒有馬上就被所有的國家接受，非天主教的國家尤其慢。比方說，英國和其殖民地一直到一七五二年才轉換成格里曆，那年的九月二日星期三接著的是九月十四日星期四。（請注意，在這裡消失了十一天，因為一七〇〇年在儒略曆中是一個閏年，但是在格里曆中卻不是。）一直到一九二〇年代，所有的國家才統統從儒略曆改成格里曆，這對歷史學家可說是個混亂的源頭。歷史上我最喜歡的矛盾是莎士比亞和賽凡提斯同樣於一六一六年四月二十三日過世，然而實際上卻相差了十天，這是因為當賽凡提斯過世時，西班牙已經改用格里曆了，英國卻還是使用儒略曆，所以當賽凡提斯在格里曆的一六一六年四月二十三日過世時，對英國來說仍然是一六一六年四月十三日，而莎士比亞當時仍然健在（哪怕只有多十天也好）。

　　這個用來找出任一日期是星期幾的公式在格里曆中是這樣表示的：

星期幾≡月份代碼＋日期＋年份代碼（mod 7）

我們稍後會解釋這些名詞。由於一個禮拜有七天,因此用 mod 7 來做模算數相當合理,舉例來說,如果某個日期在 72 天之後,那麼由於 $72 \equiv 2 \pmod 7$,所以這天會跟兩天後有同樣的星期次序;或者,今天和 28 天之後的星期次序會相同,因為 28 是 7 的倍數。

讓我們用下面這些星期幾的代碼開始著手:

代碼	星期次序	英文
1	星期一	Monday
2	星期二	Tuesday
3	星期三	Wednesday
4	星期四	Thursday
5	星期五	Friday
6	星期六	Saturday
7 或 0	星期日	Sunday

(我提供了一些讓數字和星期幾相對應組合的記憶法,大部分都是自圓其說。對星期三來說,注意到如果你舉起了三根手指,就會創造出 W 這個字母,而對星期四來說,如果你用「索爾之日」來發音,就會跟「Four's Day」押韻。)

悄悄話

英文中這些星期幾的名字都是怎麼來的呢?其傳統可以追溯至古巴比倫王國時期,這些名稱來自於太陽、月亮,以及最接近地球的五個天體。從 Sun(太陽)、Moon(月亮)和 Saturn(土星),我們能立刻得到 Sunday、Monday,和 Saturday。其他的名稱則在法文和西班牙文中比較容易看出來,比方說,星期二是從 Mars(火星)轉變成 Mardi 或 Martes;星期三是從 Mercury(水星)轉變成

Mercredi 或 Miércoles；星期四是從 Jupiter（木星）轉變成 Jeudi 或 Jueves；而星期五是從 Venus（金星）轉變成 Vendredi 或 Viernes。請注意，這些星球的名字同時也是羅馬眾神的名稱。不過英文大多起源於德文，當年德國人將其中幾天以北歐神祇命名，所以 Tiw 取代了 Mars，Woden 取代了 Mercury，Thor 取代了 Jupiter，而 Freya 取代了 Venus，這也正是為什麼星期二至五會是 Tuesday、Wednesday、Thursday 以及 Friday 的原因。

下表是月份的代碼，

月份	代碼	記憶法
一月＊	6	一路（6）順風
二月＊	2	第 2 個月
三月	2	三三兩兩
四月	5	愚一人一節一快一樂／四捨五入
五月	0	五「陵」年少爭纏頭
六月	3	六三禁煙節
七月	5	七俠五義
八月	1	八月的「ㄅ」是第一個注音
九月	4	酒肆
十月	6	不一給一糖一就一搗一蛋
十一月	2	1＋1＝2
十二月	4	聖一誕一快一樂

＊例外情形：在閏年中，一月的代碼是 5，二月是 1。

稍後我會解釋這些數字是如何得出的，但我希望你先學會要怎麼運算。二〇〇〇年的代碼為 0 是你目前唯一需要知道的年份代碼，我們先用這個資訊來判斷那一年的三月十九日（我的生日）是星期幾。由於三

月的代碼是 2，而二〇〇〇年的代碼是 0，所以套用公式，我們可得知二〇〇〇年三月十九日的星期代碼是

星期幾＝2 + 19 + 0 = 21 ≡ 0 (mod 7)

因此，二〇〇〇年三月十九日是星期日。

悄悄話

　　現在我要來解釋這些月份代碼是怎麼來的。請注意，在非閏年的時候二月和三月有同樣的代碼，這很合理，因為二月有 28 天，所以三月一日等於 28 天後的二月一日，也就是這兩個月的第一天其星期次序是相同的。碰巧二〇〇〇年三月一日是星期三，所以如果我們希望二〇〇〇年的年份代碼是 0 而且星期一的星期代碼是 1，那麼三月的月份代碼必定要等於 2。因此，在不是閏年的情況下，二月的代碼也會是 2！而三月有 31 天，比 28 多出 3，所以四月的日曆要再後推三天，因此月份代碼會是 2+3＝5。在我們的計算中，四月的天數是二月的 28 天加上 2 天所以月份代碼為 5，由此可以看出五月的月份代碼一定是 5+2＝7，在我們使用 mod 7 來運算的情況下也可以簡化為 0。只要繼續下去，我們就能判斷出一年之中所有的月份代碼。

　　另一方面，在閏年的情況下（像是二〇〇〇年），二月有 29 天，所以三月日曆的第一天在星期次序中會比二月的日曆超前一天，這也就是為什麼二月的月份代碼在閏年是 2−1＝1。一月有 31 天，所以月份代碼一定比二月的少 3。因此在非閏年的時候，一月的月份代碼會是 2−3＝−1≡6 (mod 7)，但在閏年的時候，一月的月份代碼會是 1−3＝−2≡5 (mod 7)。

　　一年過去之後你的生日會有什麼不同？一般來說，你的兩個生日之間相差 365 天，在這個情況下，因為 $365 = 52 \times 7 + 1$，所以 $365 \equiv 1$ (mod 7)，由此可知就星期次序而言你的生日會比去年晚一天。但當你的兩個生日之間經過了二月二十九日（假設你自己不是出生在二月二十九日），那麼你的生日就星期次序而言則會晚上兩天。就我們的公式來說，只要將非閏年的年份代碼加上一，而閏年加上二就行了。下面是二〇〇〇年到二〇三一年的年份代碼，別擔心，你並**不用**背下這些數字！

年份	代碼	年份	代碼	年份	代碼	年份	代碼
2000*	0	2008*	3	2016*	6	2024*	2
2001	1	2009	4	2017	0	2025	3
2002	2	2010	5	2018	1	2026	4
2003	3	2011	6	2019	2	2027	5
2004*	5	2012*	1	2020*	4	2028*	0
2005	6	2013	2	2021	5	2029	1
2006	0	2014	3	2022	6	2030	2
2007	1	2015	4	2023	0	2031	3

▲ 二〇〇〇年到二〇三一年的年份代碼。（＊代表閏年）

　　請注意，年份代碼一開始照著 0、1、2、3 的順序，但在二〇〇四年我們跳過 4 而得到年份代碼 5，然後二〇〇五的年份代碼是 6；二〇〇六的年份代碼應該是 7，但由於我們使用 mod 7 來計算，所以可將這個數字簡化為 0；接下來，二〇〇七的年份代碼是 1，二〇〇八（閏年）的年份代碼是 3，以此類推。用上這個表格，我們可以推斷出在二〇二五年（這是一個完全平方數呢）π 日（三月十四日）會是

$$2 + 14 + 3 = 19 \equiv 5 \text{ (mod 7)} = 星期五$$

那麼二〇〇八年一月一日呢？要注意到二〇〇八年是一個閏年，所以一月的月份代碼會是 5 而不是 6，結果我們得到

$$5＋1＋3＝9 \equiv 2 \ (\text{mod } 7)＝\text{星期二}$$

請注意當你從左至右閱讀表格中的每一列時，每增加八年，年份代碼總是會增加 3 (mod 7)。比方說，第一列有 0、3、6、2（在 mod 7 的情況下，2 等同於 9），這是因為每經過八年，一定會經過兩個閏年，因此月曆會以 8+2＝10≡3 (mod 7) 位移。

更棒的消息來了，在一九〇一到二〇九九年之間，月曆每 28 年會重複一次，為什麼？這是因為在經過 28 年後，我們一定會經過 7 個閏年，所以月曆會位移 28+7＝35 天，而因為 35 是 7 的倍數，所以同樣日期的星期次序並不會改變。（如果在這 28 年期間經過了一九〇〇和二一〇〇年，則不適用於這個論述，因為這兩個年份都不是閏年。）因此，靠著加上或是減去 28 的倍數，你就可以將一九〇一到二〇九九年之間的**任一年**變成二〇〇〇到二〇二七年的其中一年。舉例來說，一九八三年與 1983+28＝2011 年有相同的年份代碼；二〇六一年和 2061－56＝2005 年有相同的年份代碼。

因此，實際上你可以將任何一年轉換成這個表格裡的其中之一，而且這些年份代碼都能夠輕易運算出來。舉例來說，為什麼二〇一七年的年份代碼是 0 ？從二〇〇〇年 ＝0 開始算起，日曆位移了 17 次，又因為閏年二〇〇四、二〇〇八、二〇一二與二〇一六加上額外的 4 次，因此二〇一七年的代碼會是 17+4＝21≡0 (mod 7)。那麼二〇二〇年呢？這一次我們有五個閏年位移（包括二〇二〇年），所以日曆的位移是 20+5＝25 次，而因為 25≡4 (mod 7)，所以二〇二〇年的年份代碼會是 4。總括來說，對任何在二〇〇〇到二〇二七之間的年份，你都可以用下列方法來找出年份代碼：

第一步：取該年份的最後兩位數，比方說 2022 年的最後兩位數就是 22。

第二步：將這個數字除以 4，並忽略餘數。（在這一步中 22÷4＝5 的餘數為 2）

第三步：將第一步和第二步所得的數字相加，在此為 22＋5＝27。

第四步：根據第三步得到的數字，找出一個小於它的最大的 7 的倍數（可能是 0、7、14、21 或是 28），並用第三步的結果減去此數以得到年份代碼。（換言之，以 mod 7 來將第三步得到的數字簡化。）由於 27－21＝6，因此二〇二二年的年份代碼就是 6。

　　請注意，這四個步驟適用於二〇〇〇到二〇九九中的任一年，但對心算來說通常可先做些簡化，藉由減去 28 的倍數來讓間距變成二〇〇〇到二〇二七年。舉例來說，二〇四〇年可以先簡化為二〇一二年，這樣一來，從第一步到第四步得到的年份代碼為 12＋3－14＝1。但你也可以直接用二〇四〇來算並得到相同的年份代碼：40＋10－49＝1。

　　相同的步驟也適用於兩千年代以外的年份，月份代碼不用改變，只要對年份代碼做一點點的調整即可。一九〇〇年的代碼是 1，於是一九〇〇到一九九九年的代碼會正好比二〇〇〇到二〇九九年相對應的代碼大上 1。所以既然二〇四〇年的代碼是 1，那麼一九四〇年的代碼就是 2；既然二〇二二年的代碼是 6，那麼一九二二年的代碼就會是 7（或者說相等於 0）。一八〇〇年的年份代碼是 3，一七〇〇年的代碼是 5，而一六〇〇年的代碼是 0。（事實上，月曆每四百年會循環一次，因為在四百年中會有正好 100－3＝97 個閏年，所以從現在開始的四百年後，月曆會位移 400＋97＝497 天，這年會跟今年一模一樣，因為 497 是一個 7 的倍數。）

　　一七七六年七月四日是星期幾？要找出二〇七六年的代碼，首先我們減去 56 然後算出二〇二〇年的年份代碼：20＋5－21＝4，所以一七七

六年的代碼會是 $4+5=9\equiv2$ (mod 7)。因此，在格里曆中，一七七六年七月四日是

$$5 + 4 + 2 = 11 \equiv 4 \text{ (mod 7)} = 星期四$$

或許獨立宣言的簽訂者希望能在長長的連假之前趕快通過這項法案吧？

悄悄話

讓我們用 9 的另一個神奇特性來結束這一章。取任何一個所有數字都不同而且由小至大排列的數目，比如像是 12345、2358、369 或 135789 之類。將這個數目乘以 9，再將答案的各個位數相加。雖然我們預期總和會是九的倍數，但令人驚訝的是位數和每次都會剛好等於 9，比方說

$$9 \times 12345 = 11{,}105 \quad 9 \times 2358 = 21{,}222 \quad 9 \times 369 = 3321$$

只要數字是由小寫到大，而且第一個位數與最後一個位數不相等，那麼即使有數字重複也無妨，舉例來說，

$$9 \times 12223 = 110{,}007 \quad 9 \times 33344449 = 300{,}100{,}041$$

為什麼這個特性能成立？讓我們來看看將數字 $ABCDE$（其中 $A \le B \le C \le D < E$）乘上 9 的時候會發生什麼事。由於乘以 9 等同於乘上（10-1），所以它就等於下面這個減法題目

$$\begin{array}{r} A\,B\,C\,D\,E\,0 \\ -\quad A\,B\,C\,D\,E \\ \hline \end{array}$$

　　如果我們由左至右來做減法，那麼由於 $B{\geq}A$ 且 $C{\geq}B$ 且 $D{\geq}C$
且 $E{>}D$，所以我們可以將它轉變成下面這個減法題

```
    A  (B-A)  (C-B)  (D-C)  (E-D)      0
 ─                                      E
    A  (B-A)  (C-B)  (D-C) (E-D-1)  (10 - E)
```

而結果就會是我們需要的位數和

$$A + (B - A) + (C - B) + (D - C) + (E - D - 1) + (10 - E) = 9$$

第 4 章

3! − 2! ＝ **4**

排列組合的魔術

數學中的驚嘆號！

本書出現的第一個問題是計算從 1 加到 100。我們得出總和為 5050，並找到一個能算出首 n 個數字之和的公式。現在換個角度，假設我們想要找出從 1 乘到 100 的乘積，會得到什麼答案呢？這可是一個很大的數目！如果你感到好奇，我可以告訴你答案是下面這個有 158 位數的數目：

93326215443944152681699238856266700490715968264381621468592963895217599993229915608941463976156518286253697920827223758251185210916864000000000000000000000000000000000

在本章中，我們會了解為什麼像這樣的數字會是排列組合問題的基礎。這些數字可以讓我們得到一些答案，比如說書架上的一打書籍有多少種排列方式（幾乎有五億種），或是在發撲克牌的時候至少會出現一**對**的機率（不低），還有贏得樂透彩的機率（不高）。

當我們從 1 一直乘到 n，會產生出的乘積是 n!，稱作「n 階乘」。換言之：

$$n! = n \times (n-1) \times (n-2) \times \cdots \times 3 \times 2 \times 1$$

舉例來說，

$$5! = 5 \times 4 \times 3 \times 2 \times 1 = 120$$

我認為驚嘆號是個很合適的符號，因為 n! 會成長得非常快，而且接下來我們也會看到它有些令人驚喜的應用。為了方便起見，數學家定義 0!＝1，而 n! 在 n 是負數的時候則無定義。

悄悄話

　　從定義來看，許多人會預期 0! 等於 0，但讓我來試著說服你為什麼 0!=1 這樣是合理的。請注意，當 $n \geq 2$，$n! = n \times (n-1)!$，因此

$$(n-1)! = \frac{n!}{n}$$

如果我們希望這個論述在 $n=1$ 的時候依然成立，則需要

$$0! = \frac{1!}{1} = 1$$

　　如下所示，階乘的數目以驚人的速度成長：

$$0! \ = \ 1$$
$$1! \ = \ 1$$
$$2! \ = \ 2$$
$$3! \ = \ 6$$
$$4! \ = \ 24$$
$$5! \ = \ 120$$
$$6! \ = \ 720$$
$$7! \ = \ 5040$$
$$8! \ = \ 40,320$$
$$9! \ = \ 362,880$$
$$10! \ = \ 3,628,800$$
$$11! \ = \ 39,916,800$$
$$12! \ = \ 479,001,600$$
$$13! \ = \ 6,227,020,800$$
$$20! \ = \ 2.43 \times 10^{18}$$
$$52! \ = \ 8.07 \times 10^{67}$$
$$100! \ = \ 9.33 \times 10^{157}$$

這些數目有多大？據估計，世界上大約有 10^{22} 顆沙粒，宇宙中大約有 10^{80} 個原子，而你能看到階乘的數目可大得多了。

如果你徹底洗亂一副 52 張的牌，可行的方法共有 52! 種。就算在接下來的一百萬年中，每一分鐘裡的每一個人都創造出一個新的組合，你還是非常有可能會得到某種從未見過而且也無緣再見的牌組！

悄悄話

在這章的開頭，你大概注意到了 100! 的後面是大量的零，這些零是從哪裡來的呢？當我們從 1 乘到 100 時，五的倍數和二的倍數每相乘一次就會得到一個零。在 1 到 100 之間共有 20 個五的倍數和 50 個偶數，這表示最後應該會得到 20 個零，但因為 25、50、75 和 100 分別多貢獻一個五的倍數，所以 100! 最後會有 24 個零。

就像在第一章那樣，有許多美麗的數字規律運用了階乘。下面這是我最喜歡的一個：

$$1 \cdot 1! = 1 = 2! - 1$$
$$1 \cdot 1! + 2 \cdot 2! = 5 = 3! - 1$$
$$1 \cdot 1! + 2 \cdot 2! + 3 \cdot 3! = 23 = 4! - 1$$
$$1 \cdot 1! + 2 \cdot 2! + 3 \cdot 3! + 4 \cdot 4! = 119 = 5! - 1$$
$$1 \cdot 1! + 2 \cdot 2! + 3 \cdot 3! + 4 \cdot 4! + 5 \cdot 5! = 719 = 6! - 1$$
$$\vdots$$

▲ 用上階乘的數字規律。

加法規則和乘法規則

大部分的計數問題本質上可以歸結為兩個規則：加法規則和乘法規則。當你有不同的選項時，**加法規則**可以讓你知道自己總共有多少種選擇。舉例來說，如果你有 3 件短袖襯衫和 5 件長袖襯衫，那麼對於要穿哪件襯衫，你就有 8 個不同的選項。一般說來，如果你有兩種物品，第一種有 a 個選項而第二種有 b 個選項，那就是總共有 $a+b$ 個不同的選項（假設 b 選項中沒有任何一個與 a 選項重複）。

悄悄話

如上所述，加法規則是假定兩種各有數個的物品中沒有任何重複。但如果有 c 個物品同時屬於這兩種，這些物品就會被重複計算，因此總數會是 $a+b-c$ 個。舉例來說，如果班上的學生中有 12 個人養狗、19 個人養貓，而同時養狗和貓的有 7 個人，那麼有養狗或養貓的學生總數會是 $12+19-7=24$ 個人。再舉一個偏數學的例子，在一到一百之間有 50 個二的倍數、33 個三的倍數，還有 16 個數同時是二和三的倍數（也就是六的倍數）。因此在一到一百之間，總共有 $50+33-16=67$ 個二或三的倍數。

乘法規則說明如果一個動作包含了兩部分，且執行第一部分有 a 種方式，執行第二部分有 b 種方式，那麼這個動作總共有 $a\times b$ 種完成的方式。比方說，如果有 5 件不同的長褲和 8 件不同的襯衫，而且假設我不在乎配色的問題（只怕大部分的數學家可能都符合這一點），那麼總共會有 $5\times 8=40$ 種不同的搭配。如果我有 10 條領帶，而一組套裝包含襯衫、長褲，和領帶，那麼總共會有 $40\times 10=400$ 種搭配。

在一副普通的撲克牌中，每一張牌都是四種花色的其中一種（黑桃、紅心、方塊或梅花）和十三個數值之一（A、2、3、4、5、6、7、8、9、10、J、Q 或 K），所以一副牌裡有 4×13＝52 張牌。我們也可以將 52 張牌排成一個 4×13 的長方形，這是另外一種能看出總數是52 張牌的方式。

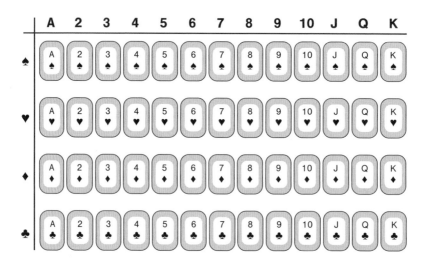

現在讓我們運用乘法規則來計算郵遞區號，理論上可行的五位數郵遞區號有多少個呢？郵遞區號中的每一位數都可以是 0 到 9 之間的任何一個，所以最小的郵遞區號是 00000 而最大的是 99999，也就是總共有100,000 種可能。但你也可以藉由乘法規則來看出這個答案：你對第一位數有 10 個選擇（從 0 到 9），第二位數有 10 個選擇，第三、四、五位數也都各有 10 個選擇，因此總共有 $10^5＝100,000$ 種可能的郵遞區號。

計算郵遞區號的總量時，數字是可以重複的。現在我們來看看不能重複的情況，比如說要將所有物品排成一排的時候。兩種物品有 2 種排列方式，這點很容易就能看出來，例如字母 A 和 B 的排列方式只會是AB 或 BA 其中之一；而三種物品則有 6 種排列方式：ABC、ACB、BAC、BCA、CAB 和 CBA。至於四種物品，如果不逐一列出，你能夠

直接看出來排列方式總共有 24 種嗎？第一個字母的選擇有四種（A、B、C 或 D），挑好了之後，第二個字母的選擇就剩下三種，然後第三個字母的選擇只剩下兩種，而最後一個字母就只有一種可能了。也就是說總共有 $4 \times 3 \times 2 \times 1 = 4! = 24$ 種可能。一般來說，**n 種不同的物品總共有 $n!$ 種排列方式**。

在下一個例子中，我們將結合乘法和加法規則。假設某一州設計兩種不同的車牌，第壹種車牌是 3 個字母接著 3 個數字，第貳種車牌是 2 個字母接著 4 個數字，那麼可能的車牌總共會有幾種呢？（26 個字母和 10 個數字統統都可以使用，並忽略相似字型造成的混淆，比如說字母 O 和數字 0。）從乘法規則看來，第壹種車牌的數量有：

$$26 \times 26 \times 26 \times 10 \times 10 \times 10 = 17{,}576{,}000$$

第貳種車牌的數量有：

$$26 \times 26 \times 10 \times 10 \times 10 \times 10 = 6{,}760{,}000$$

既然車牌只可能是壹或貳其中一種（不會都是），那麼加法規則就能表示出車牌的可能總數就是兩數之和：24,336,000。

計數問題（數學家稱為數學組合學的分支）的樂趣之一就是通常一個問題可以用好幾種方式來解決。（我們可以看出在心算的算術問題上也是如此。）上述問題其實可以只用一步就解決，也就是車牌的數量總共有：

$$26 \times 26 \times 36 \times 10 \times 10 \times 10 = 24{,}336{,}000$$

因為車牌的前兩個字各有 26 種選擇，後三個字也各有 10 種選擇，而第三個字可以是字母或是數字，所以共有 26＋10＝36 種選擇。

樂透彩和撲克牌組

在這一節，我們會用上新的計數技巧，判斷贏得樂透彩以及在玩撲克牌的時候發出各種五張手牌組合的機率是多少。不過在此之前，我們先來點冰淇淋休息一下吧。

假設一間冰淇淋店販售十種不同口味的冰淇淋，那麼製作出有三球冰淇淋的甜筒有幾種方法呢？當製作甜筒時，不同口味的順序是很重要的（當然啦！）。甜筒中每一球有十種選擇，所以如果口味可以重複，可能製作出的甜筒就有 $10^3 = 1000$ 種；如果我們堅持三球的口味都要不同，那麼這樣的甜筒就有 $10 \times 9 \times 8 = 720$ 種，如右頁圖所示。

但現在真正的問題來了：如果順序**不重要**的話，讓一杯中有三種**不同**口味的方法有幾種呢？既然順序不重要，那麼可能性就變少了。事實上這樣的方式會是原本的六分之一，為什麼會這樣呢？這是因為杯裝中任一個三種口味的組合（假設是巧克力、香草和薄荷巧克力碎片好了）放在甜筒上會有 $3! = 6$ 種排列方式，所以甜筒的種類會是杯裝的六倍。總而言之，杯裝的數量會是：

$$\frac{10 \times 9 \times 8}{3 \times 2 \times 1} = \frac{720}{6} = 120$$

另一種表示 $10 \times 9 \times 8$ 的方式是 $\frac{10!}{7!}$（雖然前式比較容易運算），所以杯裝的種類可以寫成 $\frac{10!}{3!7!}$，我們稱此式為「10 取 3」，並用 $\binom{10}{3}$ 表示，其數值也等於 120。一般來說，當不用考慮順序的時候，從 n 個不同物品中選出 k 個不同物品的數種方式稱作「n 取 k」，其公式如下

$$\binom{n}{k} = \frac{n!}{k!(n-k)!}$$

▲ 放在杯中的任一組三種口味，放在甜筒中則總共有 3! = 6 種排列組合。

　　數學家將這些計數問題稱作**組合**，$\binom{n}{k}$ 稱作**二項式係數**；須考慮順序的計數問題則稱為**排列**。不過這兩個名詞很容易搞混，舉例來說，密碼鎖（combination lock）從英文直譯是「組合鎖」，但我們實際上應該要稱之為「排列鎖」，因為在密碼中數字的順序相當重要。

　　如果冰淇淋店販售 20 種口味，而你希望將一桶冰淇淋用五球不同的口味填滿（不用考慮順序），那麼可能性總共會有

$$\binom{20}{5} = \frac{20!}{5!15!} = \frac{20 \times 19 \times 18 \times 17 \times 16}{5!} = 15,504 \text{ 種}$$

順帶一提，如果你的計算機沒有計算 $\binom{20}{5}$ 的按鍵，你可以直接在自己最喜歡的搜尋引擎中打上「20 choose 5」，網頁上應該就會顯示出一個算好答案的計算機。

　　二項式係數有時候也會出現在需要考慮順序的問題中。如果我們擲一枚硬幣十次，可能的序列會有幾種？（像是「正反正反反正正反反反」或是「正正正正正正正正正正」）因為每次擲硬幣都有兩種可能的結果，所以根據乘法規則，我們總共有 $2^{10} = 1024$ 種序列，每一種出現的機率都一樣。（有些人一開始可能對這個結論會很驚訝，畢竟前述範

例中的第二種序列看起來比第一種出現的機率還要低，但兩者的機率其實都是 $\frac{1}{1024}$。）另一方面，在擲硬幣的過程中，十次裡出現 4 次正面的可能性比 10 次正面還要大，那是因為只有一種方法可以得到 10 次正面的結果，所以機率為 $\frac{1}{1024}$。那麼擲硬幣 10 次裡得到 4 次正面有多少種方式呢？這樣的序列就是在 10 次擲硬幣中選出 4 次做為正面，而其他次都必須要是背面。10 次中出現 4 次正面的方法有 $\binom{10}{4}$ =210 種（這就像是從十種冰淇淋口味中挑出不同的四球一樣）。因此當我們將一枚公正的硬幣擲 10 次時，剛好出現 4 次正面的機率是

$$\frac{\binom{10}{4}}{2^{10}} = \frac{210}{1024}$$

也就是機率大約為百分之二十。

悄悄話

我們自然會想問問，在口味可以重複的條件下，從十種口味中挖出三球裝成一杯，總共能做出多少杯不同的組合呢？（答案並不是 $10^3/6$，這甚至不是一個整數！）直接的方法是根據一杯中有幾種不同口味考慮三種情況。當然其中有 10 杯只有一種口味，而根據上述討論，用到三種口味的有 $\binom{10}{3}$ =120 杯；另外選出兩種口味有 $\binom{10}{2}$ 種方法，所以我們只要再決定哪一種口味有兩球，便得到共有 $2 \times \binom{10}{2}$ =90 杯使用兩種口味。將這三種情況統統相加，總共的杯數就是 10+120+90=220 杯。

另外有一種方法，可以不必將問題分成三種情況便得到答案。任一杯冰淇淋可以用 3 個星號和 9 條直線來表示。舉例來說，三球分別選擇口味 1 號、2 號和 2 號可以用「星條圖」排列成

* | ** | | | | | | | |

而選擇口味 2 號、2 號和 7 號則會像是這樣

| ** | | | | | * | | |

杯中有口味 3 號、5 號和 10 號的星條圖則是

| | * | | * | | | | | *

用三個星號和九條直線構成的每一種排列都對應到不同的冰淇淋杯。星號和直線總共占據 12 格，其中有 3 格是星號，因此，這些星號和直線共有 $\binom{12}{3}$ =220 種排列方式。更一般性的說法是，在不考慮順序且允許重複的狀況下，從 n 項物品中選出 k 項物品的方法總數與排列 k 個星號和 $n-1$ 條直線的數量相同，也就是有 $\binom{n+k-1}{k}$ 種方法。

```
05 08 13 21 34
MEGA 03
```

許多機率遊戲中的問題都包含組合的概念。舉例來說，加州樂透的玩法是你先從 1 到 47 中選出 5 個不同的數字，另外再從 1 到 27 中選出一個「超級數字」（可以跟前面所選的五個數字重複）。超級數字的選擇有 27 個，而另外五個數字的選擇有 $\binom{47}{5}$ 種，因此所有的可能共有

$$27 \times \binom{47}{5} = 41,416,353$$

所以你贏得樂透彩頭獎的機會大約是四千萬之一。

現在換個話題來討論撲克牌遊戲吧。一副典型的牌組是從 52 張牌中選出 5 張不同的牌組合而成，這 5 張牌的順序並不重要，因此一副牌組的組合有

$$\binom{52}{5} = \frac{52!}{5!47!} = 2,598,960$$

在撲克牌中，同樣花色的五張牌，例如：

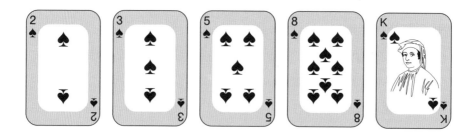

稱作**同花**。同花總共會有多少組？要創造出一組同花，首先你要在四種花色中選出一種（我喜歡在心裡做出確切的選擇，比如說黑桃）。而在那種花色中要選出五張牌有多少種方式？從 13 張黑桃中選出五張牌有 $\binom{13}{5}$ 種方式，因此同花的數量會有

$$4 \times \binom{13}{5} = 5148$$

所以在撲克牌中發出一組同花的機率是 5148/2,598,960，差不多就是每五百次會出現一次。對撲克純粹主義者來說，你還可以從 5148 中減去 4×10＝40 組**同花順**（五張同花且具有連續數值的牌）。

順子包含五張連續數值的牌，比方說像 A2345、23456、……、10JQKA 等等，如下所示：

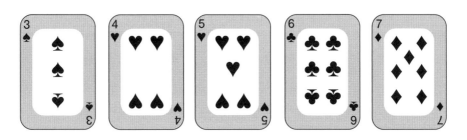

不同的順子總共有 10 種（由最小值的牌來定義），一旦我們選了其中一種（假設是 34567），那麼五張牌中每一張都有四種花色可以選擇，因此順子的數量會有

$$10 \times 4^5 = 10,240$$

大約是同花的兩倍，所以大約每兩百五十次就會發出一副順子。這正是為什麼在撲克遊戲中同花比順子還有價值：物以稀為貴。

牌組中更有價值的**葫蘆**包含了三張同一數和兩張另一數的牌，典型的一副葫蘆可能像是下列這樣：

要做一副葫蘆，首先要挑出一種重複三次的數（有 13 種），還有另一種重複兩次的數（有 12 種）（假設我們決定要用三個皇后和兩個七）。接著要來指定花色，我們有 $\binom{4}{3} = 4$ 種方式來決定要用哪三張皇后，以及 $\binom{4}{2} = 6$ 種方式來決定要用哪兩張七。總括來說，葫蘆的組合共有：

$$13 \times 12 \times 4 \times 6 = 3744$$

所以發出一副葫蘆牌組的機率是 3744/2,598,960，大約是每七百次出現一次。

讓我們來比較「葫蘆」和**兩對**，後者包含兩張同一數的牌、兩張另一數的牌，以及一張第三種數值的牌，例如：

許多人一開始誤以為可以用 13×12 來計算成對的數，但這樣會造成重複計算，因為先選擇皇后 Q 再選擇數字七和先選擇數字七再選擇皇后 Q 是一樣的。正確的方法是先從 $\binom{13}{2}$ 開始（表示同時選擇皇后 Q 和數字七），然後選一個新的數字代表沒有成對的牌（比如說五），最後再決定花色。一副兩對的牌有

$$\binom{13}{2}\binom{11}{1}\binom{4}{2}\binom{4}{2}\binom{4}{1} = 123,552$$

種可能，也就是出現的機率差不多是百分之五。

我們不會繼續介紹其他撲克牌組的細節，但是看看你是否可以驗證下面這一題：撲克牌中**鐵支**的牌組，例如 A♠A♡A◇A♣8◇，共有

$$\binom{13}{1}\binom{12}{1}\binom{4}{4}\binom{4}{1} = 13 \times 12 \times 1 \times 4 = 624$$

像 A♠A♡A◇9♣8◇ 這樣的撲克牌組稱作**三條**，總共有

$$\binom{13}{1}\binom{12}{2}\binom{4}{3}\binom{4}{1}\binom{4}{1} = 54,912$$

而剛好只有**一對**的牌組，像是 A♠A♡J◇9♣8◇ ，則有

$$\binom{13}{1}\binom{12}{3}\binom{4}{2}4^3 = 1{,}098{,}240$$

在所有牌組中出現的機率大約是百分之四十二。

悄悄話

　　所以有多少牌組會被歸類為**垃圾牌**呢？這些牌組既沒有成對、也沒有順子，更不是同花。你可以謹慎地將上述狀況相加，然後用 $\binom{52}{5}$ 減去此數，不過更直接的答案是：

$$\left(\binom{13}{5} - 10\right)(4^5 - 4) = 1{,}302{,}540$$

　　第一項計算的是任選五個不同數值的方式（避免有兩張以上的數值重複）有多少種，再減去十組選到五個連續數值（例如 34567）的情況。第二項是對這五張不同數值的牌指定花色，每一個數值有四種選擇，然後再刪除四種花色全部相同的可能。結果是大約有 50.1% 的牌組價值比「一對」還低，而這也表示有 49.9% 的牌組價值等於或大於「一對」。

　　下面這個題目有三個耐人尋味的答案，而且事實上其中有兩個都是對的！在一副五張的牌組中，有多少牌組裡面包含至少一張 A？簡單的 $4 \times \binom{51}{4}$ 是個誘人但錯誤的答案，這個（有缺陷的）推論是你在挑第一張 A 的時候有 4 種選擇，而其他四張牌可以從剩下的 51 張牌中自由挑選（包括其他的 A）。問題是，在這樣的推論中那些不只有一張 A 的牌組會被重複計算，比方說牌組 A♠A♡J◇9♣8◇在我們第一張選擇 A♠

（然後是其他四張牌）和第一張選擇 A♡（然後是其他四張牌）的時候都會算到。解決這個問題的正確方法是依據牌組中 A 的數量分成四種情況，比方說，手牌中只有一張 A 的組合有 $\binom{4}{1}\binom{48}{4}$ 種（選一張 A，其他四張都不是 A）。如果我們繼續用這個方法計算手牌中有兩張、三張或四張 A 的組合，則牌組中至少有一張 A 的組數共有

$$\binom{4}{1}\binom{48}{4} + \binom{4}{2}\binom{48}{3} + \binom{4}{3}\binom{48}{2} + \binom{4}{4}\binom{48}{1} = 886{,}656$$

但其實有個更快的方法，那就是提出**相反**的題目。牌組中**沒有出現 A** 的組數就是單純的 $\binom{48}{5}$，因此至少有一張 A 的牌組數量就會是

$$\binom{52}{5} - \binom{48}{5} = 886{,}656$$

我們先前注意到了撲克牌組的價值排序是根據它們稀有的程度。舉例來說，由於「一對」出現的機率比「兩對」高，所以相較之下「一對」的價值就比較低。價值由低至高的牌組排序如下：

一對

兩對

三條

順子

同花

葫蘆

鐵支

同花順

記住這些排序的方法是一個簡單的口訣：「一、二、三、順子、同花；三帶二、四、同花順」。

假設我們現在加入丑角（我說的是撲克牌，不是真人）。這樣我們會有 54 張牌，而這兩個瘋狂的丑角可以被任意指定為對你手上的牌組最有利的牌。舉例來說，如果你手上有 A♡、A◇、K♠、8◇ 和一張丑角，你會選擇讓丑角當 A 以便得到三個 A。如果你讓丑角當國王，那麼你就會得到兩對，不過這是比較差的牌組。

▲ 把丑角指定成哪張牌會得到最佳牌組？

但現在正是一切開始變有趣的地方。在傳統的牌組價值排序中，如果你開牌之後，得到像上圖那樣可以指定要變成兩對還是三條的牌組，那麼你會將這組牌算成三條而不是兩對。但結果是如此一來三條會出現的組數變得比兩對還要多，造成兩對反而變成比較稀有的牌組。不過如果我們試著提高兩對的牌組價值來解決這個問題，結果又會發生一樣的事情，最後兩對的牌組數量又會比三條來得多。數學家加德布瓦（Steve Gadbois）在一九九六年得出這個驚人的結論：如果在撲克遊戲中加入丑角，牌組就無法因出現頻率而產生一致的價值排序方式。

巴斯卡三角形中的模式

看看巴斯卡三角形：

第〇行： $\binom{0}{0}$

第一行： $\binom{1}{0}$ $\binom{1}{1}$

第二行： $\binom{2}{0}$ $\binom{2}{1}$ $\binom{2}{2}$

第三行： $\binom{3}{0}$ $\binom{3}{1}$ $\binom{3}{2}$ $\binom{3}{3}$

第四行： $\binom{4}{0}$ $\binom{4}{1}$ $\binom{4}{2}$ $\binom{4}{3}$ $\binom{4}{4}$

第五行： $\binom{5}{0}$ $\binom{5}{1}$ $\binom{5}{2}$ $\binom{5}{3}$ $\binom{5}{4}$ $\binom{5}{5}$

第六行： $\binom{6}{0}$ $\binom{6}{1}$ $\binom{6}{2}$ $\binom{6}{3}$ $\binom{6}{4}$ $\binom{6}{5}$ $\binom{6}{6}$

第七行： $\binom{7}{0}$ $\binom{7}{1}$ $\binom{7}{2}$ $\binom{7}{3}$ $\binom{7}{4}$ $\binom{7}{5}$ $\binom{7}{6}$ $\binom{7}{7}$

第八行： $\binom{8}{0}$ $\binom{8}{1}$ $\binom{8}{2}$ $\binom{8}{3}$ $\binom{8}{4}$ $\binom{8}{5}$ $\binom{8}{6}$ $\binom{8}{7}$ $\binom{8}{8}$

第九行： $\binom{9}{0}$ $\binom{9}{1}$ $\binom{9}{2}$ $\binom{9}{3}$ $\binom{9}{4}$ $\binom{9}{5}$ $\binom{9}{6}$ $\binom{9}{7}$ $\binom{9}{8}$ $\binom{9}{9}$

第十行： $\binom{10}{0}$ $\binom{10}{1}$ $\binom{10}{2}$ $\binom{10}{3}$ $\binom{10}{4}$ $\binom{10}{5}$ $\binom{10}{6}$ $\binom{10}{7}$ $\binom{10}{8}$ $\binom{10}{9}$ $\binom{10}{10}$

▲ 用符號排成的巴斯卡三角形。

在第一章，我們看到將不同的數字排成三角形的時候會出現有趣的規律，而我們剛剛學到的 $\binom{n}{k}$ 在放入三角形來看的時候也有它們自己的美麗模式，這就叫做「巴斯卡三角形」，如上圖所示。讓我們利用公式 $\binom{n}{k} = \frac{n!}{k!(n-k)!}$ 將這些符號轉變成數字並尋找其中的規律（請見下圖）。我們會在本章解釋大部分類似這樣的規律，但在第一次閱讀的時候，歡迎你先跳過這些解釋，盡情欣賞這些模式吧！

第〇行： 1

第一行： 1　1

第二行： 1　2　1

第三行： 1　3　3　1

第四行： 1　4　6　4　1

第五行： 1　5　10　10　5　1

第六行： 1　6　15　20　15　6　1

第七行： 1　7　21　35　35　21　7　1

第八行： 1　8　28　56　70　56　28　8　1

第九行： 1　9　36　84　126　126　84　36　9　1

第十行： 1　10　45　120　210　252　210　120　45　10　1

▲ 用數字排成的巴斯卡三角形。

最上面那一排（稱作第〇排）僅有一項，也就是 $\binom{0}{0} = 1$（別忘了 $0! = 1$）。以下每一排都會從 1 開始也從 1 結束，因為

$$\binom{n}{0} = \frac{n!}{0!\,n!} = 1 = \binom{n}{n}$$

讓我們來看看第五排

第五排： 1　5　10　10　5　1

請注意，第二個出現的數字是 5，而且通常在第 n 排出現的第二個數字就是 n。由於在 n 項物品中選出 1 項的方式共有 $\binom{n}{1}$ 種，也就是 n 種，所以這相當合理。此外，請注意每一排都**對稱**：正著唸或是倒著唸都一模一樣。舉例來說，在第五排，我們有

$$\binom{5}{0} = 1 = \binom{5}{5}$$
$$\binom{5}{1} = 5 = \binom{5}{4}$$
$$\binom{5}{2} = 10 = \binom{5}{3}$$

一般來說，這個規律聲稱

$$\binom{n}{k} = \binom{n}{n-k}$$

悄悄話

這個對稱關係可以用兩種方式來證明。從公式中，我們可以用代數證明

$$\binom{n}{n-k} = \frac{n!}{(n-k)!(n-(n-k))!} = \frac{n!}{(n-k)!k!} = \binom{n}{k}$$

不過，要判斷此規律為何正確，並不一定要用到這個公式。舉例來說，為什麼 $\binom{10}{3} = \binom{10}{7}$？$\binom{10}{3}$ 代表從 10 種冰淇淋口味中選出 3 種放入杯中有多少方式，但這也跟選出七種**不要**放入杯中的口味有同樣的結果。

下一個你可能會注意到的規律是：除了出現在每一排開頭和結尾的那些 1 之外，其他的數字都是該數上方的兩數之和。這樣的關係實在太引人注目了，我們稱之為**巴斯卡恆等式**。舉例來說，看看巴斯卡三角形中的第九排和第十排：

第九行：		1	9	(36)	(84)	126	126	84	36	9	1
第十行：	1	10	45	(120)	210	252	210	120	45	10	1

▲ 每個數字都是該數上方兩數之和。

為什麼會是這樣呢？當我們看到 120＝36＋84，這些計數可以用下式來陳述

$$\binom{10}{3} = \binom{9}{2} + \binom{9}{3}$$

要了解這為什麼是正確的，讓我們先提出這個問題：如果一間冰淇淋店有十種口味的冰淇淋，有多少種方式可以在一杯放入三種不同的口味（順序並不重要）？第一個答案就是 $\binom{10}{3}$，這我們已經知道了，但我們有另一個回答這個問題的方法：假設其中一種口味是香草，那麼有多

少杯冰淇淋**沒有**香草口味呢？由於我們可以從剩下的九種裡面任選出三種，所以答案會是 $\binom{9}{3}$。那麼有多少杯冰淇淋**含有**香草口味呢？如果指定香草作為其中一種口味，那麼杯子裡的另外兩球就只剩下 $\binom{9}{2}$ 種選擇，所以可能的杯數總和會是 $\binom{9}{2} + \binom{9}{3}$。哪一個答案是對的？我們剛剛所舉的兩例在邏輯上都沒問題，且兩個總數相同，所以兩個答案都是對的。運用同樣的邏輯（或代數，看你的喜好），對 0 到 n 之間的任意數 k 來說：

$$\binom{n}{k} = \binom{n-1}{k-1} + \binom{n-1}{k}$$

接著來看看取巴斯卡三角形中每一排的數目之和會發生什麼事，如下圖

$$1 \qquad\qquad = \mathbf{1}$$

$$1 + 1 \qquad\qquad = \mathbf{2}$$

$$1 + 2 + 1 \qquad\qquad = \mathbf{4}$$

$$1 + 3 + 3 + 1 \qquad\qquad = \mathbf{8}$$

$$1 + 4 + 6 + 4 + 1 \qquad\qquad = \mathbf{16}$$

$$1 + 5 + 10 + 10 + 5 + 1 \quad = \mathbf{32}$$

$$\vdots$$

▲ 在巴斯卡三角形中，每排之和都會產生 2 的次方。

這個規律暗示出每一排的數目之和永遠都會是 2 的次方，更明確地說，就是第 n 排中的數目相加會得到 2^n。為什麼會是這樣？另外一個用來描述這個規律的方法是：第一排的總和是 1，而接下來每一個新排的

總和都是前一排的兩倍。如果你把它想作我們剛剛證明出來的巴斯卡恆等式，那麼就很合理了。舉例來說，當我們將第五排的數目相加，然後改用第四排出現的數目把它們重寫一遍，會得到

$$1 + 5 + 10 + 10 + 5 + 1$$
$$= 1 + (1 + 4) + (4 + 6) + (6 + 4) + (4 + 1) + 1$$
$$= (1 + 1) + (4 + 4) + (6 + 6) + (4 + 4) + (1 + 1)$$

的確就是第四排所有數目之和的兩倍，而且以此類推，這個雙倍的規律會不斷持續下去。

借用二項式係數，這個恆等式表示當我們求第 n 排所有數目的總和時：

$$\binom{n}{0} + \binom{n}{1} + \binom{n}{2} + \cdots + \binom{n}{n} = 2^n$$

這有點令人驚訝，因為在這裡我們用階乘來求各個單一項的數值，這些項次通常可以被許多不同的數目除盡，然而在總和中，2 是唯一的質因數。

▲ 將不同口味的冰淇淋球放入杯中有多少種方式？

　　另一個方式是藉由計數來解釋這個模式，我們將這樣的解稱作**組合證明**。為了解釋第五排中的數目之和，讓我們前往一間提供五種口味的冰淇淋店吧。（這跟對第 n 排的論證類似。）在口味不能重複的情況下，要讓杯中每一球冰淇淋的口味都不同有多少種方式呢？我們的杯子可以裝下 0 或 1 或 2 或 3 或 4 或 5 種不同的口味，而且不用考慮它們的順序。剛好有兩球的方式有幾種可能？就像之前看過的那樣，我們會有 $\binom{5}{2} = 10$ 種不同的方式。總括來說，根據杯中冰淇淋的球數，加法規則告訴我們總共有

$$\binom{5}{0} + \binom{5}{1} + \binom{5}{2} + \binom{5}{3} + \binom{5}{4} + \binom{5}{5}$$

種方法，簡單來說就是 $1+5+10+10+5+1$。另一方面，我們也可以用乘法規則來回答這個問題。除了事先決定杯中會有幾球冰淇淋外，我們可以先打量每一種口味，然後決定要不要某個口味出現在杯中。舉例來說，我們對巧克力口味有兩種選擇（要或不要），對香草口味有兩種選擇（要或不要），就這樣一直選到第五種口味。（請注意，如果我們對每一種口味都選擇「不要」，那麼我們就會有一個空杯子，這也是允許的。）因此我們能做出的決定總數為：

$$2 \times 2 \times 2 \times 2 \times 2 = 2^5$$

由於我們的兩種推論過程都是正確的，於是下式成立

$$\binom{5}{0} + \binom{5}{1} + \binom{5}{2} + \binom{5}{3} + \binom{5}{4} + \binom{5}{5} = 2^5$$

與預期的結果相同。

如果我們將第 n 排的數目**隔數相加**，一個類似的組合推論能證明我們得到的總數會是 2^{n-1}。對奇數排來說這並不意外，拿第五排來說，因為我們相加的數 $1+10+5$ 跟我們排除的數 $5+10+1$ 完全一樣，所以我們會得到總和 2^n 的一半。這個方法一樣適用於偶數排，舉例來說，在第四排中 $1+6+1=4+4=2^3$。一般來說，對任一個 $n \geq 1$ 的第 n 排來說，我們都會得到

$$\binom{n}{0} + \binom{n}{2} + \binom{n}{4} + \binom{n}{6} + \cdots = 2^{n-1}$$

為什麼？等號左邊算的是杯中有偶數顆冰淇淋球的可能數量（總共有 n 種可能的口味而且每一球的口味都不同），但我們也可以做出從 1 到 $n-1$ 種口味中自由選擇的冰淇淋杯。我們對第一種口味有兩個選擇（要或不要），第二種口味有兩個選擇……，到了第 $(n-1)$ 個口味也有兩個選擇。但是如果我們希望最後的總數是偶數，那麼最後一個口味就只會有一種選擇。因此偶數球冰淇淋杯的數量會是 2^{n-1} 個。

當我們將巴斯卡三角形寫成**直角**三角形時會出現更多規律，第一個直行（稱為直行〇）包含所有的 1，第二個直行（稱為直行一）是正整數 1、2、3、4……。直行二從 1、3、6、10、15……開始，應該看起來很眼熟吧，它們都是我們在第一章看過的三角形數。一般來說，直行二中的數目可以這樣表示

$$\binom{2}{2}, \binom{3}{2}, \binom{4}{2}, \binom{5}{2}, \binom{6}{2}, \cdots$$

而直行 k 包含的數字有 $\binom{k}{k}$、$\binom{k+1}{k}$、$\binom{k+2}{k}$ 等等。

當你將任一直行的前幾項（或許多）數字相加會發生什麼事？舉例來說，如果我們將直行二的前五個數相加，會得到 $1+3+6+10+15=35$，也就是第五個數字右下方的那個數

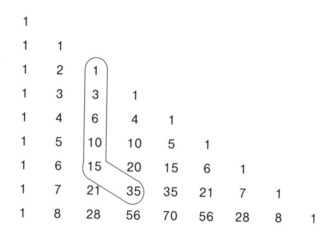

▲ 巴斯卡直角三角形顯示出一種「曲棍球棒」的規律。

換言之：

$$\binom{2}{2}+\binom{3}{2}+\binom{4}{2}+\binom{5}{2}+\binom{6}{2}=\binom{7}{3}$$

這是一個**曲棍球棒恆等式**的例子，因為這個在巴斯卡三角形中形成的規律在一直行的數目後有另一個數目突出這個框架，看起來就像一枝曲棍球棒。要了解這個規律為什麼成立，請想像我們有一支七個人的曲棍球隊，每一個人的運動服上都有不同的號碼：1、2、3、4、5、6、7。那麼在練習賽中選出三個球員的方式有幾種呢？由於不用考慮順序，所以達成的方式總共有 $\binom{7}{3}$ 種。現在我們換個做法，將同一個問題分成不同情況來作答。在選擇球員的方式中，包括七號球員的有幾種？其實就是在問有幾種方式會讓三位球員中最大的球衣號碼是七？由於一定要選

擇七號，所以選其他兩位球員的方式有 $\binom{6}{2}$ 種。接下來，有幾種方式會讓最大的球衣號碼是六？這個情況下，一定要選擇六號，一定不能選七號，所以選擇另外兩位球員的方式有 $\binom{5}{2}$ 種。同樣地，最大值是五的選擇方式有 $\binom{4}{2}$ 種，最大值是四的選擇方式有 $\binom{3}{2}$ 種，而最大值是三的選擇方式有 $\binom{2}{2}=1$ 種。由於三個數中的最大值必定是 3、4、5、6 或 7，因此我們已經算出了所有的可能性，也就是選出三位球員的方式有 $\binom{2}{2}$ $+\binom{3}{2}+\cdots+\binom{6}{2}$ 種，與上述等式中等號左邊的部分寫得一模一樣。更一般性的說法是，這個論述證明了：

$$\binom{k}{k}+\binom{k+1}{k}+\cdots+\binom{n}{k}=\binom{n+1}{k+1}$$

讓我們拿這個公式來解決一個重要的問題，這個問題你大概每逢聖誕假期的時候就會想到它。根據一首流行歌〈聖誕假期的十二天〉，第一天你會收到 1 個禮物（一隻山鶉），第二天你會收到 3 個禮物（一隻山鶉和兩隻斑鳩），第三天你會收到 6 個禮物（一隻山鶉、兩隻斑鳩和三隻法國母雞），以此類推。問題來了：過了十二天之後，你總共會收到多少禮物呢？

▲ 在聖誕假期超過十二天之後，你總共會收到多少禮物呢？

在聖誕假期的第 n 天，你會收到的禮物總共有

$$1 + 2 + 3 + \cdots + n = \frac{n(n+1)}{2} = \binom{n+1}{2}$$

（這個結果可以從三角形數的便利公式，或是當 $k=1$ 時的曲棍球棒恆等式得到。）所以在第一天你會收到 $\binom{2}{2}=1$ 個禮物；第二天有 $\binom{3}{2}=3$ 個禮物；持續類推到第十二天，這天你會收到 $\binom{13}{2}=\frac{13 \times 12}{2}$ $=78$ 個禮物。運用曲棍球棒恆等式，就能顯示出你得到的禮物總數是

$$\binom{2}{2} + \binom{3}{2} + \cdots + \binom{13}{2} = \binom{14}{3} = \frac{14 \times 13 \times 12}{3!} = 364$$

這麼一來，如果你將這些禮物分散在下一年中，你幾乎每天都可以享受收到一個新禮物的樂趣（或許在你生日的那天可以放個假）！

讓我們用一首節慶歌曲來歌頌最後一個問題的答案，這首歌我稱之為「聖誕假期的第 n 天」。

　　在聖誕假期的第 n 天，我的真愛給了我

　　n 個新的小玩意

　　$n-1$ 個這個或那個

　　$n-2$ 個點點點

　　　⋮

　　5（加 10）個其他東西！

　　算算所有的禮物

　　直到第 n 天

　　總共有多少？

　　正好是 $\binom{n+2}{3}$

接著來討論巴斯卡三角形中**最奇怪**的模式之一。我們已經將下圖這個三角形中所有的奇數都圈了起來，如果你認真看著它，你就會看到大三角形裡面有著許許多多的小三角形！

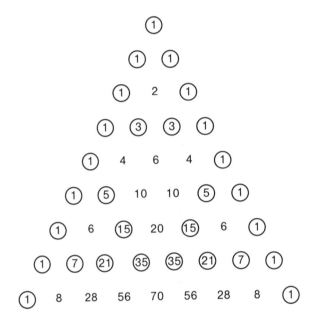

▲ 巴斯卡三角形中的各個奇數。

現在我們將眼光放遠一點，看看一個有十六排的三角形，其中我們用 1 代替所有的奇數，並用 0 代替所有的偶數。請注意，每一對 0 和每一對 1 的下方都會得到 0，這反映出一個事實：兩個偶數或兩個奇數相加，總和都會是偶數。

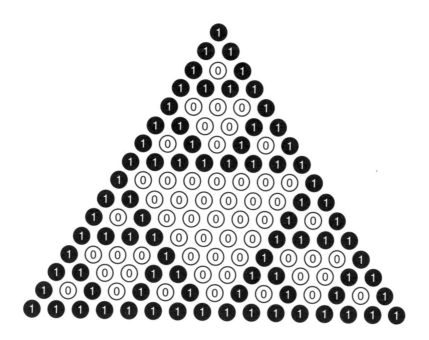

▲ 將眼光放遠一點來看這些奇數。

我們還有一個更遠更長的三角形，在下面這個有 256 列的三角形中，我們用黑色方格代替奇數，並用白色方格代替偶數。

▲ 當巴斯卡遇上謝爾賓斯基。

　　這個圖形近似於一般稱為**謝爾賓斯基三角形**的碎圖形，而這只是藏在巴斯卡三角形內的其中一個寶藏而已。讓我來告訴你另一個驚喜吧，巴斯卡三角形的每一排各有幾個奇數？看看第一到第八排（不包括第○排），我們能算出每排各有 2、2、4、2、4、4、8、2……。並沒有什麼明顯的規律，但是能看出來答案都是 2 的次方。事實上，2 的次方在這裡扮演著重要的角色。舉例來說，請注意恰好出現 2 個奇數的是第 1、2、4、8 排，這些都是 2 的次方。整體而言，藉由加總 2 的**相異次方**，每一個非負整數都會有自己獨特的表示法。舉例來說：

$$
\begin{aligned}
1 &= 1\\
2 &= 2\\
3 &= 2+1\\
4 &= 4\\
5 &= 4+1\\
6 &= 4+2\\
7 &= 4+2+1\\
8 &= 8
\end{aligned}
$$

　　在第 1、2、4、8 排（2 的次方）各有兩個奇數，在第 3、5、6 排（兩個 2 的次方之和）各有四個奇數，在第 7 排（三個 2 的次方之和）則有八個奇數。令人驚訝又美麗的規則來了：如果 n 是 p 個 2 的次方之和，那麼在第 n 排中奇數總共會有 2^p 個。舉例來說，第 83 排會有多少個奇數呢？由於 $83=64+16+2+1$，總共是四個 2 的次數，所以第 83 排共有 $2^4=16$ 個奇數！

悄悄話

　　我們不打算在此證明下面這個事實，但假如你好奇的話，我可以告訴你 $\binom{83}{k}$ 會是奇數，只要：

$$k = 64a + 16b + 2c + d$$

其中 a、b、c、d 可以是 0 或 1，而 k 必須是下列特定數之一：

0、1、2、3、16、17、18、19、64、65、66、69、80、81、82、83

在本章結尾，我想再告訴你最後一個規律。我們已經看過將巴斯卡三角形中的每一橫排相加（二的次方）和每一直行相加（曲棍球棒）會產生什麼結果，但現在我們要來看看將斜排相加又會出現什麼呢？

當巴斯卡碰上費波那契

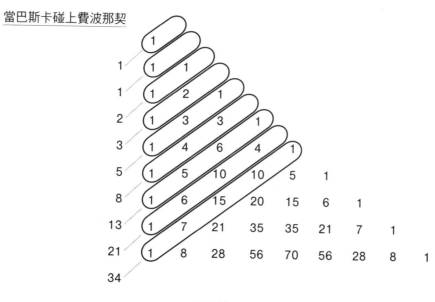

▲ 斜排總和。

如上圖所示，當我們將斜排的數目相加，會得到如下總和：

1、1、2、3、5、8、13、21、34

這些就是大名鼎鼎的費氏數，也是我們下一章的主題。

第 5 章

1、1、2、3、5、8、13、21⋯⋯

費氏數列的魔術

大自然中的數字

嘿，來看看費氏數吧，這可是世界上最神奇的數列之一！

1、1、2、3、5、8、13、21、34、55、89、144、233……

費氏數列的第一個數是 1，接著還是 1；第三個數是 1＋1（前兩數之和），也就是 2；第四個數是 1＋2＝3；第五個數是 2＋3＝5。接下來的每個數都繼續以這種跳步法產生：3＋5＝8、5＋8＝13、8＋13＝21……。這些數目首先出現在一二○二年出版的《計算之書》（*Liber Abaci*），作者比薩的列奧納多（Leonardo of Pisa）（後來暱稱為「費波那契」），在這本書中將阿拉伯數字和我們現今所用的算術方法介紹給西方世界。

《計算之書》中有許多算術題目，其中包括「不死的兔子」。假設每隻小兔子要花一個月長成一隻大兔子，而每一對大兔子在牠們永恆的生命中每個月都會生出一對新的小兔子。那麼問題是：如果一開始只有一對小兔子，十二個月之後我們會有多少對大兔子呢？

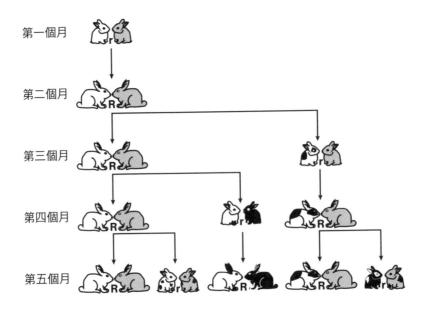

　　這個問題可以用圖形或是符號來示範。我們用小寫的「r」代表一對小兔子，用大寫的「R」代表一對大兔子。每從這個月到下個月，每一個小 r 都會變成一個大 R，然後每一個大 R 都會變成一組 Rr（也就是小兔子變成大兔子然後大兔子生出小兔子）。

　　下表列出了這個模式，我們能看出前六個月兔子的數量分別是 1、1、2、3、5 和 8 對。

月數	群體	總對數
1	r	1
2	R	1
3	Rr	2
4	Rr R	3
5	Rr R Rr	5
6	Rr R Rr Rr R	8

　　在沒有明確列出群體的情況下，我們先試著說服自己第七個月會有十三對兔子。其中有幾對是大兔子呢？由於第六個月的每對兔子無論大小到了第七個月都是大兔子，所以現在總共會有八對大兔子。

　　那麼第七個月又有多少對小兔子呢？此數量與第六個月存在的大兔子對數相同，也就是五對，同時等於（絕非巧合）第五個月的總對數，所以第七個月總共有 8+5=13 對兔子。

　　如果我們將最初兩個費氏數稱作 $F_1=1$ 以及 $F_2=2$，並將下一個費氏數定義為前兩個費氏數之和，那麼對 $n \geq 3$ 來說：

$$F_n = F_{n-1} + F_{n-2}$$

於是 F_3=2、F_4=3、F_5=5、F_6=8……，如下表所示。

n	1	2	3	4	5	6	7	8	9	10	11	12	13
F_n	1	1	2	3	5	8	13	21	34	55	89	144	233

▲ 費氏數列的前十三個項。

由此可知，費氏「不死的兔子」一題的答案會是 F_{13}=233 對兔子（包括 F_{12}=144 對大兔子和 F_{11}=89 對小兔子）。

除了計算群體動態之外，費氏數還能應用在許多地方，而且相當令人驚喜的是它們經常出現在大自然中。舉例來說，向日葵、鳳梨和松果的螺旋和花瓣的數量通常都與費氏數相符。但給了我最多啟發的是費氏數展現出來的美麗規律。

比方說，讓我們來看看將前幾個費氏數相加會出現什麼結果：

$$
\begin{array}{rcccl}
1 & = & 1 & = & 2-1 \\
1+1 & = & 2 & = & 3-1 \\
1+1+2 & = & 4 & = & 5-1 \\
1+1+2+3 & = & 7 & = & 8-1 \\
1+1+2+3+5 & = & 12 & = & 13-1 \\
1+1+2+3+5+8 & = & 20 & = & 21-1 \\
1+1+2+3+5+8+13 & = & 33 & = & 34-1 \\
& & \vdots & &
\end{array}
$$

兩個等號之間的這些數目並不算是費氏數，但是已經很接近了。事實上，這些數目都正好只差「一」點就成為費氏數了。讓我們來想想為什麼這些規律能說得通：看看上面的最後一個等式，如果我們將等式中

的每一個費氏數都用接續的兩個費氏數之差代替會發生什麼事？如下：

$$1 + 1 + 2 + 3 + 5 + 8 + 13$$

$$= (2-\mathbf{1}) + (3-2) + (5-3) + (8-5) + (13-8) + (21-13) + (\mathbf{34}-21)$$

$$= \mathbf{34} - \mathbf{1}$$

請注意，（2-1）中的 2 被（3-2）中的 2 抵消，然後（3-2）中的 3 也被（5-3）中的 3 抵消。最後，除了最大一項的 34 以及第一項的 1 之外，所有的數都會彼此抵消。一般來說，這就證明出有一個能計算首 n 個費氏數之和的簡單公式：

$$F_1 + F_2 + F_3 + \cdots + F_n = F_{n+2} - 1$$

下面這個相關問題也有類似的優雅答案。首 n 個偶標費氏數之和是多少？也就是說，你能夠簡化下式嗎？

$$F_2 + F_4 + F_6 + \cdots + F_{2n}$$

我們先來看看一些數目：

$$
\begin{aligned}
1 &= 1 \\
1+3 &= 4 \\
1+3+8 &= 12 \\
1+3+8+21 &= 33 \\
&\vdots
\end{aligned}
$$

等等，這些數字看起來很眼熟！其實我們之前就看過這些數字了，它們都是費氏數減去一的結果。事實上，利用每個費氏數等於前兩個費氏數之和這件事，我們可以把這些數目轉化到前一個題目中，將第一項以外的所有偶標費氏數用該數前兩個費氏數之和來代替，如下所示：

$$\begin{aligned}
& \quad 1 \quad + \quad 3 \quad + \quad 8 \quad + \quad 21 \\
=& \quad 1 \quad + \quad (1+2) \quad + \quad (3+5) \quad + \quad (8+13) \\
=& \quad 34-1
\end{aligned}$$

等式的最後一列也源自前述事實：前七個費氏數之和等於第九個費氏數減一。

一般說來，如果我們好好利用 $F_2 = F_1 = 1$ 這個事實，並將接下來每一個費氏數都用該數的前兩個費氏數之和代替，我們就會看出這個總和能被歸納為首 $2n-1$ 個費氏數之和。

$$\begin{aligned}
& \quad F_2 \quad + \quad F_4 \quad + \quad F_6 \quad + \cdots + \quad F_{2n} \\
=& \quad F_1 \quad + \quad (F_2+F_3) \quad + \quad (F_4+F_5) \quad + \cdots + (F_{2n-2}+F_{2n-1}) \\
=& \quad F_{2n+1} \quad - \quad 1
\end{aligned}$$

如果將首 n 個奇標費氏數相加，結果又會如何呢：

$$\begin{aligned}
1 &= 1 \\
1+2 &= 3 \\
1+2+5 &= 8 \\
1+2+5+13 &= 21 \\
&\vdots
\end{aligned}$$

「奇」怪了，這個模式甚至更明顯了。首 n 個奇標費氏數之和其實就是第 $n+1$ 個費氏數，我們可以利用剛剛的技巧來看出這一點，如下所示：

$$\begin{aligned}
& \quad F_1 \quad + F_3 \quad + F_5 \quad + \cdots + \quad F_{2n-1} \\
=& \quad 1 \quad + (F_1+F_2) \quad + (F_3+F_4) \quad + \cdots + \quad (F_{2n-3}+F_{2n-2}) \\
=& \quad 1 \quad + \quad (F_{2n}-1) \\
=& \quad F_{2n}
\end{aligned}$$

> ### 悄悄話
>
> 　　要是用上已知的事實，我們也可以用別的方法來得到答案。如果我們用首 $2n$ 個費氏數之和減掉首 n 個偶標費氏數之和，就會剩下首 n 個奇標費氏數之和。
>
> $$
> \begin{aligned}
> & F_1 + F_3 + F_5 + \cdots + F_{2n-1} \\
> = \quad & (F_1 + F_2 + \cdots + F_{2n-1}) - (F_2 + F_4 + \cdots + F_{2n-2}) \\
> = \quad & (F_{2n+1} - 1) - (F_{2n-1} - 1) \\
> = \quad & F_{2n}
> \end{aligned}
> $$

計算費氏數

　　我們剛剛看到的只是費氏數眾多美麗規律裡的皮毛而已，你大概忍不住猜想這些數目除了可以計算兔子的對數之外，肯定還能拿來計算其他東西。費氏數的確成為許多排列組合問題的解法，在一一五〇年（比薩的列奧納多這時還沒寫出關於兔子的理論呢）印度詩人金月（Hemachandra）曾提問，如果一個韻律可由長度為一的短音節或是長度為二的長音節組成，那麼長度為 n 的韻律總共有多少種呢？下面我們用比較簡單的數學用語來表述這個問題：

　　題目：將數目 n 寫成數個 1 與數個 2 的和，總共有幾種方式？

　　答案：我們先將答案稱為 f_n，然後將一些小的數值代入 n，以檢驗 f_n。

n	相加等於 *n* 的 1/2 數列	f_n
1	1	1
2	11, 2	2
3	111, 12, 21	3
4	1111, 112, 121, 211, 22	5
5	11111, 1112, 1121, 1211, 122, 2111, 212, 221	8
⋮	⋮	⋮

　　n 等於 1 的方法只有一種，等於 2 的有兩種（1+1 和 2），而等於 3 的有 3 種（1+1+1、1+2、2+1）。請注意，在計算總和時只能使用 1 和 2 這兩個數字，而且必須考慮它們的順序，也就是說 1+2 並不等於 2+1。而加起來等於 4 的方法有五種（1+1+1+1、1+1+2、1+2+1、 2+1+1、2+2）。上表中的數目似乎暗示我們這些數字都是費氏數，而事實也的確如此。

　　我們來看看為什麼形成數字 5 總共有 f_5=8 種方法。這個組合一定是從 1 或 2 開始，其中有幾個是從 1 開始呢？在 1 之後，我們必定有一串由數個 1 和 2 組成的數字，這些數字加起來等於 4，而我們知道這樣的組合總共有 f_4=5 種。同樣地，有多少個總和是 5 的組合是從 2 開始的？在第一個 2 出現之後，剩下的數相加一定等於 3，也就是有 f_3=3 種，於是總和等於 5 的數列總共有 5+3=8 種。運用同樣的邏輯，相加會等於 6 的數列有 13 種，因為從 1 開始的有 f_5=8 種，而從 2 開始的有 f_4=5 種。一般來說，總和等於 *n* 的數列總共有 f_n 種，其中有 f_{n-1} 種的開頭是 1，有 f_{n-2} 種的開頭是 2。所以結論是：

$$f_n = f_{n-1} + f_{n-2}$$

　　因此，f_n 不只一開始看來像是費氏數，也會繼續以費氏數的方式成長，所以它們**就是**費氏數，只是有一點轉移，或者我應該說是**位移**。請

注意 $f_1=1=F_2$、$f_2=2=F_3$、$f_3=3=F_4$……（為了方便起見,我們定義 $f_0=F_1=1$ 且 $f_{-1}=F_0=0$。）一般而言,凡是 $n \geq 1$,則：

$$f_n = F_{n+1}$$

一旦我們了解費氏數的重要性,就能利用這些知識來證明費氏數的許多美麗模式。回想一下,我們在第四章的最後見識到了一個將巴斯卡三角形各個斜排相加的規律。

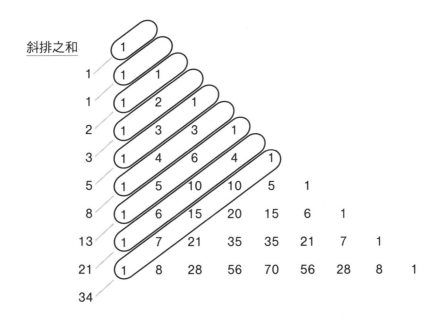

舉例來說,將第八個斜排相加會得到

$$1 + 7 + 15 + 10 + 1 = 34 = F_9$$

以「取數」來表示,就是

$$\binom{8}{0} + \binom{7}{1} + \binom{6}{2} + \binom{5}{3} + \binom{4}{4} = F_9$$

讓我們用兩種方式來回答同一個計數問題,並試著了解這個規律。

146

問題：由 1 與 2 所構成的數列，總和為 8 的共有幾種？

答案一：就定義上來說，總共有 $f_8 = F_9$ 種數列。

答案二：根據數列中 2 出現的次數，我們將答案分成五種情況。完全沒有 2 的數列有幾種？只有一種，就是 11111111，而且與 $\binom{8}{0} = 1$ 相同。

剛好有一個 2 的有幾種？總共有七種方法：2111111、1211111、1121111、1112111、1111211、1111121、1111112。這些數列都有七個數字，也就是有 $\binom{7}{1} = 7$ 種方法來選擇 2 出現的位置。

剛好有兩個 2 的有幾種？最直接的答案是 221111。不必將十五個答案統統列出，只要注意這樣的數列會有兩個 2 和四個 1，所以總共有六個數字，也就是會有 $\binom{6}{2} = 15$ 種方式來選出兩個 2 出現的位置。運用同樣的邏輯，剛好有三個 2 的數列會有兩個 1，所以總共是五位數，這樣的數列會有 $\binom{5}{3} = 10$ 種。最後，一個有四個 2 的數列只會有 $\binom{4}{4} = 1$ 種，也就是 2222。

我們在比較答案一和二之後，就能得到足夠的解釋。一般來說，當我們求巴斯卡三角形第 n 個斜排之和的時候，也能用這個論述來證明我們得到的總和都會是費氏數。更精確地說，只要 $n \geq 0$，那麼當我們求第 n 個斜排的和（直到在大約 $n/2$ 項之後脫離這個三角形），會得到

$$\binom{n}{0} + \binom{n-1}{1} + \binom{n-2}{2} + \binom{n-3}{3} + \cdots = f_n = F_{n+1}$$

在能用來解釋費氏數的方法中，**拼磚**是一個成效相等又比較視覺化的方法。舉例來說，用正方形（長度一）和長方形（長度二）來拼磁磚時，1+1+2 的組合可以用「正—正—長」來表示。而 $f_4 = 5$ 則表示若總長為四，便有五種拼法。

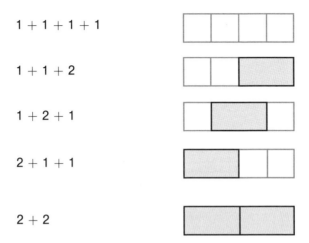

1 + 1 + 1 + 1	
1 + 1 + 2	
1 + 2 + 1	
2 + 1 + 1	
2 + 2	

▲ 運用正方形與長方形，長度為四的磁磚共有五種拼法，也就是圖示的 $f_4=5$。

我們可以用拼磚的概念來理解另一個不尋常的費氏數規律，一起來看看將費氏數平方會如何吧。

n	0	1	2	3	4	5	6	7	8	9	10
f_n	1	1	2	3	5	8	13	21	34	55	89
f_n^2	1	1	4	9	25	64	169	441	1156	3025	7921

▲ 費氏數從 f_0 到 f_{10} 的平方數。

將兩個相連的費氏數相加會得到下一個費氏數，這現在對你來說已經不意外了（畢竟費氏數就是這樣產生的），但你大概沒預料到平方也能衍生出一些有趣的事情。總之，讓我們來看看將相鄰的平方數相加會如何吧：

$$f_0^2 + f_1^2 \;=\; 1^2 + 1^2 \;=\; 1+1 \;=\; 2 \;=\; f_2$$
$$f_1^2 + f_2^2 \;=\; 1^2 + 2^2 \;=\; 1+4 \;=\; 5 \;=\; f_4$$
$$f_2^2 + f_3^2 \;=\; 2^2 + 3^2 \;=\; 4+9 \;=\; 13 \;=\; f_6$$
$$f_3^2 + f_4^2 \;=\; 3^2 + 5^2 \;=\; 9+25 \;=\; 34 \;=\; f_8$$
$$f_4^2 + f_5^2 \;=\; 5^2 + 8^2 \;=\; 25+64 \;=\; 89 \;=\; f_{10}$$
$$\vdots$$

讓我們試著用計數法來解釋這個規律，最後一個等式說明了

$$f_4^2 + f_5^2 = f_{10}$$

為什麼會是這樣？要解釋這個等式，我們先來問一個簡單的計數問題。

題目：使用數個正方形和長方形拼成長度為 10 的磁磚，總共有幾種方法？

答案一：定義上，總共有 f_{10} 種拼磚的方法。下面是一個常見的拼法，表示出 2+1+1+2+1+2+1 這個組合。

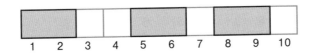

我們會說這樣的拼法在第 2、3、4、6、7、9、10 格都是**可分割**。（也就是說，這些磁磚除了長方形的中間以外都可以拆開。在這個例子中，**不可分割**的部分是第 1、5、8 格。）

答案二：讓我們將解答分成兩部分：第五格位置分成可以分割和不能分割。那麼在長度為 10 的磁磚中，第五格可以分割的組合有幾種？在整排磁磚可以從中分成兩半的前提下，左半邊有 $f_5 = 8$ 種拼磚方式，右半邊也同樣有 $f_5 = 8$ 種拼磚方式。因此，依據第四章中提到的乘法規則，我們就可以用 $f_5^2 = 8^2$ 種方法得到我們要的結果，如下圖所示：

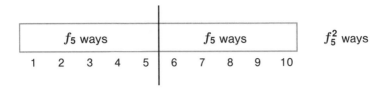

▲ 長度為 10 的磁磚在第五格可以分割的拼法有 f_5^2 種。

那麼在長度為 10 的磁磚中，又有多少種拼磚方式是第五格**不可分**割的呢？如下圖所示，這樣的拼法必定包含一個同時蓋住第五和第六格的長方形。所以現在左半邊和右半邊都有 $f_4 = 5$ 種拼法，也就是第五格不能分割的方法共有 $f_4^2 = 5^2$ 種。將兩種情況放在一起，就能得到我們要的 $f_{10} = f_5^2 + f_4^2$。

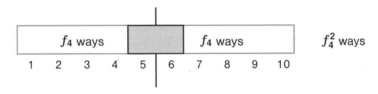

▲ 長度為 10 的磁磚在第五格不能分割的方法共有 f_4^2 種。

一般來說，藉由考慮一個長度 $2n$ 的磁磚在中間點可分割或不可分割，我們能得出下面這個美麗的規律：

$$f_{2n} = f_n^2 + f_{n-1}^2$$

悄悄話

在看過前面的恆等式之後，我們可以嘗試將它延伸到類似的情況。比如說，假設有一組總長度為 $m+n$ 的磁磚，在所有的拼法中，有幾種在第 m 格是可以分割的？這樣的話，左邊的拼磚方式

會有 f_m 種，而右邊有 f_n 種，所以總共是 $f_m f_n$ 種拼磚方式。那麼又有幾種在第 m 格是**不可**分割的？這樣的拼法表示一定有一個長方形同時涵蓋第 m 和 $m+1$ 格，而剩下的磁磚可以有 $f_{m-1} f_{n-1}$ 種拼法。總括來說，我們會得到下列恆等式：凡是 m 與 n 皆為非負整數，則

$$f_{m+n} = f_m f_n + f_{m-1} f_{n-1}$$

來學一個新的模式吧！看看當我們將費氏數的平方數統統相加會出現什麼。

$$
\begin{aligned}
1^2 + 1^2 &= 2 &= 1 \times 2 \\
1^2 + 1^2 + 2^2 &= 6 &= 2 \times 3 \\
1^2 + 1^2 + 2^2 + 3^2 &= 15 &= 3 \times 5 \\
1^2 + 1^2 + 2^2 + 3^2 + 5^2 &= 40 &= 5 \times 8 \\
1^2 + 1^2 + 2^2 + 3^2 + 5^2 + 8^2 &= 104 &= 8 \times 13 \\
&\vdots
\end{aligned}
$$

哇，太酷了！費氏數的平方和正是兩個費氏數的乘積！但為什麼取 1、1、2、3、5 和 8 這些數的平方和會等於 8×13 ？運用幾何圖像來「看」出答案是其中一種方法，讓我們將邊長分別是 1、1、2、3、5 和 8 的正方形組合成下圖：

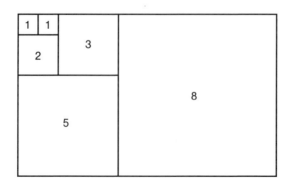

從 1 乘 1 的正方形開始，旁邊擺上另一個 1 乘 1 的正方形，形成一個 1 乘 2 的長方形。在這個長方形的下面放一個 2 乘 2 的正方形，形成一個 3 乘 2 的長方形。接下來沿著長方形的長邊放上一個 3 乘 3 的正方形（形成一個 3 乘 5 的長方形），然後將一個 5 乘 5 的正方形放在下方（形成一個 8 乘 5 的長方形）。最後，在旁邊放上一個 8 乘 8 的正方形，形成一個 8 乘 13 的長方形。現在我們來問一個簡單的問題：整個大長方形的面積是多少？

答案一：一方面來說，大長方形的面積就是組成它的所有正方形之和。換句話說，這個長方形的面積必定是 $1^2+1^2+2^2+3^2+5^2+8^2$。

答案二：另一方面，我們有一個短邊為 8 且長邊為 13 的大長方形，因此這個長方形的面積一定是 8×13。

因為兩個答案都是正確的，所以它們的面積一定相等，這也就能作為最後那個恆等式的解釋。事實上，如果再看一次這個長方形是如何形成的，你就會發現這同時解釋了這個規律中列出的其他相關等式（比如 $1^2+1^2+2^2+3^2+5^2=5 \times 8$）。而且如果繼續運用這個邏輯，你就能創造出 13×21、21×34……的長方形，而這個規律會一直持續下去。這個通用的公式為：

$$1^2 + 1^2 + 2^2 + 3^2 + 5^2 + 8^2 + \cdots + F_n^2 = F_n F_{n+1}$$

接著要來看看當我們將費氏數的**左鄰右舍**相乘又會發生什麼事。舉例來說，5 的左鄰是 3，右舍是 8，兩數的乘積是 $3 \times 8=24$，加上 1 剛好等於 5^2。8 的左鄰是 5，右舍是 13，兩數的乘積是 $5 \times 13=65$，加上 1 正好等於 8^2。好好檢驗下表，便不難發現一個費氏數其左鄰右舍的乘積都正好是該費氏數的平方數差一的結果，換句話說：

$$F_n^2 - F_{n-1}F_{n+1} = \pm 1$$

n	1	2	3	4	5	6	7	8	9	10	11
F_n	1	1	2	3	5	8	13	21	34	55	89
F_n^2	1	1	4	9	25	64	169	441	1156	3025	7921
$F_{n-1}F_{n+1}$	0	2	3	10	24	65	168	442	1155	3026	7920
$F_n^2 - F_{n-1}F_{n+1}$	1	−1	1	−1	1	−1	1	−1	1	−1	1

▲ 某費氏數的左鄰右舍相乘正好與費氏數的平方數差 1。

利用一個下一章才會學到的證明技巧（稱作數學歸納法），可以證明凡 $n \geq 1$：

$$F_n^2 - F_{n-1}F_{n+1} = (-1)^{n+1}$$

讓我們將這個規律擴大到**遠一點**的鄰居身上。費氏數 F_5=5，當我們將它的左鄰右舍相乘時，會得到 3×8＝24，也就是比 5^2 少 1。但當我們將 F_5 其左鄰的左鄰和右舍的右舍相乘時，會得到 2×13＝26，也就是比 5^2 多 1。那麼相距 3、4、5 的鄰居又是如何呢？它們的乘積會是 1×21＝21、1×34＝34、0×55＝0，這些數目和 25 相差多少？正好是 4、9、25，全部都是完全平方數。但它們並不是**任意的**完全平方數，而是費氏數的平方！看看下表，裡面還有更多證據。通用的規律是：

$$F_n^2 - F_{n-r}F_{n+r} = \pm F_r^2$$

n	1	2	3	4	5	6	7	8	9	10	
F_n	1	1	2	3	5	8	13	21	34	55	
F_n^2	1	1	4	9	25	64	169	441	1156	3025	$F_n^2 - F_{n-r}F_{n+r}$
$F_{n-1}F_{n+1}$	0	2	3	10	24	65	168	442	1155	3026	±1
$F_{n-2}F_{n+2}$		0	5	8	26	63	170	440	1157	3024	±1
$F_{n-3}F_{n+3}$			0	13	21	68	165	445	1152	3029	±4
$F_{n-4}F_{n+4}$				0	34	55	178	432	1165	3016	±9
$F_{n-5}F_{n+5}$					0	89	144	466	1131	3050	±25
⋮					⋮					⋮	⋮

▲ 任一費氏數其左右距離相同的鄰居相乘都接近該費氏數的平方，兩者的差值也都是某費氏數的平方。

更多費氏數規律

在巴斯卡三角形中，我們看到了偶數和奇數展現出格外複雜的規律，不過若用上費氏數，情況就能簡單許多。下列哪些費氏數是偶數？

1、1、2、3、5、8、13、21、34、55、89、144…

數列中的偶數有 $F_3=2$、$F_6=8$、$F_9=34$、$F_{12}=144$…。（在這一節，我們換回用大寫的 F 代表費氏數，因為它們會創造出更美麗的規律。）偶數首先出現在第 3、6、9、12 這些位置上，暗示出它們都會正好出現在每個 3 的倍數項。我們可以證明這一點，只要注意到最初的規律是：

奇數、奇數、偶數

而且這個模式會不斷自我循環：

奇數、奇數、偶數、奇數、奇數、偶數、奇數、奇數、偶數…

由於在任何一個「奇數、奇數、偶數」的組合後，下一個組合一定會先是「奇數 + 偶數 = 奇數」，接著是「偶數 + 奇數 = 奇數」，最後是「奇數 + 奇數 = 偶數」，所以這個模式會不斷持續下去。

用第三章提過的同餘式來敘述，就是在 mod 2 的版本中，每一個偶數都同餘 0，每一個奇數都同餘 1，且 $1+1 \equiv 0$。因此 mod 2 版本的費氏數看起來會像是下面這樣：

1、1、0、1、1、0、1、1、0、1、1、0…

那麼 3 的倍數呢？前幾個出現的是 $F_4=3$、$F_8=21$、$F_{12}=144$，所以不難相信每四個費氏數會出現一個 3 的倍數。要驗證這一點，讓我們將費氏數簡化成 0、1、2，並用 mod 3 運算，如下式

$$1 + 2 \equiv 0 \text{ 且 } 2 + 2 \equiv 1 \text{ (mod 3)}$$

在 mod3 的版本中，費氏數看起來會是

1、1、2、0、2、2、1、0　　1、1、2、0、2、2、1、0　　1、1…

經過八項之後，會重新回到 1 接著 1 這個開頭，所以這個規律會以八個數一組的模式一直重複下去。其中每隔三項會出現一個 0，表示每隔三個費氏數就會出現一個 3 的倍數，反之亦然。利用運算 mod 5、mod 8 或 mod 13，你也能驗證出：

每隔四個費氏數會出現一個 5 的倍數

每隔五個費氏數會出現一個 8 的倍數

每隔六個費氏數會出現一個 13 的倍數

而且規律會一直持續下去。

　　那麼**相連的**費氏數呢？它們有任何共同點嗎？有趣的是，就某種意義上我們可以說它們**完全沒有**任何共同點。我們聲稱一對相連的費氏數

(1, 1)、(1, 2)、(2, 3)、(3, 5)、(5, 8)、(8, 13)、(13, 21)、(21, 34)…

　　彼此互質，也就是說沒有任何大於 1 的數能同時整除兩者。舉例來說，如果我們看看最後一對數字，可以看出 21 的因數有 1、3、7 和 21，而 34 的因數有 1、2、17 和 34，所以 21 和 34 之間除了 1 以外沒有其他的公因數。我們怎麼能確定這個規律會不斷持續下去呢？我們怎麼知道下一對費氏數（34,55）肯定互質呢？要證明這一點，並不需要找出 55 的因數，我們反過來假設有一個大於 1 的數目 d 可以整除 34 和 55，那麼這個數必須也能整除兩者的差值，也就是 55−34=21。（因為如果 55 和 34 都是 d 的倍數，則兩者的差值必定也是 d 的倍數。）然而這是不可能的，因為我們已經知道 21 和 34 並沒有一個大於 1 的公因數

d。重複執行這樣的論述，就可以保證每一對相連的費氏數都彼此互質。

接下來要談的是我最喜歡的費氏事實！先來個名詞解釋：兩數的**最大公因數**（greatest common divisor，簡稱 gcd）就是能整除兩數的最大值。舉例來說，20 和 90 的最大公因數是 10，表示為

$$\gcd(20, 90) = 10$$

那麼你認為第 20 個費氏數和第 90 個費氏數的最大公因數是多少呢？答案是非常富有詩意的 55，因為這不但也是個費氏數，而且正好是第 10 個費氏數！以等式來表示：

$$\gcd(F_{20}, F_{90}) = F_{10}$$

一般來說，對於整數 m 和 n，

$$\gcd(F_m, F_n) = F_{\gcd(m,n)}$$

換句話說：「兩個費氏數的最大公因數也是一個費氏數，其下標就是原本兩數下標的公因數！」雖然我們不會在這裡證明這個美麗的事實，但我實在忍不住想給你看看這一點。

有時候，某個規律也可能只是個幻象。舉例來說，哪些費氏數是質數？（我們在下一章會討論到這一點，質數就是一個只能被 1 和該數本身整除的數。）大於 1 但不是質數的數字稱作**合數**，因為這些數可以被**拆解**為較小數值的乘積。費氏數列中前幾個出現的質數是：

$$2 \text{、} 3 \text{、} 5 \text{、} 7 \text{、} 11 \text{、} 13 \text{、} 17 \text{、} 19 \cdots$$

接著來看看下標是質數的費氏數：

$$F_2 = 1 \text{、} F_3 = 2 \text{、} F_5 = 5 \text{、} F_7 = 13 \text{、} F_{11} = 89 \text{、} F_{13} = 233 \text{、} F_{17} = 1597$$

2、5、13、89、233 和 1597 都是質數，這個模式暗示著如果 p 是大於 2 的質數，那麼 F_p 也會是質數。但是這個規律在下一個數據就失效了，$F_{19}=4181$ 並不是質數，因為 $4181=37×113$。然而，有一點**是正確的**，那就是費氏數中每一個大於三的質數其下標都是質數。根據我們先前得出的另一個規律，F_{14} 一定是合數，因為每隔六個費氏數就會出現一個 $F_7=13$ 的倍數（的確如此，$F_{14}=13×29$）。

事實上，費氏數中的質數看起來相當稀少，在我寫這本書的當下，費氏數中總共只有三十三個經過證實的質數，其中最大的是 F_{81839}。而費氏數中是否真的有無窮多個質數，在數學界中仍是一個未解之謎。

讓我們先中斷這個嚴肅的討論，來看一些關於費氏數的有趣小魔術吧。

第一排：	3
第二排：	7
第三排：	10
第四排：	17
第五排：	27
第六排：	44
第七排：	71
第八排：	115
第九排：	186
第十排：	301

▲ 費氏數的魔術：在第一排和第二排任意填入兩個正數，然後將表格中其餘八排以費氏數產生的方式填完（3＋7＝10、7＋10＝17……），再將第十排除以第九排，最後答案的前幾位數一定會是 1.61。

在上表中，任選兩個 1 到 10 之間的數目填入第一排和第二排，然後將兩數相加填入第三排，再將第二排和第三排的數目相加填入第四

排。持續用費氏數生成的規律（第三排＋第四排＝第五排，以此類推）來填表格，直到十排都有數字為止。接著將第十排的數字除以第九排的數字，然後讀出包括小數點的前三個位數。在這個例題中$\frac{301}{186}$＝1.618279……所以前三位數就是 1.61。信不信由你，在第一排和第二排中填入**任意**兩個正數（這兩數不必是整數，也不限制要在 1 至 10 之間），第十排和第九排的比率一定會是 1.61。不信的話，自己來試試看吧。

　　為了解這個戲法為什麼能成立，讓我們用 x 和 y 分別代替第一排和第二排的數字。然後根據費氏數產生的規則，第三排一定是 $x+y$，第四排一定是 $y+(x+y)=x+2y$，以此類推。如下圖所示：

第一排：	x
第二排：	y
第三排：	$x+y$
第四排：	$x+2y$
第五排：	$2x+3y$
第六排：	$3x+5y$
第七排：	$5x+8y$
第八排：	$8x+13y$
第九排：	$13x+21y$
第十排：	$21x+34y$

　　題目要求的總數是觀察第十排和第九排表值後得到的比率：

$$\frac{\text{Row } 10}{\text{Row } 9} = \frac{21x+34y}{13x+21y}$$

為什麼這個比率永遠會以 1.61 開頭？這個答案是基於一個用**錯誤的方法**將分數相加的概念。假設你有兩個分數 $\frac{a}{b}$ 和 $\frac{c}{d}$，其中 b 和 d 都是正

158

數，那麼當你直接將分子相加、分母相加時會發生什麼事？信不信由你，這個稱作**中間數**的答案永遠都會落在原始兩數之間。換言之，當 b 和 d 都是正數的時候，任兩個 $a/b < c/d$ 的相異分數會得到：

$$\frac{a}{b} < \frac{a+c}{b+d} < \frac{c}{d}$$

舉例來說，如果選擇用 1/3 和 1/2，那麼兩數的中間數就是在 1/3 < 2/5 < 1/2 中間的 2/5。

為什麼中間數會出現在原始兩數之間？如果我們本來有 $\frac{a}{b}$ < $\frac{c}{d}$ 兩個分數，只要 b 和 d 都是正數，那麼 $ad<bc$ 必定成立。將兩邊都加上 ab 會得到 $ab+ad<ab+bc$，也可以寫成 $a(b+d)<(a+c)b$，這就意味著 $\frac{a}{b} < \frac{a+c}{b+d}$。利用相同的邏輯，我們也可以得知 $\frac{a+c}{b+d}$ < $\frac{c}{d}$。

接下來，請注意凡是 $x,y > 0$，則：

$$\frac{21x}{13x} = \frac{21}{13} = 1.615\ldots$$

$$\frac{34y}{21y} = \frac{34}{21} = 1.619\ldots$$

所以中間數一定會落在兩數之間，換句話說：

$$1.615\ldots = \frac{21}{13} = \frac{21x}{13x} < \frac{21x+34y}{13x+21y} < \frac{34y}{21y} = \frac{34}{21} = 1.619\ldots$$

一如意料之中，第十排和第九排的比率前三位數一定是 1.61！

悄悄話

在揭露這個 1.61 的預測之前，你可以藉由立刻得到圖表中所有數目的總和，先給觀眾一個驚喜。以剛剛從 3 和 7 開始的題目為例，只要快速地瞄一眼圖表，你就可以立刻發現總和會是 781。你是怎麼知道的？代數能為我們提供解答。如果你將第二個圖表的數值相加，會得到 $55x + 88y$ 這個總和，這又有什麼幫助呢？這正好是 $11(5x + 8y) = 11 \times$ 第七排。所以如果你看看第七排的數目（在我們的例題中是 71），然後將它乘以 11（或許可以用上我們在第一章所學關於相乘 11 的招式），你就能得到 781 這個總和。

1.61 這個數有什麼重要性？如果將圖表延伸再延伸，你會發現每一個相連數值的比率都會愈來愈接近黃金分割比

$$g = \frac{1 + \sqrt{5}}{2} = 1.61803\ldots$$

數學家有時候會用希臘字母 φ 代表這個數值，這個字母在英文拼做 *phi*，發音跟 π 同韻。

悄悄話

利用代數，我們可以證明相連費氏數的比率會愈來愈接近 g。假設 F_{n+1}/F_n 在 n 愈來愈大的時候會愈來愈接近某個比率 r，且根據費氏數的定義，$F_{n+1} = F_n + F_{n-1}$，所以

$$\frac{F_{n+1}}{F_n} = \frac{F_n + F_{n-1}}{F_n} = 1 + \frac{F_{n-1}}{F_n}$$

隨著 n 愈來愈大，等號左邊會趨近於 r，右邊會趨近於 $1+\frac{1}{r}$，因此：

$$r = 1 + \frac{1}{r}$$

當我們將方程式兩邊都乘以 r 之後，會得到：

$$r^2 = r + 1$$

換言之，$r^2-r-1=0$。而根據二次公式，唯一的正數解是 $r=\frac{1+\sqrt{5}}{2}$，也就是 g。

這裡有個算出第 n 個費氏數的迷人公式，其中使用了 g，我們稱之為**比內公式**：

$$F_n = \frac{1}{\sqrt{5}} \left[\left(\frac{1+\sqrt{5}}{2} \right)^n - \left(\frac{1-\sqrt{5}}{2} \right)^n \right]$$

我發現這個公式令人又驚又喜，因為雖然有數個 $\sqrt{5}$ 穿梭其中，最後卻能創造出整數！

我們可以稍微簡化比內公式，因為其中這個數

$$\frac{1-\sqrt{5}}{2} = -0.61803\ldots \text{（省略號代表的值跟之前一樣！）}$$

在 -1 和 0 之間，而當次方的數目愈來愈大，這個數值就會愈來愈趨近於 0。事實上，我們可以證明凡是 $n \geq 0$，就能藉由計算 $g^n/\sqrt{5}$ 並將答案四捨五入至最接近的整數來得到 F_n。不如現在就拿出你的計算機來試試看吧。如果你估計 g 的近似值是 1.618，那麼取它的十次方，你會得到 $122.966\cdots$（接近 123，令人感覺事有蹊蹺呢）。然後將這個數除以 $\sqrt{5} \approx 2.236$，會得到 54.992。將這個數四捨五入會告訴我們 $F_{10}=55$，這

是我們已經知道的結果。如果我們取 g^{20} 會得到 15126.99993，如果再將這個數除以 $\sqrt{5}$ 會得到 6765.00003，所以 $F_{20}=6765$。利用計算機來求 $g^{100}/\sqrt{5}$ 的值，會得出 F_{100} 大約是 3.54×10^{20}。

在剛剛這些計算之中，g^{10} 和 g^{20} 看起來簡直是整數了。發生了什麼事呢？請看看盧卡斯數：

1、3、4、7、11、18、29、47、76、123、199、322、521⋯⋯

這個數列是以法國數學家盧卡斯（1842～1891）命名，他發現了這個數列和費氏數列的許多美麗特性，包括我們之前看過的最大公因數。盧卡斯的確是第一個將 1、1、2、3、5、8⋯⋯這個數列命名的人，也就是後來所稱的費氏數。盧卡斯數列滿足它自己那個版本（稍微更簡單一些）的比內公式，也就是：

$$L_n = \left(\frac{1+\sqrt{5}}{2}\right)^n + \left(\frac{1-\sqrt{5}}{2}\right)^n$$

換言之，當 $n\geq1$ 時，L_n 就是最接近 g^n 的整數。（因為 $g^{10}\approx123=L_{10}$，所以這一點跟我們之前看到的互相符合。）下表我們可以看到更多費氏數和盧卡斯數的關聯。

n	1	2	3	4	5	6	7	8	9	10
F_n	1	1	2	3	5	8	13	21	34	55
L_n	1	3	4	7	11	18	29	47	76	123
$F_{n-1}+F_{n+1}$		3	4	7	11	18	29	47	76	123
$L_{n-1}+L_{n+1}$		5	10	15	25	40	65	105	170	275
F_nL_n	1	3	8	21	55	144	377	987	2584	6765

▲ 費氏數、盧卡斯數以及兩者之間的一些互動。

很難忽略其中的一些規律。比方說，當我們將某費氏數的左鄰右舍相加時，會得到盧卡斯數：

$$F_{n-1} + F_{n+1} = L_n$$

然後當我們將這個盧卡斯數的左鄰右舍相加時，會得到相對應費氏數的五倍：

$$L_{n-1} + L_{n+1} = 5F_n$$

此外，當我們將相對應的費氏數和盧卡斯數相乘，便會得到另外一個費氏數！

$$F_n L_n = F_{2n}$$

悄悄話

讓我們用比內公式和一點點代數（就是用 $(x-y)(x+y)=x^2-y^2$）來證明最後這項關係。令 $h=(1-\sqrt{5})/2$，那麼以比內公式來表示的費氏數和盧卡斯數就能寫成：

$$F_n = \frac{1}{\sqrt{5}}\left(g^n - h^n\right) \text{ and } L_n = g^n + h^n$$

當我們將這兩個式子相乘，便會得到：

$$F_n L_n = \frac{1}{\sqrt{5}}\left(g^n - h^n\right)\left(g^n + h^n\right) = \frac{1}{\sqrt{5}}\left(g^{2n} - h^{2n}\right) = F_{2n}$$

　　所以「黃金分割比」一詞又是怎麼出現的呢？這個名詞是來自於下圖這個黃金矩形，其中長邊對短邊的比率正好是 $g = 1.61803\ldots$。

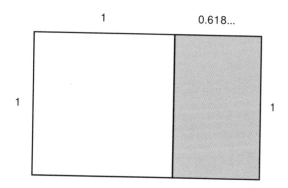

▲ 黃金矩形所產生的小長方形同樣有黃金比例。

　　如果我們將短邊標注為 1 單位，並從這個矩形移走 1 乘 1 大小的正方形，那麼剩下來的矩形尺寸就會是 1 乘 $(g-1)$，於是長邊對短邊的比率就會是：

$$\frac{1}{g-1} = \frac{1}{0.61803\ldots} = 1.61803\ldots = g$$

　　因此較小的矩形會跟原始矩形的比例相同。順帶一提，g 是唯一有這個美妙特性的數，因為方程式 $\frac{1}{g-1} = g$ 暗示出 $g^2 - g - 1 = 0$。而依照二次公式，唯一能滿足此解的正數就是 $(1 + \sqrt{5})/2 = g$。

　　正因為有這樣子的特性，所以黃金矩形被某些人認為是最賞心悅目的矩形。這個特性也被許多藝術家、建築師以及攝影師運用在他們的作品之中。達文西的一位老友兼合作夥伴帕西奧利（Luca Pacioli）將這個黃金矩形命名為「神聖比例」（the divine proportion）。

▲ 費氏數和黃金分割比啟發了許多藝術家、建築師和攝影師。
（照片版權所有：聖克萊爾〔Natalya St. Clair〕）

由於黃金分割比實在具有太多驚人的數學特性，有時候我們甚至在黃金分割比不存在的地方還試圖要找出它。舉例來說，在《達文西密碼》一書中，作者丹‧布朗聲稱 1.681 這個數目出現在所有地方，而且人體就是這個數的實際證明。比方說，據稱每一個人的身高與下半身（肚臍到腳底）的比例都是 1.618。我自己沒有做過這個實驗，但是根據《大學數學期刊》（College Mathematics Journal）其中一篇由馬克沃斯基（George Markowski）所寫的文章〈對黃金分割比的錯誤印象〉，這點並不正確。但是對某些人來說，任何時候只要有一個數看起來很接近 1.6，他們就認為這一定是黃金分割比的神蹟。

通常我會說許多費氏數能滿足的數字規律都只是單純的富有詩意，不過在接下來這個例子中，費氏數的確出現在詩句裡。大部分的五行打油詩有著如下的韻律。（或許你也可以稱之為滴答打油詩！）

打油詩	滴	答	音節
滴答　滴滴答　滴滴答	5	3	8
滴答　滴滴答　滴滴答	5	3	8
滴答　滴滴答	3	2	5
滴答　滴滴答	3	2	5
滴答　滴滴答　滴滴答	5	3	8
總數	21	13	34

▲ 費氏數之詩。

如果計算每一排的音節，就能看到費氏數無所不在！受此啟發，我決定要來寫一首我自己的費氏數打油詩。

費氏數實在很好玩
開頭是 1 再接著 1
與 2、3、5、8
別在這止步
有趣之處正要展開！

第 6 章

$$1 + 2 + 3 = 1 \times 2 \times 3 = 6$$

證明的魔術

證明的價值

研究數學時，有一點非常有趣，那就是你可以證明一件事情千真萬確毋庸置疑，這也正是讓數學和其他科學有所不同的原因。在其他的科學中，我們會因為一些法則符合現實世界的情況而接受它們，但是如果新的證據出現了，這些法則是可以被反駁或是修改的。然而在數學中，一旦某個理論被證實，它就是永遠真實不變的。舉例來說，歐幾里德在兩千年前證明出「質數有無限多個」，我們便無法再說什麼或做什麼來反駁這個理論的真實性。科技來來去去，但是定理互古不變。正如一位偉大的數學家哈代所說：「數學家其實就像畫家或詩人，大家都在創造規律，但如果數學家創造出來的規律更永恆不朽，那是因為背後是由理念所建構而成。」對我來說，證明出一個新的數學定理似乎就是讓學術地位不朽的最佳途徑。

數學不僅能證明某事絕對正確，也能用來證明某事**絕無可能**。有時候，人們會說：「你無法證明不存在的事情不存在。」我想這大概就是說你無法證明世界上並沒有紫色的牛，因為可能哪天突然就會出現一隻。但是在數學中，不存在是**可以被證明的**。舉例來說，不論你多麼努力嘗試，永遠都不可能找到相加會變成一個奇數的兩個偶數，也不可能找到一個最大的質數。在你第一次（甚或第二或第三次）遇上這些證明時可能會覺得有點嚇人，所以絕對需要一點時間來適應。不過一旦掌握到了訣竅，你在閱讀和寫出這些證明的時候都會變得相當有趣。好的證明就像一個講得很精采的笑話或是故事，會讓你對結局非常滿意。

跟你說說我第一次證明某事不可能的經驗。當我還小的時候，很喜歡各種遊戲和謎題。有天，一位朋友拿了一個遊戲裡的謎題來挑戰我，想當然我很感興趣啦。他出示一個八乘八的空白棋盤，然後拿出了 32 張一乘二大小的骨牌。他問：「你能用這 32 張骨牌將這個棋盤鋪滿嗎？」我說：「那當然，只要每一排放上四張骨牌就行了，就像這樣。」

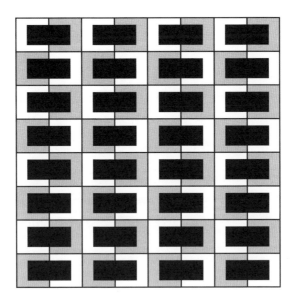

▲ 用骨牌將八乘八的棋盤鋪滿。

「非常好，」他說，「現在假設我將左上角和右下角的正方形移開了，」他在這兩個方格中各放一枚硬幣，這樣我就不能使用了。「現在你能夠用 31 張骨牌鋪滿剩下的 62 個方格嗎？」

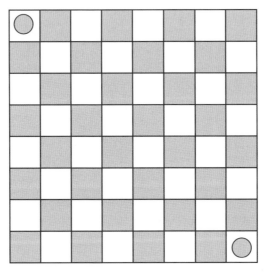

▲ 移走兩個對角的方格後，是否還能用骨牌將棋盤鋪滿？

「或許可以，」我說。但無論我怎麼嘗試，就是無法達成，我開始思考這是否根本就不可行。

「如果你認為這不可行，你能夠**證明**這一點嗎？」我的朋友這麼問。但如果我沒有將無數失敗的可能都試過一遍，又怎麼能證明這是不可能的呢？他隨後提出建議：「看看棋盤上的顏色。」

顏色？顏色跟這一切有什麼關聯？但是接下來我看到了。既然兩個被移走的方格都是淺色的，那麼棋盤上剩下的是三十二個深色方格和三十個淺色方格。但因為每一張骨牌都會剛剛好涵蓋一個淺色方格和一個深色方格，所以三十一張骨牌就不可能鋪滿這樣的棋盤。這真是太酷了！

悄悄話

如果你喜歡上述最後一個證明，那我相信你也會欣賞下面這一個。電玩遊戲「俄羅斯方塊」中有七種不同形狀，有時候我們稱之為 I、J、L、O、Z、T 和 S。

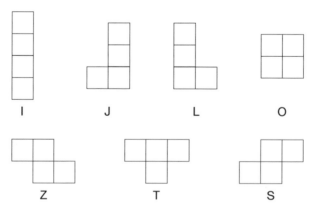

▲ 這七個形狀可以排成一個四乘七的長方形嗎？

每一個形狀都剛好占據四個方格，所以我們自然會猜想，這七個形狀或許可以拼成一個四乘七的長方形（拼湊的過程中，我們可以**翻轉**或是**旋轉**這些形狀），但事實上這是一個不可能的任務。你要怎麼證明這是不可能的呢？讓我們將這個長方形上色，使其含有十四個淺色方格和十四個深色方格，如下圖所示。

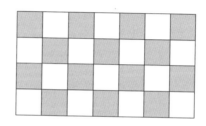

請注意，除了 T 這個形狀以外，每一個形狀不論放在棋盤的哪一個位置，都一定涵蓋兩個淺色方格和兩個深色方格。但是 T 涵蓋的範圍是三個某一種顏色的方格和一個另一種顏色的方格。於是，不論其他六個方塊放在哪裡，它們一定蓋住正好十二個淺色方格和十二個深色方格，剩下來給 T 的是兩個淺色方格和兩個深色方格，也就是這個要求不可能達成。

所以，如果我們覺得某一個數學論述應該是對的，要如何**實際**著手來說服自己呢？通常，我們一開始會先描述正在對付的是哪些數學元素，比如說一系列的**各種整數**

$$\cdots 、 -2 、 -1 、 0 、 1 、 2 、 3 、 \cdots$$

包含所有完整的數：正數、負數以及零。

一旦描述過這些元素，就可以對我們認為顯而易見的部分先做假設。比如說：「兩個整數的總和或是乘積永遠都是整數。」（在下一章

討論幾何學時，我們會做些像是「對任兩點來說必定有一條通過這兩點的直線」這樣的假設。）這些不言自喻的論述稱作**公設**。只要運用這些公設，再加上一些邏輯和代數，我們就能夠得出某些有時很難一眼看出來的正確論述（稱為**定理**）。在這一章，你將學會這些用來證明數學論述的基本工具。

讓我們先從證明一些很容易相信的定理開始。第一次聽到某個論述，例如「兩個偶數的總和必定是偶數」或是「兩個奇數的乘積必定是奇數」時，我們通常會在腦中想幾個例子來驗證，然後推斷出這可能是正確的或還算是有道理，也有可能你會覺得這個論述**根本**一目了然到可以作為公設了。但是我們並不需要這麼做，因為我們可以用已知的公設來**證明**這個論述。要證明有關偶數和奇數的某項結果，首先我們必須要了解「偶」和「奇」的定義。

偶數就是 2 的倍數。用代數來表示，我們先假設若 $n=2k$ 且 k 為整數，則 n 為偶數。那麼 0 算是偶數嗎？是的，因為 $0=2\times0$。如此一來，我們就已經能夠證明兩個偶數的總和一定會是偶數。

定理：若 m 和 n 都是偶數，則 $m+n$ 也會是偶數。

這是一個「若／則定理」的例子。要證明這樣的論述，我們通常會先假設「若」的部分，然後經由一些邏輯和代數的過程，就能證明「則」的部分遵循我們的假設。現在我們假設 m 和 n 都是偶數，並希望能得到 $m+n$ 也是偶數的結論。

證明：假設 m 和 n 都是偶數，那麼 $m=2j$ 且 $n=2k$，其中 j 和 k 都是整數。接著計算：

$$m+n = 2j+2k = 2(j+k)$$

因為 $j+k$ 是整數，而 $m+n$ 也是 2 的倍數，所以 $m+n$ 必定是偶數。

請注意，這樣的證明依賴「兩個整數之和（在這題中是 $j+k$）必定是整數」這個公設。在證明愈趨複雜的論述之時，你愈可能需要仰賴先

前證明出來的定理，而不是基本的公設。如前述證明所示，數學家通常會在證明的最後一行右邊留白處加上一個□或■的標誌，或是「Q.E.D」三個字來表示證明過程的結束。Q.E.D 是拉丁文「quod erat demonstrandum」的縮寫，意即「證明完畢」。（你也可以說這是英文「quite easily done（易如反掌）」的縮寫。）如果我認為有一個證明特別優雅，我會在最後加上一個笑臉。

　　在證明出一個「若／則定理」之後，數學家會忍不住反思將「若」和「則」的部分顛倒所得的**逆論述**是否正確。在這題中，逆論述就是「若 $m+n$ 是偶數，則 m 和 n 都是偶數」。要看出這是個錯誤的理論其實很簡單，只要提出**反例**就可以了。對這個論述來說，反例就是這麼簡單的：

$$1 + 1 = 2$$

因為這個例子就能證明即使相加的兩數不是偶數，總和依然有可能是偶數。

　　下一個是關於**奇數**的定理。一個數字若**不是** 2 的倍數就稱作奇數，因此將一個奇數除以二的時候必定會餘一。用代數來表示，若 $n=2k+1$ 且 k 為整數，則 n 為奇數。這就能讓我們藉由簡單的代數來證明奇數相乘的結果還是奇數。

　　定理：若 $m+n$ 都是奇數，則 mn 也是奇數。

　　證明：假設 $m+n$ 都是奇數，那麼必定存在整數 j 和 k，使得 $m=2j+1$ 且 $n=2k+1$。因此，根據頭外內尾規則：

$$mn = (2j+1)(2k+1) = 4jk + 2j + 2k + 1 = 2(2jk+j+k) + 1$$

既然 $2jk+j+k$ 是一個整數，這就表示 mn 這個數符合「一個整數的兩倍再加上一」，所以 mn 就是一個奇數。　　　　　　　　　　　　□

　　那麼逆論述「若 mn 是奇數，則 m 和 n 都是奇數」又如何呢？這也

是個正確的理論，而我們可以利用**歸謬法**來證明這點。在歸謬法中，我們的做法是證明結論若不成立便會產生問題（在這一題中，結論是 m 和 n 都是奇數）。具體地說，如果我們否定某個結論，那麼我們所做的假設也會產生毛病，所以就邏輯而言，結論一定要是正確的。

定理：若 mn 是奇數，則 m 和 n 都是奇數。

證明：我們反過來假設 m 或 n（或兩者皆）是偶數。哪一個是偶數並不重要，所以我們先設定 m 是偶數，於是存在某個整數 j 使得 $m = 2j$。然後這兩數的乘積 $mn = 2jn$ 也會是偶數，跟我們原本對 mn 是奇數的假設互相牴觸。 □

當一個論述和它的逆論述都是對的，數學家通常稱之為「若且唯若定理」，剛剛我們證明的定理如下：

定理：若且唯若 mn 是奇數，則 m 和 n 都是奇數。

有理數和無理數

前述的那些定理對你來說大概沒什麼驚喜，而且它們的證明看起來都相當直接明瞭。不過當我們開始證明那些沒那麼直觀的定理時，樂趣就出現了。目前為止我們大部分都在討論整數，現在該進階到分數了。所謂的**有理數**就是那些能用分數來表示的數，確切地說，在 a 和 b 都是整數（且 $b \neq 0$）情況下，若 $r = a/b$，則 r 是有理數。有理數包含像是 23/58、$-22/7$ 或是 42（等於 42/1）這樣的數。不是有理數的數則稱作**無理數**。（你可能聽說過 $\pi = 3.14159...$ 是一個無理數，這點我們將會在第八章做進一步討論。）

為了有助於證明下一個定理，或許我們該先來複習關於分數加法的規則。在每個分數的分母都一樣的時候，加法是最簡單的，舉例來說：

$$\frac{1}{5} + \frac{2}{5} = \frac{3}{5}, \quad \frac{3}{4} + \frac{1}{4} = \frac{4}{4} = 1, \quad \frac{5}{8} + \frac{7}{8} = \frac{12}{8} = \frac{3}{2} = 1.5$$

否則，我們會先將每個分數的分母都改為同一個。比如說：

$$\frac{1}{3} + \frac{1}{6} = \frac{2}{6} + \frac{1}{6} = \frac{3}{6} = \frac{1}{2}, \quad \frac{2}{7} + \frac{3}{5} = \frac{10}{35} + \frac{21}{35} = \frac{31}{35}$$

一般來說，我們只要找出公分母，就可以將任意兩個分數 a/b 和 c/d 相加，如下所示：

$$\frac{a}{b} + \frac{c}{d} = \frac{ad}{bd} + \frac{bc}{bd} = \frac{ad+bc}{bd}$$

如此一來，我們就做好了準備，可以來證明關於有理數的一個簡單事實了。

定理：兩個有理數的平均值依然是有理數。

證明：假設 x 和 y 都是有理數，那麼就存在整數 a、b、c、d，使得 $x=a/b$ 且 $y=c/d$。請注意，x 和 y 的平均值如下：

$$\frac{x+y}{2} = \frac{a/b+c/d}{2} = \frac{ad+bc}{2bd}$$

它是一個分數，其中分子和分母都是整數，因此 x 和 y 的平均值是有理數。

　　讓我們想想看這個定理在傳達什麼訊息。這表示對任意兩個有理數來說，即使兩者真的非常非常接近，我們還是能在兩者之間找到另一個有理數。你可能會忍不住直接推斷「所有的數字都是有理數」（古希臘人真的有一陣子相信這個說法），不過出乎意料地，事實並不是如此。讓我們來看看 $\sqrt{2}$ 這個數，它展開成小數會是 1.4142……。如果用分數來表示，則有很多**逼近** $\sqrt{2}$ 的方法。舉例來說，$\sqrt{2}$ 大約是 10/7 或是 1414/1000，但是若將這些分數平方，沒有任何一數會完全等於 2。或許是我們還找得不夠認真？下列定理顯示出這樣的搜查毫無意義。在證明

與無理數相關的定理時，我們通常會用反證法。下面的證明會用到「所有的分數都能約分到**最簡分數**」這個事實，也就是說分子和分母之間沒有大於 1 的公約數。

定理：$\sqrt{2}$ 是無理數。

證明：反過來假設 $\sqrt{2}$ 是有理數，那麼一定存在正整數 a 和 b 使得

$$\sqrt{2} = a/b$$

其中 a/b 是一個最簡分數。如果我們將等式兩邊都平方，就會得到

$$2 = a^2/b^2$$

也就是

$$a^2 = 2b^2$$

這個等式隱含著 a^2 一定是**偶**整數，而如果 a^2 是偶數，則 a 本身一定也是偶數。（因為我們先前證明過，若 a 是奇數，那麼將 a 與自身相乘一定會是奇數。）因此存在某個整數 k，使得 $a = 2k$。將這些資訊套入上式，我們會知道

$$(2k)^2 = 2b^2$$

所以

$$4k^2 = 2b^2$$

也就是說

$$b^2 = 2k^2$$

由此可知 b^2 會是一個偶數。既然 b^2 是偶數，那麼 b 一定也是偶數。但是等一下！我們剛剛證明出 a 和 b 都是偶數，而這與 a/b 是最簡分數的假設相牴觸。因此 $\sqrt{2}$ 是有理數的這個假設會讓我們陷入困境，所以我

們被迫得出「$\sqrt{2}$ 是無理數」這個結論。　　　　　　　　　　　　☺

　　我真的很喜歡這個證明（看看我在後面放上笑臉就知道），因為藉由單純的邏輯推論，我們就可以證明出一個非常驚人的結果。到了第十二章，我們就會看到無理數一點也不算稀有。事實上，即使我們在日常生活中處理的數大部分都是有理數，其實幾乎所有的實數都是無理數。

　　下面的「系理」是一個對先前定理的有趣延伸（**系理**就是由前一個定理推斷出來的另一個定理）。利用**指數法則**，亦即任何正數 a、b、c 皆符合

$$\left(a^b\right)^c = a^{bc}$$

舉例來說，這表示 $(5^3)^2 = 5^6$，這很合理，因為

$$\left(5^3\right)^2 = (5 \times 5 \times 5) \times (5 \times 5 \times 5) = 5^6$$

　　系理：存在有無理數 a 和 b，使得 a^b 為有理數。

　　很酷的是，即使目前我們已知的無理數只有 $\sqrt{2}$，我們還是現在就能證明出這個定理。接下來的這個證明我們稱作**存在證明**，因為它讓你在不知道 a 和 b 實際上是什麼的情況下，就能證明出 a 和 b 一定存在。

　　證明：我們知道 $\sqrt{2}$ 是無理數，那 $\sqrt{2}^{\sqrt{2}}$ 這個數是有理數嗎？如果答案是肯定的，那麼只要讓 $a=\sqrt{2}$ 且 $b=\sqrt{2}$，我們的證明就完成了。如果答案是否定的，那麼現在 $\sqrt{2}^{\sqrt{2}}$ 這個新的無理數就是我們的新玩伴了。如果我們讓 $a=\sqrt{2}^{\sqrt{2}}$，$b=\sqrt{2}$，那麼套用指數法則之後會得到：

$$a^b = \left(\sqrt{2}^{\sqrt{2}}\right)^{\sqrt{2}} = \sqrt{2}^{\sqrt{2} \times \sqrt{2}} = \sqrt{2}^2 = 2$$

它是個有理數。因此，無論 $\sqrt{2}^{\sqrt{2}}$ 是有理數還是無理數，我們都能找到使 a^b 是有理數的兩數 a 和 b。　　　　　　　　　　　　　　☺

　　跟上面類似的存在證明通常都很巧妙，但有時候會有點讓人不夠滿意，因為這樣的證明可能沒有提供你想找的完整資訊。（對了，如果你好奇的話，$\sqrt{2}^{\sqrt{2}}$ 其實是無理數，不過這超出了這一章的程度。）

　　比較容易讓人滿意的是**建構證明**，這個方法能告訴你怎麼樣才能找到你要的資訊。舉例來說，我們能證明每個有理數 a/b 一定是有限小數或是循環小數（因為在長除法的過程中，最後 b 一定會除以一個先前就除過的數目）。但是逆論述也是對的嗎？當然有限小數一定會是有理數，比如說 $0.12358 = 12{,}358/100{,}000$。但是循環小數呢？舉例來說，$0.123123123\ldots\ldots$一定是有理數嗎？答案是肯定的，而且有個聰明的方法可以找出到底是哪一個有理數。我們先將這個神祕的數取一個名字，且說是 w 好了，表示為

$$w = 0.123123123\ldots$$

將兩邊都乘上 1000 就會變成

$$1000w = 123.123123123\ldots$$

用第二個等式減掉第一個等式，我們會得到

$$999w = 123$$

因此

$$w = \frac{123}{999} = \frac{41}{333}$$

　　讓我們試試別的循環小數，這次故意不從第一個小數位開始循環。哪個分數用小數來表示是 $0.83333\ldots\ldots$？這次我們讓

$$x = 0.83333\ldots$$

因此

$$100x = 83.3333\ldots$$

然後

$$10x = 8.3333\ldots$$

當我們用 $100x$ 減掉 $10x$，小數點後的所有位數都消失了，只剩下

$$90x = (83.3333\ldots) - (8.3333\ldots) = 75$$

因此

$$x = \frac{75}{90} = \frac{5}{6}$$

　　經由這個程序，我們就能一步一步地證明出若且唯若某數展開成小數之後是有限小數或循環小數，則此數為有理數。如果一個數的小數部分有無限多位而且不會循環，像是

$$v = .123456789101112131415\ldots$$

那麼這個數目就是無理數。

數學歸納法

　　讓我們回過頭來證明那些關於正整數的定理。在第一章中，當觀察到下列模式之後

$$
\begin{aligned}
1 &= 1 \\
1 + 3 &= 4 \\
1 + 3 + 5 &= 9 \\
1 + 3 + 5 + 7 &= 16
\end{aligned}
$$

我們先是猜想，然後證明出首 n 個奇數之和就是 n^2。我們當時利用巧妙的**組合證明法**計算棋盤上的方格，亦即用兩種不同方式計算同一個問題來得到答案。不過現在我們來試一個不需要那麼多小聰明的方法。假設我**告訴**你，或者你毫不懷疑地接受首 10 個奇數之和 $1+3+\cdots\cdots+19$ 會是 $10^2=100$。如果你接受了這個論述，那麼當你加上第十一個奇數 21 之後，總和自然會是 121，也就是 11^2。換言之，關於「首 10 項」論述的正確性自動隱含了關於「首 11 項」論述的正確性，這就是**數學歸納法**的概念。在一開始我們先證明某些與 n 有關的論述是正確的（通常是當 $n=1$ 時的論述），然後我們證明**假若**某個定理在 $n=k$ 的時候成立，則這個定理在 $n=k+1$ 的時候也會成立，這便迫使該理論在 n 是任何數值的情況下都必須成立。數學歸納法跟「爬梯子」很像：假設我證明你可以踩上這個梯子，而且如果你已經爬了一階，就表示你永遠都可以再爬下一階。只要稍微想一下，你應該就會認同你能爬上梯子的任何一階。

　　舉個例子，以首 n 個奇數之和來說，我們的目標是證明凡是 $n \geq 1$，則有

$$1 + 3 + 5 + \cdots + (2n-1) = n^2$$

我們看到首一項奇數的和，也就是只有第一個奇數 1 的時候，的確是 1^2，所以這個論述在 $n=1$ 的時候絕對成立。接下來我們注意到「若」首 k 個奇數之和等於 k^2，也就是

$$1 + 3 + 5 + \cdots + (2k-1) = k^2$$

那麼當我們把下一個奇數（也就是 $2k+1$）加上去時，會看到

$$
\begin{aligned}
1 + 3 + 5 + \cdots + (2k-1) + (2k+1) &= k^2 + (2k+1) \\
&= (k+1)^2
\end{aligned}
$$

換言之，如果首 k 個奇數之和是 k^2，那麼首 $k+1$ 個奇數之和絕對會是 $(k+1)^2$。因此，既然這個定理在 $n=1$ 的時候成立，那麼無論 n 是什麼數值，它都會成立。　　　　　　　　　　　　　　　　　　　　　　　　□

數學歸納法是一個很有力的工具。我們在本書中遇到的第一個題目就是思考首 n 個數目之和。藉由許多方式，我們證明出

$$1+2+3+\cdots+n = \frac{n(n+1)}{2}$$

這個論述在 $n=1$ 的時候絕對正確（因為 $1=1(2)/2$），而如果我們假設這個論述對某數 k 來說也能成立：

$$1+2+3+\cdots+k = \frac{k(k+1)}{2}$$

那麼當我們將第 $(k+1)$ 個數目加入總和，就會得到：

$$
\begin{aligned}
1+2+3+\cdots+k+(k+1) &= \frac{k(k+1)}{2} + (k+1) \\
&= (k+1)\left(\frac{k}{2}+1\right) \\
&= \frac{(k+1)(k+2)}{2}
\end{aligned}
$$

這就是原來那個公式，只是我們用 $k+1$ 取代了 n。所以如果這個公式在 $n=k$ 的時候（其中 k 可以是**任何**正整數）是有效的，那麼它在 $n=k+1$ 的時候也會繼續生效。於是這個恆等式適用於 n 是任何正數的時候。□

我們會在本章以及後面幾章中看到更多數學歸納法的例子，不過為了加強你的印象，下面我要介紹一首由「數學音樂家」坎普（Dane Camp）和雷斯（Larry Lesser）所寫的一首歌，請跟著狄倫（Bob Dylan）的〈隨風飄搖〉一曲來哼唱。

如何判斷論述的正確性

當 n 是任意數？

你不可能試完所有的可能。

就要這樣開始嗎！

難道沒有工具能幫助我們

解開這個無窮大的困境？

答案啊，吾友，就是數學歸納法。

眾所皆知的數學歸納法！

先找出一個前提

這要是一個正確的論述，

然後一定要證明能套用至 k

然後 $k+1$ 也沒問題！

然後所有論述就會不證自明。

告訴我這個全壘打能得多少分？

答案啊，吾友，就是數學歸納法。

眾所皆知的數學歸納法！

不管我跟你說了 n 次，還是 $n+1$ 次，

答案都是眾所皆知的數學歸納法！

悄悄話

在第五章，我們發現了費氏數的一些關係式。讓我們來看看如何用數學歸納法來證明其中一些恆等式。

定理：凡是 $n \geq 1$，則有

$$F_1 + F_2 + \cdots + F_n = F_{n+2} - 1$$

證明（數學歸納法）：當 $n=1$，這個恆等式表示 $F_1 = F_3 - 1$，也就同等於 $1 = 2 - 1$，這當然是正確的。現在假設這個定理在 $n=k$ 的時候也正確，也就是

$$F_1 + F_2 + \cdots + F_k = F_{k+2} - 1$$

當我們將下一個費氏數 F_k+1 加到等號兩邊，就會得到

$$
\begin{aligned}
F_1 + F_2 + \cdots + F_k + F_{k+1} &= F_{k+1} + F_{k+2} - 1 \\
&= F_{k+3} - 1
\end{aligned}
$$

正是待證的結果。　　　　　　　　　　　　　　　　　　□

下面這個關於費氏數平方之和的證明也一樣簡單。

定理：凡是 $n \geq 1$，則有

$$F_1^2 + F_2^2 + \cdots + F_n^2 = F_n F_{n+1}$$

證明（數學歸納法）：當 $n=1$，這個恆等式表示 $F_1^2 = F_1 F_2$，也就同等於 $F_2 = F_1 = 1$，這當然是正確的。現在假設這個定理在 $n=k$ 的時候也正確，也就是

$$F_1^2 + F_2^2 + \cdots + F_k^2 = F_k F_{k+1}$$

將等號兩邊都加上 F_{k+1}^2，我們會得到

$$
\begin{aligned}
F_1^2 + F_2^2 + \cdots + F_k^2 + F_{k+1}^2 &= F_k F_{k+1} + F_{k+1}^2 \\
&= F_{k+1}(F_k + F_{k+1}) \\
&= F_{k+1} F_{k+2}
\end{aligned}
$$

正是待證的結果。　　　　　　　　　　　　　　　　　　□

在第一章，我們注意到「立方之和就是總和的平方」，也就是

$$1^3 = 1^2$$
$$1^3 + 2^3 = (1+2)^2$$
$$1^3 + 2^3 + 3^3 = (1+2+3)^2$$
$$1^3 + 2^3 + 3^3 + 4^3 = (1+2+3+4)^2$$

那時我們還沒有做好證明這個公式的準備，但現在，我們可以藉由數學歸納法很快地做出證明。在通用的規律中，凡是 $n \geq 1$，則有

$$1^3 + 2^3 + 3^3 + \cdots + n^3 = (1+2+3+\cdots+n)^2$$

而因為我們已知 $1+2+\cdots+n = \frac{n(n+1)}{2}$，所以我們只須證明如下的等價定理。

定理：凡是 $n \geq 1$，則有

$$1^3 + 2^3 + 3^3 + \cdots + n^3 = \frac{n^2(n+1)^2}{4}$$

證明（數學歸納法）：當 $n=1$，這個定理給了我們一個正確的論述：$1^3 = 1^2(2^2)/4$。根據數學歸納法，如果這個定理在 $n=k$ 的時候能成立，也就是：

$$1^3 + 2^3 + 3^3 + \cdots + k^3 = \frac{k^2(k+1)^2}{4}$$

那麼當我們在等號兩邊都加上 $(k+1)^3$，就會得到

$$
\begin{aligned}
1^3 + 2^3 + 3^3 + \cdots + k^3 + (k+1)^3 &= \frac{k^2(k+1)^2}{4} + (k+1)^3 \\
&= (k+1)^2 \left(\frac{k^2}{4} + (k+1) \right) \\
&= (k+1)^2 \left(\frac{k^2 + 4(k+1)}{4} \right) \\
&= \frac{(k+1)^2(k+2)^2}{4}
\end{aligned}
$$

正是待證的結果。 □

悄悄話

這裡要來介紹一個「立方之和恆等式」的幾何證明。

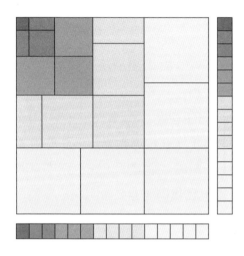

讓我們用兩種不同的方法來計算這整個圖形的面積，然後再比較這兩個答案。一方面，由於這個圖形是一個邊長為 $1+2+3+4+5$ 的正方形，所以它的面積就是 $(1+2+3+4+5)^2$。

另一方面，如果我們從左上角開始沿著對角線向下移動，會看到一個 1 乘 1 的正方形，兩個 2 乘 2 的正方形（其中一個分成兩半），三個 3 乘 3 的正方形（其中一個分成兩半），四個 4 乘 4 的正方形（其中一個分成兩半），以及五個 5 乘 5 的正方形。總括來說，這個圖形的面積等同於

$$(1 \times 1^2) + (2 \times 2^2) + (3 \times 3^2) + (4 \times 4^2) + (5 \times 5^2)$$
$$= 1^3 + 2^3 + 3^3 + 4^3 + 5^3$$

因為兩個結果的面積一定相等，所以

$$1^3 + 2^3 + 3^3 + 4^3 + 5^3 = (1+2+3+4+5)^2$$

只要正方形的邊長為 $1+2+3+\cdots+n$，都可以創造出類似的圖形並證出

$$1^3 + 2^3 + 3^3 + \cdots + n^3 = (1+2+3+\cdots+n)^2$$

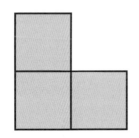

數學歸納法不只能用來證明關於總和的題目，只要一個「較大的」問題（$k+1$）能用較小的問題（k）來表示，數學歸納法通常都能幫上忙。在利用數學歸納法的方式中，下面是我最喜歡的一個證明，它也跟本章開頭用骨牌鋪滿棋盤的問題有關聯。不過現在我們並非要證明有些事情是不可能的，而是要來證明有些事永遠都可能發生。這一次，我們不用一般的兩格骨牌，而是用 L 形的三格骨牌來設法鋪滿棋盤。

由於 64 並不是三的倍數，所以只用三格骨牌並不可能鋪滿 8 乘 8 的棋盤。但如果你先將一個 1 乘 1 的方塊放在棋盤上，那麼我們能斷言，無論這個方塊被放在棋盤上的什麼地方，都可以用三格骨牌鋪滿剩下的棋盤。事實上，這個論述不只適用於 8 乘 8 的棋盤，也適用於 2 乘 2、4 乘 4、16 乘 16 等大小的棋盤。

定理：凡是 $n \geq 1$，一個大小為 2^n 乘 2^n 的棋盤就可以被若干個不重疊的三格骨牌和一個 1 乘 1 的方塊完整覆蓋，而這個方塊可以放在棋盤上的任何地方。

證明（數學歸納法）：這個定理在 $n=1$ 的時候成立，因為任何一個 2 乘 2 的棋盤都可以被一個三格骨牌和一個方塊覆蓋。接下來假設這個定理在 $n=k$ 的時候也能成立，也就是說能適用於 2^k 乘 2^k 的棋盤。我們的目標是證明它在 2^{k+1} 乘 2^{k+1} 的棋盤上依然成立。首先將 1 乘 1 的方塊放在棋盤上的任一處，然後將棋盤分成四個象限，如下圖所示。

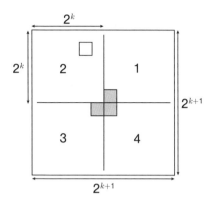

▲ 用三格骨牌將棋盤鋪滿。

既然包含方塊的那個象限大小是 2^k 乘 2^k，就表示它能被三格骨牌鋪滿。（根據先前的假設，這個定理在 $n=k$ 的時候依然成立。）接下來我們將一個三格骨牌放在棋盤中央，它會貫穿**其他**三個象限。這些象限各有一格被占據，而且大小為 2^k 乘 2^k，所以它們也可以被不重疊的若干三格骨牌覆蓋，這就保證原先那個 2^{k+1} 乘 2^{k+1} 的棋盤能被我們所指定的方式鋪滿骨牌。☺

本節要證明的最後一個恆等式能運用在許多地方。除了數學歸納法之外，我們還會用一些其他的方式來證明它。這個具有啟發性的問題是：當你從 $2^0=1$ 開始，將首 n 個 2 的次方相加，會得到什麼結果？下面列出最初幾個 2 的次方：

1、2、4、8、16、32、64、128、256、512、1024、…

當我們著手將這些數字相加，會看到：

$$
\begin{aligned}
1 &= 1 \\
1+2 &= 3 \\
1+2+4 &= 7 \\
1+2+4+8 &= 15 \\
1+2+4+8+16 &= 31
\end{aligned}
$$

你看出其中的規律了嗎？每一個總和都比下一個 2 的次方少 1。通用的公式如下：

定理：凡是 $n \geq 1$，則有

$$1 + 2 + 4 + 8 + \cdots + 2^{n-1} = 2^n - 1$$

證明（數學歸納法）：如先前提過的，這個定理在 $n=1$ 的時候會成立（且 $n=2$、3、4、5 時也都正確！）。現在假設這個定理在 $n=k$ 的時候也會成立，那麼我們便能聲稱

$$1 + 2 + 4 + 8 + \cdots + 2^{k-1} = 2^k - 1$$

當我們將等號兩邊都加上 2 的下一個次方（也就是 2^k），會得到

$$
\begin{aligned}
1 + 2 + 4 + 8 + \cdots + 2^{k-1} + 2^k &= (2^k - 1) + 2^k \\
&= 2 \cdot 2^k - 1 \\
&= 2^{k+1} - 1 \qquad \square
\end{aligned}
$$

在第四章和第五章，我們曾藉著用兩種方式回答同一個排列組合問題來證明出許多關係式，而你或許會說下面這個是最具有代表性的組合證明！

問題：一支有 n 個球員（背號 1 到 n）的曲棍球隊要派出一個代表團去參加會議，代表團至少要包含一位球員，請問有多少種組成代表團的方式？

答案一：每位球員都有兩種選擇：參加或是不參加。答案看似就是 2^n 了，但是我們必須減掉 1，排除所有球員都選擇不參加的可能性，所以總共是 $2^n - 1$ 種可能。

答案二：思考一下參加會議的球員中最大的背號是多少？當最大的背號是 1 時，只會有一種可能；最大的背號是 2 時會有兩種（因為 2 號球員可能是自己去，或是跟 1 號球員一起參加）；最大的背號是 3 時有

四種可能。（因為 3 號球員是當然人選，而 1 號和 2 號球員則各有兩個選擇。）用這個方式繼續算下去，就能算出當 n 號球員是最大背號的時候，總共會有 2^{n-1} 種代表團，因為這個球員是當然人選，但 1 號到 $n-1$ 號球員每個人都有兩個選擇（參加或不參加）。總括來說，總共會有 $1+2+4+8+\cdots+2^{n-1}$ 種可能。

　　既然答案一和答案二都正確，那麼兩者一定相等，因此 $1+2+4+8+\cdots+2^{n-1}=2^n-1$。　　　　　　　　　　☺

　　不過，或許最簡單的證明只要仰賴代數就可以了。回想一下我們將循環小數化為分數的那個方法，你就會覺得這一切似曾相識。

代數證明法：

$$\text{假設 } S = \quad 1+2+4+8+\cdots+2^{n-1}$$

將等號兩邊都乘以 2，會得到

$$2S = \quad\quad 2+4+8+\cdots+2^{n-1}+2^n$$

用第二個等式減去第一個，除了第一項 S 和最後一項 $2S$ 之外，其他的都抵消了，因此：

$$S = 2S - S = 2^n - 1 \qquad\qquad \square$$

　　我們剛剛證出的這個定理事實上正是**二進位**表示法的關鍵，電腦就是用這個重要的二進位法來運算和儲存數字。二進位背後的概念是每個數字都能以唯一的方式表示為若干個 2 的次方之和。舉例來說：

$$83 = 64 + 16 + 2 + 1$$

用二進位來表示，我們用 1 代替每一個 2 的次方，用 0 代替每一個**消失的** 2 的次方。在我們的例子中，$83=(1\cdot64)+(0\cdot32)+(1\cdot16)+(0\cdot8)+(0\cdot4)+(1\cdot2)+(1\cdot1)$，所以 83 的二進位表示法是：

$$83 = (1010011)_2$$

我們怎麼知道每一個正數都能這樣表示呢?讓我們先假設從 1 到 99 的每個數字都有自己一套用若干個 2 的次方表示的方法,那我們怎麼會知道 100 這個數目也有獨一無二的表示法呢?我們先找出 2 的次方中小於 100 的最大值,也就是 64。(一定要納入 64 嗎?沒錯,因為就算我們選了 1、2、4、8、16 和 32,這些數的總和 63 跟 100 還差了一截。)一旦選了 64,我們就需要用各種 2 的次方來組成 36 這個總和。而因為我們已經假定 36 有一個用若干個 2 的次方組合而成的唯一表示法,這就讓我們找到了 100 的唯一表示法。(我們怎麼表示 36 這個數字?重複這整個邏輯推演,我們先找出這個數字之下最大的那個二的次方,然後繼續用這個方法推算。結果是 36=32+4,所以 100=64+32+4 的二進位表示法就會是 $(1100100)_2$。)推而廣之,我們就能用這個論證(利用所謂的**強歸納法**)來證明出每個正數都有唯一的二進位表示法。

質數

在上一節,我們已經確認了每一個正整數都能表示若干個 2 的次方之和,而且這個表示法是唯一的。在某種意義上,你可以說 2 的各個次方就像是磚塊,在加法的過程中逐漸砌成正數。在這一節中,我們會看到質數也扮演著類似的角色,但這次是利用乘法:每一個正數都可以用唯一的一組質數**乘積**表示。然而,2 的次方很容易就能找出來,而且沒有什麼數學上的驚喜;反之質數卻棘手得多,而且我們對質數還有很多不了解的地方。

質數是恰好有**兩個**正因數的正整數,這兩個正因數就是 1 和該數本身。下面列出最初的幾個質數:

2、3、5、7、11、13、17、19、23、29、31、37、41、43、47、53、…

　　1 這個數字並不被當作質數，因為它只有一個因數，也就是 1。（其實 1 之所以不被認為是質數還有一個更重要的原因，這點我們很快就會提到。）請注意，2 是質數中唯一的偶數，有些人可能會因此說它是所有質數中最**奇**怪的！

　　擁有三個或更多因數的正整數稱作**合數**，因為這些數字可由其他更小的因數**合成**。合數依序有：

4、6、8、9、10、12、14、15、16、18、20、21、22、24、25、26、27、28、30、…

　　舉例來說，4 這個數字剛好有三個因數：1、2 和 4。6 則有四個因數：1、2、3 和 6。請注意，1 也不是合數，數學家將 1 這個數字稱作**單位**，它是所有整數的因數。

　　每一個合數都可以表示為若干個質數的乘積。要將 120 分解至只剩下質數，我們可能會寫先下 120＝6×20，而 6 和 20 雖然都是合數，但它們都可以被分解成質數，也就是 6＝2×3 以及 20＝2×2×5。因此，

$$120 = 2 \times 2 \times 2 \times 3 \times 5 = 2^3 \, 3^1 \, 5^1$$

有趣的是，無論我們一開始用什麼方式分解此數，最後得到的質因數分解都是一樣的。這就是**唯一分解定理**，也稱作**算術基本定理**，它聲稱每個大於 1 的數字都有一組唯一的質因數分解法。

　　順帶一提，1 不算是質數的**真正**原因是：如果我們說它是一個質數，這個定理就無法成立。舉例來說，12 可以分解成 2×2×3，但也可以說是 1×1×2×2×3，這樣的話，質因數分解就不會是唯一的了。

　　一旦你知道如何分解一個數字，其實就已經相當了解這個數字了。當我還小的時候，我最喜歡的數字是 9，但隨著我漸漸長大，我喜歡的數字開始變大，甚至更複雜。（比方說，π＝3.14159...、φ＝1.618...、

$e=2.71828...$，還有 i，這個數沒有辦法用小數表示，但我們到了第十章會再討論這一點。）在我開始對無理數進行實驗之前，有一陣子我最喜歡的數字是 2520，因為在那些可以「被一到十都整除」的數目中，這是最小的一個。2520 的質因數分解如下：

$$2520 = 2^3 \, 3^2 \, 5^1 \, 7^1$$

一旦你知道某數質因數分解的結果，你就可以立刻確定該數有多少個正因數。舉例來說，2520 的因數一定會是 $2^a 3^b 5^c 7^d$，其中 a 可以是 0、1、2 或 3（四種選擇），b 可以是 0、1 或 2（三種選擇），c 可以是 0 或 1（兩種選擇），d 可以是 0 或 1（兩種選擇）。因此藉由乘法規則，2520 總共有 $4 \times 3 \times 2 \times 2 = 48$ 個正因數。

悄悄話

算術基本定理的證明利用了下列關於質數的事實（任何一本數論教科書都會在第一章證明這點）。若 p 是一個質數，且 p 能整除兩個或更多個數字的乘積，那麼在組成這個乘積的各個數字中，p 肯定是其中至少一項的因數。舉例來說：

$$999{,}999 = 333 \times 3003$$

是 11 的倍數，所以 11 一定能整除 333 或 3003。（事實上，$3003 = 11 \times 273$。）這個特性對合數來說就不是每次都能成立了，比方說 $60 = 6 \times 10$ 是 4 的倍數，但是 4 並無法整除 6 或是 10。

要證明唯一分解定理，我們先反過來假設有些數字質因數分解的結果不只一組。如果 N 是擁有兩組不同質因數分解的數字中**最小的**那一個，表示為：

$$p_1 p_2 \cdots p_r = N = q_1 q_2 \cdots q_s$$

其中所有的 p_i 和 q_j 項都是質數。因為 N 一定是質數 p_1 的倍數，所以 p_1 一定是其中一個 q_j 項的因數。為了讓標記簡單一些，我們就說 p_1 整除 q_1 好了。因此，由於 q_1 是質數，所以我們一定會得到 $q_1 = p_1$。所以如果我們將上述等式都除以 p_1，就會得到：

$$p_2 \cdots p_r = \frac{N}{p_1} = q_2 \cdots q_s$$

但現在在 $\frac{N}{p_1}$ 質因數分解也有兩個不同的結果了，這跟我們之前假設的「N 是這種數目中的最小的一個」有所牴觸。　　□

悄悄話

順帶一提，在某些數系中，並非所有數都有唯一的因數分解法。舉例來說，在火星上，由於所有的火星人都有兩個頭，所以他們在生活中只會用偶數

2、4、6、8、10、12、14、16、18、20、22、24、26、28、30、…

在火星人的數系中，像 6 或 10 這樣的數目會被視為質數，因為在因數分解後，這些數目無法由更小的若干個偶數組成。在這個系統中，質數和合數單純地交替出現，每一個 4 的倍數都是合數（因為 $4k = 2 \times 2k$），而其他的所有偶數（像是 6、10、14、18 等等）都是質數，因為這些數不能被分解成兩個更小的偶數。讓我們來想想 180 這個數目：

$$6 \times 30 = 180 = 10 \times 18$$

在火星人的數系中，180 可以被分解成兩種不同的質因數組合，所以在這顆星球的數系中，質因數分解的結果並非獨一無二。

非常……

……有趣！

1 到 100 之間恰好有 25 個質數，下一百個數中有 21 個質數，再下一百個數中則有 16 個質數。隨著數字愈來愈大，質數也愈來愈稀有。（但並沒有遵循任何可預測的方式，比如說三百到四百之間有 16 個質數，但四百到五百之間的質數有 17 個。）到了一百萬和一百萬零一百之間的時候，就只有 6 個質數了。質數會愈來愈稀有是很合理的，因為一個大數底下的數字非常多，所以含有因數的可能性也更高。

我們可以證明一串不含任何質數的 100 個相連數字的確存在，甚至有些完全沒有出現質數的相連數字長達 1000 或 1,000,000 個（看你想要多長都可以）。為了說服你接受這個事實，接下來我要立刻給你看 99 個相連的合數（雖然這並非由我首創）。研究一下這 99 個相連的數字：

$$100! + 2, 100! + 3, 100! + 4, \ldots, 100! + 100$$

由於 $100! = 100 \times 99 \times 98 \times \cdots \times 3 \times 2 \times 1$，所以這個數一定能被 2 到 100 之間的所有數字整除。接下來想想 100!＋53 這樣的數字，由於 53

能整除 100!，所以必定也能整除 100!＋53。這個論述可以證明凡是 $2 \leq k \leq 100$，則 100!＋k 一定會是 k 的倍數，所以這一定會是合數。

悄悄話

　　請注意，我們的論述並沒有提到 100!＋1 是否為質數，但我們也可以證明這一點。有一個美麗的定理叫做**威爾遜定理**，它說若且唯若 n 是一個質數，則 $(n-1)!+1$ 是 n 的倍數。用幾個較小的數目來實驗看看：1!＋1＝2 是 2 的倍數；2!＋1＝3 是 3 的倍數；3!＋1＝7「不是」4 的倍數；4!＋1＝25 是 5 的倍數；5!＋1＝121「不是」6 的倍數；6!＋1＝721 是 7 的倍數；以此類推。由於 101 是質數，而威爾遜定理表示 100!＋1 會是 101 的倍數，所以該數就是合數。因此 100! 到 100!＋100 包含了 101 個相連的合數。

　　因為在極大的數字中質數會變得愈來愈稀少，所以大家自然會好奇是不是在某一數之後就完全不會有質數了。不過就如同歐幾里德在兩千年前告訴我們的，這並不會發生。但可不要就這麼接受他說的話了，好好享受自己證明這點的樂趣吧。

　　定理：質數有無限多個。

　　證明：反過來假設質數的數量有上限，那麼一定有一個**最大的**質數，在這裡我們用 P 來表示。現在來看看 $P!+1$ 這個數字，由於 $P!$ 能夠被 2 到 P 之間的所有數字整除，就表示這些數字中沒有一個能整除 $P!+1$，所以 $P!+1$ 一定有一個大於 P 的質因數，而這跟原本假設的「P 是最大的質數」有所牴觸。　　　　　　　　　　　　　　□

　　雖然我們永遠不會找到最大的質數，但這並沒有阻止數學家和電算科學家繼續尋找更大的質數。在我撰寫這本書的當下，目前**已知**的最大

質數有 17,425,170 位數。光是要寫下這個數字就要花掉比本書多上大約一百倍的紙張，不過，我們也可以只寫成一行：

$$2^{57,885,161} - 1$$

要得知 $2^n - 1$ 或 $2^n + 1$ 是不是質數，我們有個非常管用的方式，這就是為什麼此數可以用如此簡單的方式表達出來。

悄悄話

偉大的數學家費馬曾經證明：如果 p 是奇質數，那麼 2^{p-1} 肯定是 p 的倍數。用最小的幾個奇質數試試看吧：對質數 3、5、7、11 來說，我們能看到 $2^2 - 1 = 3$ 是 3 的倍數；$2^4 - 1 = 15$ 是 5 的倍數；$2^6 - 1 = 63$ 是 7 的倍數；且 $2^{10} - 1 = 1023$ 是 11 的倍數。至於合數，顯然當 n 是偶數的時候，$2^{n-1} - 1$ 一定是奇數，所以此數不可能是 n 的倍數。接著拿最小的幾個奇合數來試試看：9、15、21，我們會看到 $2^8 - 1 = 255$ 不是 9 的倍數；$2^{14} - 1 = 16,383$ 不是 15 的倍數；$2^{20} - 1 = 1,048,575$ 也不是 21 的倍數（甚至不是 3 的倍數）。因此根據費馬定理，如果有一個很大的數目 N，使得 $2^{N-1} - 1$ 不是 N 的倍數，那麼我們也可以百分之百確定 N 不是質數，**就算不知道 N 的因數為何也無妨**！然而費馬定理的逆論述並不正確，因為的確有某些合數（稱做**擬質數**）表現得像質數一樣。最小的例子是 $341 = 11 \times 31$，具有 $2^{340} - 1$ 為 341 的倍數這個特性。雖然已經有人證明擬質數的存在非常稀有，但是仍然有無限多個，好在有方法可以排除它們。

　　質數能運用在許多地方，尤其是電算科學。質數是幾乎所有加密演算法的核心，包括為了能在網路上安全地作金融交易而產生的「公開金鑰密碼系統」。這些演算法多數都是基於一個事實：對我們來說能迅速判斷出某數是否為質數，但截至目前為止，並無法迅速地完成某個大數的因數分解。舉例來說，如果我隨機相乘兩個 1000 位數的質數並得到一個 2000 位數的答案，任何人或是電腦（除非某天有人打造出了一台量子電腦）能算出原來那兩個質數的機率都微乎其微。基於我們沒有能力分解大數而產生出來的這些密碼（像是 *RSA* 加密演算法），一般相信是相當安全的。

　　世人已經為質數著迷了數千年，古希臘人曾說，當一個數字等同於該數所有真因數（除了該數本身以外的各個因數）之和的時候，它就是一個**完美**的數字（正式名稱為「完全數」）。舉例來說，6 是一個完全數，因為它的真因數 1、2 和 3 的總和是 6。下一個完全數是 28，它的真因數 1、2、4、7 和 14 總和為 28。再接下去的兩個完全數是 496 和 8128，這有任何規律嗎？讓我們看看這些數字質因數分解的結果：

$$6 \quad = \quad 2 \times 3$$
$$28 \quad = \quad 4 \times 7$$
$$496 \quad = \quad 16 \times 31$$
$$8128 \quad = \quad 64 \times 127$$

　　你看出其中的規律了嗎？第一個數都是 2 的次方，第二個數都是第一數的兩倍再減 1 的結果，而且是個質數。（這就是為什麼上述等式中沒有 8×15 或是 32×63，因為 15 和 63 都不是質數。）我們可以將這個規律歸納成下面這個定理。

　　定理：若 $2^n - 1$ 是一個質數，則 $2^{n-1} \times (2^n - 1)$ 就是一個完全數。

證明：令 $p=2^n-1$ 為質數，而我們的目標是要證明 $2^{n-1}p$ 是完全數。$2^{n-1}p$ 的真因數為何？如果排除因數 p，剩下的因數就是簡單的 1、2、4、8、$\cdots$、2^{n-1}，其總和就是 $2^n-1=p$。其他的真因數（不包括 $2^{n-1}p$）則包括因數 p，所以這些因數之和就是 $p(1+2+4+8+\cdots+2^{n-2})=p(2^{n-1}-1)$。因此，真因數的總和會是

$$p + p(2^{n-1} - 1) = p(1 + (2^{n-1} - 1)) = 2^{n-1}p$$

正是待證的結果。□

偉大的數學家歐拉（1707 ～ 1783）證明了所有的完全數都遵循這個形式。在我撰寫這本書的當下，已經被找出的完全數總共有四十八個，而且全部都是偶數。有任何完全數是奇數嗎？就目前為止，沒有人知道這個問題的答案。唯一知道的是**如果**有一個完全數是奇數，那麼這個數目一定超過三百位數，但目前也沒有人能證明它們並不存在。

有許多能夠簡單陳述的未解之謎都跟質數有關係，我們已經說明過目前無法得知是否有無限多個費氏數質數。（已經有人證明出費氏數裡面只有兩個完全平方（1 和 144），也只有兩個完全立方（1 和 8）。）另外一個未解之謎稱作**哥德巴赫猜想**，它的猜測是所有大於二的偶數都是兩個質數之和。同樣地，沒有人能夠證明這個猜想，不過有人證明出如果反例的確存在，那麼這個數字至少會有十九位數。（最近有個類似的問題已經有所突破，2013 年，賀歐夫各特（Harald Helfgott）證明了每一個大於七的奇數都可寫成頂多三個奇質數的和。）最後，所謂的**孿生質數**是任意兩個相差 2 的質數。孿生質數的前幾個例子是 3 和 5、5 和 7、11 和 13、17 和 19、29 和 31。你能看出來為什麼 3、5 和 7 是唯

一的「三質數組」嗎？雖然已經證實（因為古斯塔夫（Gustav Dirichlet）一個定理中的特例）世上有無限多個結尾是 1 的質數（或者結尾是 3、7 或 9），是否有無限多個孿生質數這個問題依然還沒有答案。

讓我們用一個有點可疑的證明來結束這一章，但我希望你好歹還是會同意這個論述。

主張：所有的正整數都很有趣！

證明？：你一定會同意前幾個正整數都非常有趣，舉例來說，1 是第一個數字，2 是第一個偶數，3 是第一個奇數，4 既是 2+2 又是 2×2 等等。現在反過來假設並不是所有的數字都很有趣，那就必定會有第一個不有趣的數，我們稱之為 N。但光是這一點就讓 N 變得很有趣！所以不有趣的數字根本不存在。

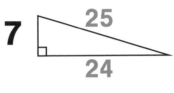

第 7 章

幾何的魔術

來點幾何學的驚喜

首先我要給你看一個可以作為魔術的幾何問題，請拿出一張紙，照著下列步驟進行。

第一步：畫個有四個邊的形狀，四邊彼此不能交叉（這叫做「四邊形」）。然後將四個角依順時針方向標記為 A、B、C、D（如下圖所示）。

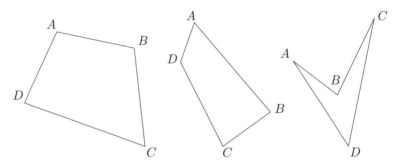

▲ 三個隨意畫出的四邊形。

第二步：將四個邊 $\overline{AB}$、$\overline{BC}$、$\overline{CD}$ 和 $\overline{DA}$ 的中點分別標記為 E、F、G 和 H。

第三步：將四個中點兩兩相連，組成一個新的四邊形 EFGH，如下圖所示。

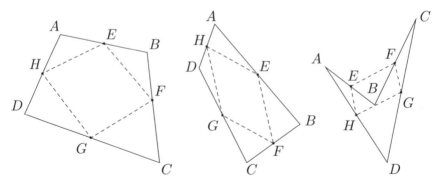

▲ 將四邊形的各個中點兩兩相連，總是會得到一個平行四邊形。

　　信不信由你，EFGH 一定會是一個「平行四邊形」。換句話說，$\overline{EF}$ 會與 $\overline{GH}$ 平行且 $\overline{FG}$ 會與 $\overline{HE}$ 平行。（除此之外，$\overline{EF}$ 和 $\overline{GH}$ 的長度會相同，$\overline{FG}$ 與 $\overline{HE}$ 也是一樣。）這一點可以從上圖看出來，不過你自己也應該試幾次。

　　幾何學充滿了像這樣的驚喜，在最簡單的假設中套用簡單的邏輯論，通常就能得到美麗的結果。現在我們來用一組簡短的測驗來檢測你的幾何直覺，其中有些問題能夠憑直覺得到答案，而即使你對幾何學已經有足夠的了解，還是有一些題目會讓你感到驚訝。

第一題：有位農夫想要建造一個周長 52 英尺的矩形柵欄，若要得到最大面積，這個矩形的規格應該為何？

一、一個正方形（每邊長 13 英尺）。

二、比例接近黃金分割比 1.618（大約是長 16 英尺、寬 10 英尺）。

三、長邊愈長愈好（接近長 26 英尺、寬 0 英尺）。

四、以上三個答案得到的面積相同。

第二題：看看下圖這兩條平行線，其中 X 點和 Y 點都位於下面那條線。我們希望在上面那條線找到第三點，讓這三點所形成的三角形具有最小的周長，你該選擇哪一個頂點呢？

一、頂點 A（在 X 和 Y 兩點中央的正上方）。

二、頂點 B（由 B、X、Y 組成的三角形是一個直角三角形）。

三、距離 X 和 Y 愈遠愈好（如頂點 C）。

四、不重要，每個三角形的周長都相同。

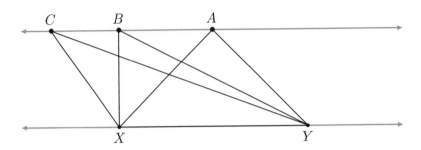

▲ 上面那條線中的哪一點能使得（與 X 點和 Y 點構成的）三角形具有最小的
周長？哪一點又能產生最大的面積？

第三題：繼續用同一張圖，在上面那條線中找出一個 P 點，使得
X、Y、P 所組成的三角形具有最大面積，請問 P 點應該
在哪裡？
一、頂點 A。
二、頂點 B。
三、距離 X 和 Y 愈遠愈好。
四、不重要，每個三角形的面積都相同。

第四題：足球場上的兩個球門柱相隔 360 英尺，所以一條長 360 英
尺的繩子能緊緊地綁在兩個球門柱底部之間。如果將這條
繩子加長一英尺，然後在球場中間舉起這條繩子，我們能
舉多高呢？
一、離地小於一英寸。
二、剛好能夠匍匐前進通過的高度。
三、剛好能夠走過去的高度。
四、高到可以開一輛卡車通過。

▲ 一條長 361 英尺的繩子繫在兩個相距 360 英尺的球門柱底部之間，在球場的
正中央，我們能將繩子舉起多高呢？

　　所有的答案都公布在下面，我想前兩題應該滿符合直覺的，但另外
兩題的答案會讓大多數人感到驚訝。稍後，我們會在這一章中解釋所有
的答案。

　　答案一：第一個選項。無論給定的周長是多少，若要得到最大面積
的矩形，就應該讓四邊等長。因此，最理想的形狀就是正方形。

　　答案二：第一個選項。選擇放在 X 和 Y 兩點中央正上方的頂點
A，就能創造出具有最小周長的三角形 XAY。

　　答案三：第四個選項。所有三角形的面積都相同。

　　答案四：第四個選項。這條繩子在球場中央能被舉起的高度超過
13 英尺，足夠讓大多數的卡車通過了。

　　第一個答案可以用簡單的代數來解釋，對一個上下兩邊的長度為 b
且左右兩邊的長度為 h 的矩形來說，長方形的**周長**是 $2b+2h$，也就是四
個邊長的總和，而剛好符合這個矩形的**面積**就是乘積 bh（我們稍後會
對面積的部分再多做些討論）。由於周長必須是 52 英尺，所以可寫成
$2b+2h=52$，或是

$$b + h = 26$$

因為 $h=26-b$，所以我們希望得到的最大面積 bh 等同於：

$$b(26 - b) = 26b - b^2$$

b 的數值要是多少才能產生最大值?我們會在第十一章看到一個運用微積分的簡單方法,不過我們也可以藉由第二章提過的配方法來找出 b 的數值。請注意矩形的面積可表示為

$$26b - b^2 = 169 - (b^2 - 26b + 169) = 169 - (b-13)^2$$

挑選出 b 這個長邊後,就能得到面積的值。當 $b=13$,矩形面積會是 $169-0^2=169$。當 $b \neq 13$,則面積會是

$$169 - (不等於 0 的某數)^2$$

因為我們是用 169 減掉某個正數,所以答案永遠都會小於 169。由此可知,這個矩形的面積在 $b=13$ 且 $h=26-b=13$ 的時候會是最大值。幾何學的一個神奇之處,就是其實「52 英尺的柵欄」這一點跟計算並沒有關係。無論給定的 p 這個周長為何,你都可以用同樣的技巧來得到最大面積,並證明出正方形就是最理想的形狀,所以每一邊的長度都是 $p/4$。

為了解釋其他的問題,我們需要先看一些貌似相當矛盾的結果,並探索一些幾何學的經典題目。為什麼三角形的內角和是 180 度?什麼是畢氏定理?你如何判斷兩個三角形具有相同的形狀,而且我們到底為什麼要在乎這些事情?

經典幾何學

幾何學這門學科可以回溯到古希臘時期,它的英文(geometry)源自於希臘文的「大地」(geo)以及「測量」(metria),而且土地丈量的研究的確是它最初的用途,不過它也能應用在天空中,好比說天文學。不僅如此,古希臘人是演繹推論的大師,他們逐漸將這個學科發展

成了一種藝術形式。西元前三百年左右，歐幾里德將當時已知的所有幾何知識都編撰在《幾何原本》中，這本書也成為至目前為止最成功的教科書之一。書中介紹了數學嚴格性、邏輯演繹法、公設法以及各種證明法，這些概念至今仍是數學家的有力工具。

歐幾里德一開始先介紹了五個**公設**（也稱作**公理**），這是我們應該會認為是常識的一些論述。而一旦你接受了這些公設，原則上就能推論出所有的幾何真理了。下面列出歐幾里德的五項公設。（實際上，他描述第五個公設的方式有些不同，但和我們的版本是等價的。）

公設一：給定任意兩點，我們都能用一條唯一的線段將其連接起來。

公設二：線段能朝兩端無限延伸，並創造出一條直線。

公設三：我們能用任意兩點 O 和 P 畫出唯一的一個圓，其中 O 是圓心，而 P 位於圓周上。

公設四：所有的直角都是 90 度。

公設五：給定一條直線 ℓ 以及不在這條直線上的一點 P，通過 P 點且平行於 ℓ 的直線恰好只有一條。

悄悄話

我應該先來澄清一下，我們在這一章中研究的是**平面幾何學**（也稱作**歐式幾何學**）。這是假設我們所研究的是一個平坦的表面，比如說 x-y 平面。但如果改變其中一些公設，我們還是可以得到既有趣又有用的數學體系，比如說「球面幾何學」，它研究的是出現在球面上的點。在球面幾何學中，「直線」就是具有最大圓周的圓形（稱作**大圓**）。因此所有的直線一定都會在某處相交，也就是說平行線並不存在。而如果我們改變第五項公設，認為永遠會有**至少兩條**通過 P 點且平行於 ℓ 的不同直線，那麼我們會得到所謂

的**雙曲幾何學**，它擁有一些獨家的美妙定理。艾雪（M. C. Escher）
創造出的許多非凡畫作就是根據這種幾何學而來。下面是鄧納姆
（Douglas Dunham）根據雙曲幾何學的規則畫出來的圖案，經作者
同意轉載。

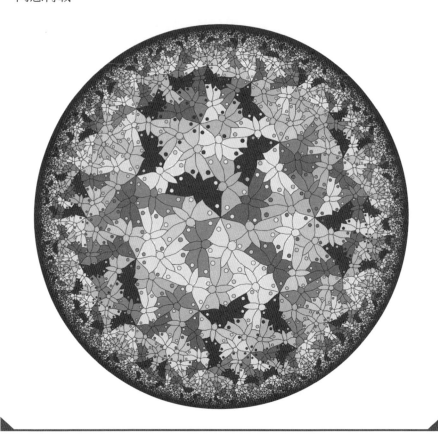

　　事實上，還有些公設被歐幾里德忽略了，我們會在需要的時候提到
其中一些。由於這一章的目的並不是要取代幾何學的教科書，所以我們
不會試著從無到有地定義和證明每一件事。我會假設你憑直覺就能了解
關於點、線、角、圓、周長以及面積的定義，然後我會試著使用最少的
專業術語和記號，這樣我們就可以專心在幾何學的有趣概念上了。

舉例來說，我會假設你已經知道，或者願意接受一個圓有 360 度（寫成 360º），所以測量角度的結果會在 0º 到 360º 之間。想想看時鐘的時針和分針，兩者在一個圓的中心接合。一點鐘的時候，時針和分針標示出的範圍是那個圓的 1/12，所以兩者形成的角度是 30º。三點鐘的時候，兩個指針標示出的範圍是整個圓的四分之一，所以兩者形成的角度是 90º。90º 這個角度稱作**直角**，而我們稱組成這些角的直線或線段互相**垂直**。時鐘裡的一條直線，比如說六點鐘的時候，則對應到 180º。

▲ 上面的三個角度分別是 30º、90º 和 180º。

下面有一個很有用的標記法。連接 A 點和 B 點的線段標記為 $\overline{AB}$，它的長度就以省略上面那條橫線來表示，因此 $\overline{AB}$ 的長度是 AB。

兩條線相交會形成四個角，如下圖所示。針對這些角，我們能傳達些什麼呢？請注意，兩個鄰角（像是 a 和 b）會組成一條直線，也就是 180º。因此，角 a 和角 b 相加必定等於 180º，這樣的兩個角我們稱為**互補角**。

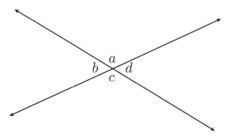

▲ 當兩條直線相交時，鄰角之和是 180º。不是鄰角的兩角（稱作對頂角）則有相同的角度。在本圖中，a 和 c 是一組對頂角，b 和 d 也是。

這個特性在本圖的每一對鄰角上都能成立，也就是說

$$a + b = 180°$$
$$b + c = 180°$$
$$c + d = 180°$$
$$d + a = 180°$$

用第一個等式減掉第二個等式，得到 $a-c=0$，也就是

$$a = c$$

然後用第三個等式減掉第二個等式，我們會得到

$$b = d$$

當兩條直線相交時，不是鄰角的兩角稱為**對頂角**。我們剛剛已經證明了**對頂角定理：對頂角的角度相等**。

我們的下一個目標是要證明任何三角形的內角和都是 180º。為了做到這一點，我們要先來談一些和平行線有關的事。如果兩條不同的直線永遠不相交，我們就會說它們是**平行線**。（請記住，直線可以朝兩端無限延長。）下圖中有兩條平行線 ℓ_1 和 ℓ_2，而第三條直線 ℓ_3 與前兩條不平行，因此這條線會跟前兩條分別相交於 P 和 Q 這兩點。如果你仔細看這張圖，會發現 ℓ_3 切過 ℓ_1 和 ℓ_2 的角度似乎相同，也就是說我們相信 $a=e$。我們將角 a 和角 e 稱作**同位角**。（其他同位角的例子包括 b 和 f、c 和 g 以及 d 和 h。）當然，同位角看來似乎總是相等，然而這一點實際上並不是原本的五個公設能證明出的結果，因此我們需要一個新的公設。

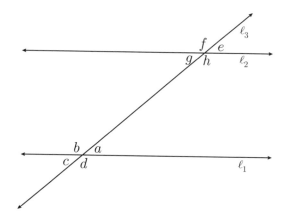

▲ 同位角的角度相等，在本圖中，$a=e$、$b=f$、$c=g$ 且 $d=h$。

同位角公設：同位角的角度相等。

就上圖而言，當這個公設和對頂角定理合併使用，我們一定會得到

$$a = c = g = e$$

$$b = d = h = f$$

在這些大小相同的角中，有一些組合在數學書中有特別的名字。舉例來說，a 和 g 這兩個角組成一個 Z 字形，稱為**內錯角**。由此，我們已經證明出任何角都會跟它的對頂角、同位角以及內錯角相等。接下來，我們要用這些結果證明一個幾何學的基礎定理。

定理：任何一個三角形的內角之和都是 180 度。

證明：試想一個由角 a、角 b 和角 c 構成的三角形 ABC，如下圖所示。接著畫一條直線，此線通過 B 點且平行於連接 A 點和 C 點的那條直線。

角 d、角 b 和角 e 組成了一條直線，因此 $d+b+e=180°$。請注意，其中 a 和 d 彼此是內錯角，c 和 e 也是，由此可知 $d=a$ 且 $e=c$，所以 $a+b+c=180°$，正是待證的結果。　　　　　　　　□

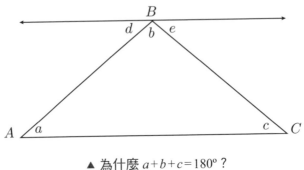

▲ 為什麼 $a+b+c=180°$？

悄悄話

　　「三角形的內角和是 180°」這個定理是平面幾何學的獨有事實，在其他幾何學中都不成立。舉例來說，假設我們要在地球儀上畫一個三角形，先從北極開始，沿著任一條經線向下延伸到赤道，接著朝右轉，沿著赤道繞地球四分之一圈，再右轉一次直到回到北極。這個三角形實際上會有三個直角，加起來是 270°。在球面幾何學中，三角形的內角和並不固定，而超過 180° 的部分與三角形的面積成正比。

　　在幾何學課程中，我們花很多精力在證明某些物件是**全等的**。也就是說將某物件滑動、旋轉或翻轉之後，我們就可以得到另一個物件。舉例來說，下圖的兩個三角形 ABC 和 DEF 是全等的，因為我們可以滑動三角形 DEF，使得它跟三角形 ABC 完美地重疊。在我們所畫的圖形中，當兩邊（或兩個角）用相同數量的小斜線標示時，就表示兩者有一樣的度量（無論是長度或角度）。

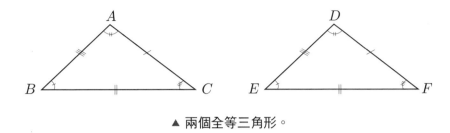

▲ 兩個全等三角形。

　　我們用≅這個符號來代表全等。當我們寫下 $ABC \cong DEF$，就表示這兩個三角形的邊長和角度都完全相同。更明確地說，就是邊長 AB、BC 和 CA 分別等同於 DE、EF 和 FD；而三個內角 A、B 和 C 也分別等同於 D、E 和 F。藉由用相同的符號標記相同的角，並用類似的方式標記相同的邊長，我們就能表示出兩個三角形全等的事實。

　　一旦你知道某些邊長和角度是相同的，那麼剩下的部分也就自動相等了。舉例來說，如果你知道三對邊長彼此都相等，而且還有兩對角（假設 $\angle A = \angle D$ 且 $\angle B = \angle E$）也彼此相等，那麼第三對角一定也會彼此相等，所以這兩個三角形一定全等。其實我們甚至不需要得到所有的資訊，只要知道三角形的其中兩邊與另一個三角形的其中兩邊長度相等（假設是 $AB = DE$ 以及 $AC = DF$），並知道**介於兩邊之間**的那一對角（在這裡是 $\angle A = \angle D$）其角度相等，那麼其餘的部分都必然成立：$BC = EF$、$\angle B = \angle E$ 且 $\angle C = \angle F$。我們稱之為**邊角邊公設**，其中邊角邊代表「邊長／角度／邊長」。

　　邊角邊公設之所以不是定理，是因為我們並不能用前述公設證明出來。不過一旦接受它，我們就可以嚴謹地證明出其他有用的定理：像是三邊定理（邊長／邊長／邊長）、角邊角定理（角度／邊長／角度）以及角角邊定理（角度／角度／邊長）。但是並沒有一個叫做邊邊角的類似定理，因為一個公共角一定要介於兩對相等的邊之間，才能確保全等的事實。三邊定理是最有趣的，因為這是說如果兩個三角形的邊長全部相同，則所有內角的角度也必定相同。

我們接下來要用邊角邊定理來證明重要的等腰三角形定理。所謂**等腰三角形**就是某個三角形中有兩邊的長度相同。不過既然都已經說到這兒了，就讓我再多介紹幾種三角形吧。三邊長度都相同的三角形稱為**等邊三角形**；三角形中如果有一個 90° 角就稱作**直角三角形**；如果三角形中的三個內角都小於 90°，這就是一個**銳角三角形**；如果三角形中有一個角大於 90°，那就稱之為**鈍角三角形**。

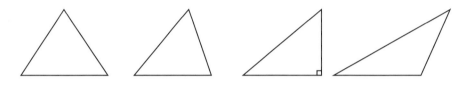

▲ 等邊三角形、銳角三角形、直角三角形和鈍角三角形。

等腰三角形定理：如果△ABC 是一個等腰三角形，其中邊長 AB=AC，那麼這兩邊的對角也一定相等。

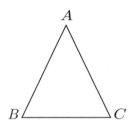

▲ 等腰三角形定理：若 AB=AC，則 ∠B=∠C。

證明：如下圖所示，我們先從 A 點畫一條將 ∠A 平分的直線（稱為 A 的**角平分線**），並用 X 代表這條線與 $\overline{BC}$ 的交點。

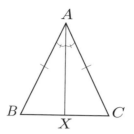

▲ 先畫一條角平分線，然後將邊角邊公設用於新產生的兩個三角形，即可證明
　等腰三角形定理。

　　根據邊角邊公設，我們聲稱兩個三角形 BAX 和 CAX 是全等的。因
為 $BA=CA$（根據等腰這個假設）、$\angle BAX = \angle CAX$（因為角平分線的緣
故）且 $AX=AX$。（別懷疑，這不是筆誤，在我們互相比較的兩個三角
形中都有 $\overline{AX}$，而且它在兩者中的長度是一樣的！）而因為 $BAX \cong$
CAX，所以**其他各個**邊長和角度一定也會相等，其中之一就是
$\angle B = \angle C$，這也正是我們證明的目標。

悄悄話

　　等腰三角形定理也能用三邊定理來證明。在這個證明中，我們
讓 M 代表 $\overline{BC}$ 的**中點**，使得 $BM=MC$，然後畫出一條線段 $\overline{AM}$。如
同上一個證明，三角形 BAM 和三角形 CAM 兩者全等，因為
$BA=CA$（等腰）、$AM=AM$ 且 $MB=MC$（中點）。因此根據三邊
定理，可知 $\triangle BAM \cong \triangle CAM$，所以兩個三角形中的三個角也分別相
等，我們需要的 $\angle B = \angle C$ 正是其中之一。

　　因為全等的緣故，所以 $\angle BAM = \angle CAM$，於是 $\overline{AM}$ 既是線段也
是角平分線。除此之外，因為 $\angle BMA = \angle CMA$ 且這兩個相等的角
加起來是 180°，所以兩者一定都是 90°。因此，在一個等腰三角形
中，$\angle A$ 的角平分線同時也是 BC 的**中垂線**。

順帶一提，等腰三角形定理的**逆論述**也是正確的。也就是說，若∠B=∠C，則 AB=AC。只要如原本的證明那樣，畫出一條由 A 到 X 點的角平分線，就可以證明這個逆論述。因為∠B=∠C（假設）、∠BAX=∠CAX（角平分線）且 AX=AX。所以根據角角邊定理，我們聲稱△BAX≅△CAX。由此可知 AB=AC，也就是等腰三角形的必要條件。

在一個等邊三角形中，每一邊的邊長都相同。我們將上述定理連續使用三次，套用到三對邊長上，即可得知三個內角也是相等的。由於這三個內角之和一定是 180º，所以我們能推論：

系理：在一個等邊三角形中，每一個內角都是 60º。

根據三邊定理，如果兩個三角形 ABC 和 DEF 的三邊兩兩相等（AB=DE、BC=EF、CA=FD），那麼三個角也會兩兩相等（∠A=∠D、∠B=∠E、∠C=∠F）。它的逆論述也是對的嗎？如果△ABC 跟△DEF 各個內角的角度一致，那麼兩者的各個邊長一定彼此相等嗎？當然不是，如下圖所示：

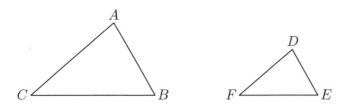

▲ 相似三角形具有相同的內角和成比例的邊長。

內角完全相同的兩個三角形稱作**相似**三角形。如果兩個三角形 ABC 和 DEF 相似（表示為△ABC～△DEF 或 ABC～DEF），那麼∠A=∠D、∠B=∠E、∠C=∠F。本質上，兩個相似三角形彼此是對方按比例放大或縮小的版本。所以如果 ABC～DEF，那麼兩者的邊長比例

一定是某個正數 k。也就是說 $DE=kAB$、$EF=kBC$ 且 $FD=kCA$。

　　讓我們運用目前所學，來回答這一章最前面的第二個題目。回想一下，我們有兩條平行線，其中下面那條包含了線段 $\overline{XY}$。我們的目標是要在上面那條線找出 P 這個點，讓三角形 XYP 具有最小的周長。那時我們聲稱下列論述是對的：

　　定理：在上面那條線中，P 這個點的位置在 $\overline{XY}$ 中央的正上方時，能讓 $\triangle XYP$ 具有最小的周長。

　　雖然可以用精細的微積分來證明這個問題，但接下來，我們會看到幾何學能讓我們只要用上一點「鏡射」就能解決問題。（下面這個證明很有趣，但稍微長了一點，所以你淺嘗即止或是直接跳過都沒關係。）

　　證明：在上面那條線中，讓 P 代表任一點，而 Z 代表 Y 點正上方的位置。（更精確地說，Z 點使得 $\overline{YZ}$ 這個線段垂直於兩條平行線，如下圖所示。）假設 Y' 是這條垂直線上的一點，使得 $Y'Z=ZY$。換句話說，如果上面那條線是一面大鏡子，那麼 Y' 就是 Y 點經由 Z 點反射的結果。

　　我聲稱 $\triangle PZY$ 和 $\triangle PZY'$ 是全等三角形，這是因為 $PZ=PZ$、$\angle PZY=90^\circ=\angle PZY'$ 且 $ZY=ZY'$。所以根據邊角邊定理，這兩個三角形全等。由此可知 $PY=PY'$，我們可以好好利用這一點。

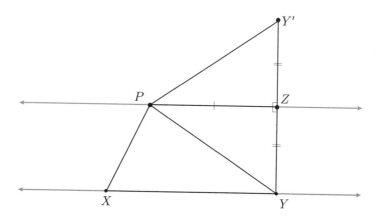

▲ 因為三角形 PZY 和 PZY' 全等（根據邊角邊定理），所以一定會得到 $PY=PY'$。

三角形 YXP 的周長就是三個邊長的總和

$$YX + XP + PY$$

因為我們已經證明出 $PY=PY'$，所以上述周長也等於

$$YX + XP + PY'$$

既然 YX 的長度與 P 點無關，所以我們的問題簡化為找出使 $XP+PY'$ 能有最小值的 P 點。

請注意，兩條線段 $\overline{XP}$ 和 $\overline{PY'}$ 組成一條從 X 到 Y' 的蜿蜒路徑。由於直線就是兩點之間的最短距離，所以只要畫一條由 X 到 Y' 的直線，我們就可以找到最理想的 $P*$ 點，也就是這條直線與上面那條橫線的交點。看看下圖，有什麼是我們還沒做到的？要完成這個證明，我們需要證出 $P*$ 位於 $\overline{XY}$ 的中點正上方。

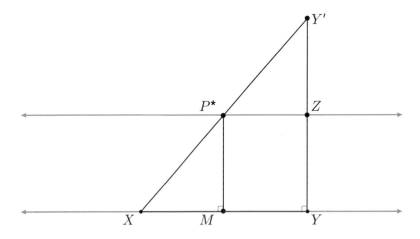

▲ $MXP*$ 和 YXY' 是邊長比為 2 的相似三角形。

　　我們用 M 來代表位於 $P*$ 正下方的點（所以 $\overline{P*M}$ 垂直於 $\overline{XY}$）。由於上下兩條直線互相平行，所以 $P*M$ 和 ZY 一定具有相同的長度。（這其實很直觀，因為兩條平行線的距離是固定的。另外我們也可以先畫出 $\overline{MZ}$ 線段，再用角角邊定理來證明三角形 MYZ 全等於三角形 $ZP*M$。）

　　想證明 M 是 $\overline{XY}$ 的中點，我們要先證明 $MXP*$ 和 YXY' 是相似三角形。請注意，$\angle MXP*$ 和 $\angle YXY'$ 其實是同一個角，而且因為 $\angle P*MX$ 與 $\angle Y'YX$ 都是直角，所以兩者相等。由於三角形的內角和是 180°，所以一旦我們有兩對相等的角，就表示第三對角一定也相等。這兩個相似三角形的比例是多少呢？利用建構法，我們能算出邊長

$$YY' = YZ + ZY' = 2YZ = 2MP^*$$

所以比例是 2。由此可知，XM 的長度是 XY 的一半，所以 M 就是 $\overline{XY}$ 的中點。

　　綜上所述，我們已經證明如果要使三角形 XYP 有最小的周長，那麼正確答案 $P*$ 就會剛好位於 $\overline{XY}$ 中點的正上方。　　□

　　有時幾何學的問題可以用代數解出來。舉例來說，假設在平面上畫一條線段 $\overline{AB}$，其中 A 的座標為 (a_1, a_2)，B 的座標為 (b_1, b_2)。那麼 A 和 B 的中點 M 其座標就會是

$$M = \left(\frac{a_1 + b_1}{2}, \frac{a_2 + b_2}{2} \right)$$

如下圖所示。舉例來說，如果 $A=(1,2)$ 且 $B=(3,4)$，那麼 $\overline{AB}$ 的中點 $M=((1+3)/2,(2+4)/2)=(2,3)$。

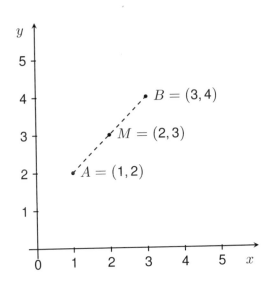

▲ 取兩個端點的平均值，就能得出一條線段的中點。

讓我們用這個概念來證明一個關於三角形的有用事實。請先畫一個三角形，然後將其中兩邊的中點相連，看出什麼有趣的事了嗎？答案就在下面這個定理中。

三角形中點定理：給定任意三角形 ABC，如果我們畫一條連接 $\overline{AB}$ 中點和 $\overline{BC}$ 中點的線段，那麼這個線段會跟第三邊 $\overline{AC}$ 平行。此外，如果 $\overline{AC}$ 的長度是 b，那麼這條連接兩個中點的線段長度會是 $b/2$。

證明：將三角形 ABC 放在一個平面上，讓 A 在原點 $(0,0)$ 且 AC 為水平線，這樣 C 的座標就會是 $(b,0)$，如下圖所示。假設 B 點在 (x,y) 上，那麼 $\overline{AB}$ 的中點座標就是 $(x/2,y/2)$，而 $\overline{BC}$ 的中點座標就是 $((x+b)/2,y/2)$。因為兩個中點的 y 軸座標相同，所以連接兩點的線段一定是水平線，也就是會跟 $\overline{AC}$ 平行。除此之外，這個線段的長度為 $(x+b)/2-x/2=b/2$，正是待證的結果。□

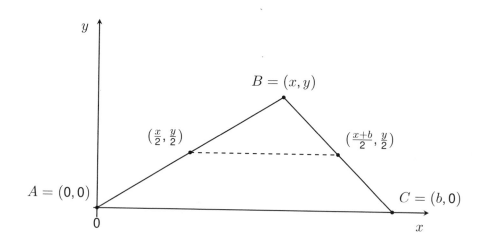

▲ 將一個三角形其中兩個邊的中點相連成一個線段，那麼這個線段一定與第三
邊平行，而且長度正好是第三邊的一半。

　　我們在本章的開頭示範了一個魔術，而三角形中點定理揭露了它背後的祕密。讓我們回顧一下，首先畫出一個四邊形 $ABCD$，然後將四邊中點兩兩相連，構成一個新的四邊形 $EFGH$，它無論如何一定會是平行四邊形。來看看這是怎麼運作的吧：想像我們從頂點 A 到頂點 C 畫一條對角線，這會造就兩個三角形 ABC 和 ADC，如下圖所示。

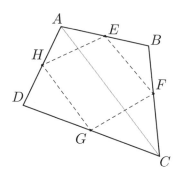

▲ 根據三角形中點定理，$\overline{EF}$ 和 $\overline{GH}$ 都平行於 $\overline{AC}$。

　　將三角形中點定理套用至三角形 *ABC* 和 *ADC*，我們會發現 $\overline{EF}$ 平行於 $\overline{AC}$，而且 $\overline{AC}$ 平行於 $\overline{GH}$，所以 $\overline{EF}$ 平行於 $\overline{GH}$。（此外，因為 $\overline{EF}$ 和 $\overline{GH}$ 的長度都是 $\overline{AC}$ 的一半，所以兩個線段的長度相同。）運用同樣的邏輯，想像畫一條從 *B* 到 *D* 的對角線，我們會得到 $\overline{FG}$ 與 $\overline{HE}$ 互相平行且長度相等，因此 *EFGH* 是一個平行四邊形。

　　前面許多定理都跟三角形有關，而我們在學習幾何學時，的確也花了大量時間在研究三角形。三角形是最簡單的一種**多邊形**，接著是**四邊形**、**五邊形**等等，一個有 *n* 個邊的多邊形就稱作 **n 邊形**。我們已經證明了任何三角形的內角和都是 180º，那麼超過三邊的多邊形又如何呢？正方形、長方形或平行四邊形這些有四個邊的形狀都是四邊形。在長方形中，四個角都是 90º，所以內角之和一定是 360º。接下來的定理就是要來證明這一點對**任意**四邊形都能成立。你或許會稱之為「事」已成定局的結論。（抱歉，我實在忍不住要開點玩笑。）

　　定理：四邊形的內角和是 360º。

　　證明：取一個頂點為 *A*、*B*、*C*、*D* 的任意四邊形，如下圖所示。畫一條從 *A* 到 *C* 的線段之後，這個四邊形就分成了兩個三角形。每一個三角形的內角和都是 180º，所以四邊形的內角和就是 $2 \times 180º = 360º$。　　□

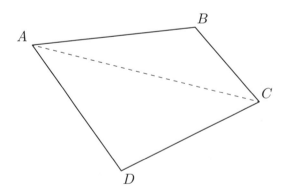

▲ 四邊形的內角和是 360º。

我再介紹一個定理來揭示這個普遍的模式。

定理：五邊形的內角和是 540º。

證明：考慮一個有 A、B、C、D、E 五個頂點的任意五邊形，如下圖所示。畫一條從 A 到 C 的線段，這個五邊形就變成一個三角形加上一個四邊形。我們知道三角形 ABC 的內角和是 180º，而且從我們事成定局的結論看來，四邊形 $ACDE$ 的內角和是 360º。因此，五邊形的內角和是 180º＋360º＝540º。　　　　　　　　□

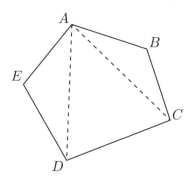

▲ 五邊形的內角和是 540º。

藉由數學歸納法，或是藉由畫出從 A 點連接到其他頂點的線段得到 $n-2$ 個三角形，我們便能一再重複這個關於 n 邊形的論述，進而得到下面這個定理。

定理：n 邊形的內角和是 $180(n-2)$ 度。

這項定理有個神奇應用：先畫一個**八邊形**，在裡面任意放上 5 個點，然後讓 8 個頂點和內部的 5 點兩兩相連，使這個八邊形內除了三角形之外沒有別種形狀（這種方式稱為**三角剖分**）。下面是兩種不同的三角剖分，我另外留了一個空白的讓你自己試試看。

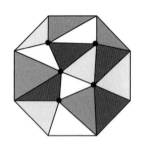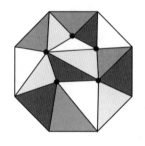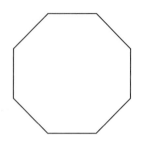

這兩個例子最後都得到正好 16 個三角形。在第三個八邊形裡，不論你將那 5 個點放在哪裡，只要一切都照規則來，你應該也會得到正好 16 個三角形。（如果你沒有數出 16 個三角形，那麼仔細看看內部，確保每一個區塊都只有三個點。如果一個看起來像三角形的區域含有四個點，你就需要插入另一個線段，將它正確地分成兩個三角形。）讓我們用下面這個定理為這一點作出解釋。

定理：對一個有 n 個邊且內部有 p 個點的任意多邊形來說，三角剖分會產生正好 $2p+n-2$ 個三角形。

在前面那個例子中，$n=8$ 且 $p=5$，所以這個定理預測的答案正好是 $10+8-2=16$ 個三角形。

證明：假設三角剖分會產生正好 T 個三角形，我們接下來要用兩種不同的方式來解答下面這個計數問題，以證明 $T=2p+n-2$。

問題：將所有三角形的內角統統相加會是多少呢？

答案一：由於總共有 T 個三角形，每一個三角形的內角和都是 180°，所以總和一定是 $180T$ 度。

答案二：將這個答案分成兩種情況：在內部的 p 個點中，每一個點周圍的各個角合起來一定會形成一個圓，所以總共會有 $360p$；另一方面，根據我們先前證明的定理，我們已知 n 邊形本身的內角和是 $180(n-2)$ 度，因此所有的角度總和是 $360p+180(n-2)$ 度。

將兩個答案寫成等式，我們得到

$$180T = 360p + 180(n - 2)$$

將兩邊都除以 180，會得到

$$T = 2p + n - 2$$

就跟我們宣稱的一樣。　　　　　　　　　　　　　　　　　　☺

周長和面積

多邊形的**周長**就是所有邊長的總和。舉例來說，對一個底為 b 且高為 h 的長方形來說，因為其中兩邊的邊長是 b，而另外兩邊的邊長是 h，所以它的周長就是 $2b+2h$。那麼長方形的面積呢？我們定義一個 1 乘 1 的正方形（稱作**單位方格**）其面積為 1，那麼當 b 和 h 都是正整數（如下圖所示），我們就可以把這個範圍分成 bh 個 1 乘 1 的方格，所以它的面積就是 bh。一般而言，任何一個底為 b 且高為 h 的長方形（其中 b 和 h 都是正數，但不一定要是整數），我們定義它的面積為 bh。

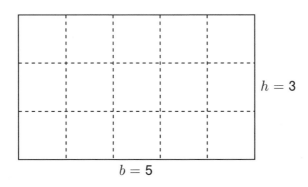

▲ 一個底為 b 且高為 h 的長方形，其周長為 $2b+2h$，面積為 bh。

悄悄話

　在本章中，代數是我們解釋幾何的好幫手，但有時候幾何其實也能幫助我們解釋代數。考慮下面這個代數問題：在 x 可以是任何正數的情況下，$x+\frac{1}{x}$ 的值能有多小？當 $x=1$，我們得到 2；當 $x=1.25$，我們得到 $1.25+0.8=2.05$；當 $x=2$，我們得到 2.5。這些數據似乎暗示著我們能得到的最小答案是 2，這的確是對的，但我們怎麼能如此有把握呢？我們會在第十一章用微積分找出一個直接的解法，但現在只要運用一些小聰明，就能用簡單的幾何解出這一題。

　考慮下面這個由四張骨牌組成的幾何形體，其中每一個骨牌的尺寸都是 x 乘 $1/x$。將它們頭尾相連，組成一個中間有個空格的正方形，試問整塊範圍（包含中間空格）的面積是多少？

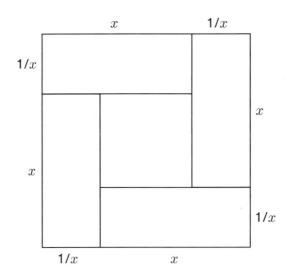

　一方面來說，因為整個範圍就是一個邊長為 $x+1/x$ 的正方形，所以它的面積一定是 $(x+1/x)^2$。另一方面，每一張骨牌的面積都是 1，所以這個範圍的面積一定至少是 4。因此：

$$(x + 1/x)^2 \geq 4$$

也就隱含了 $x + 1/x \geq 2$，正是待證的結果。　　　　　　　　　　☺

學會如何算出長方形的面積之後，我們就有可能導出任何一個幾何形狀的面積。首先，最重要的是算出三角形的面積。

定理：一個底為 b 且高為 h 的三角形，其面積為 $\frac{1}{2}bh$。

用圖解來說明，下面三個三角形的底皆為 b 且高皆為 h，因此它們的面積是相同的。其實，這正是本章開頭提出的問題三，而答案讓許多人大吃一驚。

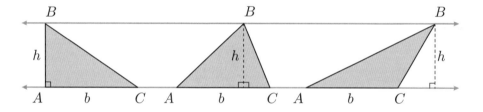

▲ 一個底為 b 且高為 h 的三角形其面積為 $\frac{1}{2}bh$。不論是直角、銳角或鈍角三角形，這個公式都是正確的。

根據底部兩個內角（上圖中 $\angle A$ 和 $\angle C$）的大小，我們總共要考慮三種情況。如果 $\angle A$ 或 $\angle C$ 是直角，那麼我們可以複製出另一個三角形 ABC，然後將兩個三角形放在一起，組成一個面積為 bh 的長方形，如下圖所示。由於三角形 ABC 占據的面積剛好是長方形的一半，因此這個三角形的面積一定會是 $\frac{1}{2}bh$，跟我們聲稱的一樣。

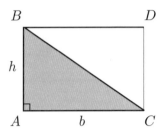

▲ 兩個底為 b 且高為 h 的直角三角形可組成一個面積為 bh 的長方形。

　　如果 $\angle A$ 和 $\angle C$ 是銳角,我們就來提供一個精「銳」的證明吧。畫一條從 B 到 $\overline{AC}$ 的垂直線段(稱為三角形 ABC 的高),其長度為 h。我們將兩條線段的交點稱作 X,如下圖所示:

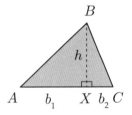

　　$\overline{AC}$ 可以分成 $\overline{AX}$ 和 $\overline{XC}$ 兩個線段,長度分別是 b_1 和 b_2,且 $b_1+b_2=b$。由於 BXA 和 BXC 都是直角三角形,而上一種情況告訴我們兩者的面積分別是 $\frac{1}{2}b_1 h$ 和 $\frac{1}{2}b_2 h$。因此三角形 ABC 的面積是:

$$\frac{1}{2}b_1 h + \frac{1}{2}b_2 h = \frac{1}{2}(b_1+b_2)h = \frac{1}{2}bh$$

正是待證的結果。

　　當 $\angle A$ 或 $\angle C$ 是鈍角時,我們的圖形看起來會像下面這樣:

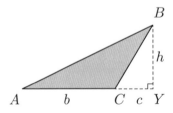

在銳角的情況中，我們將三角形 ABC 表示為兩個直角三角形之**和**。但在這裡，我們將 ABC 表示為兩個直角三角形 ABY 和 CBY 之**差**。大的直角三角形 ABY 底部的長度為 $b+c$，所以它的面積是 $\frac{1}{2}(b+c)h$。小的直角三角形 CBY 面積為 $\frac{1}{2}ch$，因此三角形 ABC 的面積是：

$$\frac{1}{2}(b+c)h - \frac{1}{2}ch = \frac{1}{2}bh$$

正是待證的結果。

☺

畢氏定理

畢氏定理值得自己擁有一個獨立的小節。它很可能是幾何學中最有名的定理，而且毋庸置疑是數學中最有名的定理之一。在直角三角形中，直角對面的那條線稱作**斜邊**，而另外兩邊稱作**直角邊**。下面這個直角三角形的直角邊是 $\overline{BC}$ 和 $\overline{AC}$，斜邊是 $\overline{AB}$，而相對應的長度分別是 a、b 和 c。

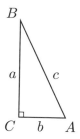

畢氏定理：對一個直角三角形來說，若直角邊的長度是 a 和 b，且斜邊長為 c，則

$$a^2 + b^2 = c^2$$

　　據說畢氏定理總共有超過三百種證明方式，但我們接下來只會介紹最簡單的那些。你大可隨意跳過任何部分，我的目標是至少其中一個證明能讓你會心一笑，或是說出：「這真是滿酷的！」

　　證明一：在下圖中，我們將四個直角三角形組合成一個大正方形。

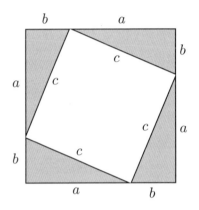

▲ 用兩個不同的方式來計算這個大正方形的面積。你在比較兩個答案的時候，畢氏定理就會躍然紙上。

　　問題：這個大正方形的面積是多少？

　　答案一：這個正方形的邊長是 $a+b$，所以面積會是 $(a+b)^2 = a^2 + 2ab + b^2$。

　　答案二：另一方面，這個大正方形包含了四個三角形，每一個三角形的面積都是 $ab/2$，此外還有一個位在中間的傾斜正方形，其面積為 c^2。（為什麼中間那個形狀是一個正方形？我們知道它四邊等長，而藉由對稱，我們可以看出四個角大小相同：如果我們將這個圖形轉 90 度，它還是會保持原狀，所以四個角一定相等。既然四邊形的內角和是 360 度，我們就能得知每一個角都是 90 度。）因此面積會是 $4(ab)/2 + c^2 = 2ab + c^2$。

答案一和答案二相等,因此我們得到

$$a^2 + 2ab + b^2 = 2ab + c^2$$

將等號兩邊都減去 $2ab$,就會得到

$$a^2 + b^2 = c^2$$

正是待證的結果。 ☺

證明二:使用同一個圖形,但這次我們將這些三角形重新排列成下面右邊這個圖。在第一個圖中,三角形沒有涵蓋到的面積是 c^2;在新的圖中,我們能看出三角形沒有涵蓋到的面積是 a^2+b^2。因此 $c^2=a^2+b^2$,正是待證的結果。 ☺

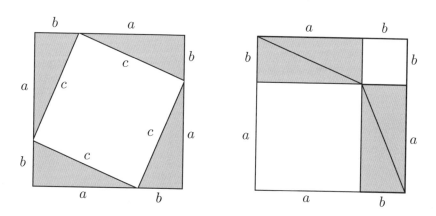

▲ 比較這兩個圖形中留白的面積:$a^2+b^2=c^2$。

證明三:這一次,我們將四個三角形組成一個面積為 c^2 的較小正方形。(這是個正方形,其中一個原因是每個內角都是由 $\angle A$ 和 $\angle B$ 組成,兩者加起來是 90 度。)跟之前一樣,四個三角形的面積加起來是 $4(ab/2)=2ab$,而中間那個傾斜的正方形面積為 $(a-b)^2=a^2-2ab+b^2$,因此總面積是 $2ab+(a^2-2ab+b^2)=a^2+b^2$,正是待證的結果。 ☺

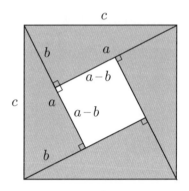

▲ 這個圖形的面積既是 c^2 又是 a^2+b^2。

　　證明四：這是一個**相似的**證明，我指的是：好好利用我們對相似三角形的已知結果吧。在直角三角形 ABC 中，畫出一條垂直於斜邊的線段 $\overline{CD}$，如下圖所示。

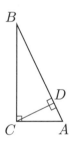

▲ 較小的兩個三角形都相似於大三角形。

請注意，三角形 ADC 包含 $\angle A$ 和一個直角，所以它的第三個角一定跟 $\angle B$ 一樣。同樣地，三角形 CDB 包含 $\angle B$ 和一個直角，所以它的第三個角一定跟 $\angle A$ 相等。綜上所述，三個三角形彼此相似：

$$\triangle ACB \sim \triangle ADC \sim \triangle CDB$$

這些字母的順序要特別留意。我們因此得到 $\angle ACB = \angle ADC = \angle CDB = 90^\circ$，三者都是直角；同樣地，$\angle A = \angle BAC = \angle CAD = \angle BCD$，

以及 $\angle B = \angle CBA = \angle DCA = \angle DBC$。比較前兩個三角形的邊長，我們會得到

$$AC/AB = AD/AC \Rightarrow AC^2 = AD \times AB$$

比較第一個和第三個三角形的邊長，會得到

$$CB/BA = DB/BC \Rightarrow BC^2 = DB \times AB$$

將這兩個等式相加，我們就有

$$AC^2 + BC^2 = AB \times (AD + DB)$$

而因為 $AD+DB=AB=c$，所以我們就得到待證的結果：

$$b^2 + a^2 = c^2 \qquad\qquad ☺$$

下一個證明純粹只用幾何，沒有任何代數，但會需要用上一些目測的技巧。

證明五：這次我們從兩個正方形開始，兩者如下圖所示並排在一起，面積分別是 a^2 和 b^2，總和是 a^2+b^2。我們可以將這整個形體分解成兩個直角三角形（直角邊的長度分別是 a 和 b，斜邊長是 c）以及另一個奇怪的形狀。請注意，因為這個奇怪形狀底部的那個角被 $\angle A$ 和 $\angle B$ 包圍，所以它一定是 90°。現在想像我們在大正方形的左上角和小正方形的右上角裝上樞紐。

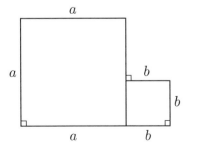
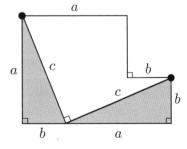

▲ 總面積是 a^2+b^2 的兩個正方形可以轉化為……。

想像左下角的三角形以逆時針的方向「旋轉」90º，這樣它就落在大正方形頂部的外面了。再將另一個三角形順時針轉90º，這樣它的直角就能剛好嵌入兩個正方形構成的那個「座椅」，如下圖所示。最後會形成一個面積為 c^2 的傾斜正方形，所以 $a^2+b^2=c^2$，就跟我們聲稱的一樣。☺

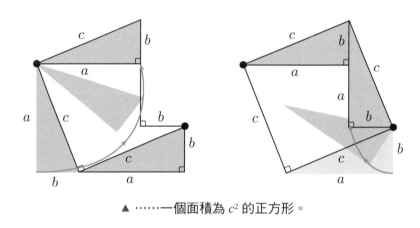

▲ ……一個面積為 c^2 的正方形。

我們可以用畢氏定理來討論本章開頭的第四個問題：在足球場上用361英尺長的繩子連接兩個相距360英尺的球門柱底部。

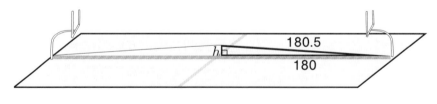

▲ 根據畢氏定理，$h^2+180^2=180.5^2$。

從左右球門柱到球場中間的距離都是180英尺。在這條繩子被舉到最高點 h 後，我們就創造出了一個直角三角形，其中直角邊長分別為180和 h，斜邊長為180.5，如上圖所示。因此，根據畢氏定理和一點點代數，我們會得到

$$h^2 + 180^2 = 180.5^2$$

$$h^2 + 32,400 = 32,580.25$$

$$h^2 = 180.25$$

$$h = \sqrt{180.25} \approx 13.43 \text{ 英尺（約 4 公尺）}$$

由此可知，舉起的高度足夠讓大多數的卡車通過了！

幾何魔術

　　本章一開始我們用幾何學變了一個魔術，讓我們也用同樣的方式來結束這一章吧。在前述的幾種畢氏定理證明中，大部分都包含將一個幾何圖形重組成另一個相同面積的圖形這個過程。但現在來看看這個「伴謬」：下圖是個 8 乘 8 的正方形，看起來我們好像可以將它切成四塊（每一塊的邊長都是費氏數 3、5 或 8 ！），然後重組成一個 5 乘 13 的長方形。（你自己試試看吧！）但這應該是不可能的，因為第一個圖形的面積是 8×8＝64，而第二個圖形的面積卻是 5×13＝65。這是怎麼回事？

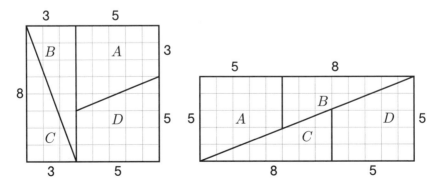

▲ 一個面積為 64 的正方形能否重組成一個面積為 65 的長方形？

這個佯謬背後的奧祕在於 5 乘 13 這個長方形中的對角「線」其實並非真是一條直線。舉例來說，C 這個三角形的斜邊其斜率是 3/8＝0.375（因為當 x 的座標增加 8，y 的座標會增加 3）。但是圖形 D（一個「梯形」）上面那條線的斜率為 2/5＝0.4（因為當 x 的座標增加 5 的時候，y 的座標會增加 2）。由於兩者斜率不同，因此無法組成一條直線。在上半部的那組梯形和三角形中，也出現相同的現象。因此，如果我們真的仔細看看這個長方形，我們就會看到這兩條「幾乎是對角線」的線條之間有一點點額外的空間，如下圖所示。而且，這個分布在大範圍中的小面積正好是額外的一單位。

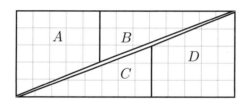

▲ 在這個長方形中，分布在對角線附近的額外面積剛好是一單位。

在本章中，我們導出許多關於多邊形的重要性質，其中包括三角形、正方形、長方形和其他的多邊形。以上這些形狀都是由直線組成，而關於圓形和其他彎曲的形體，則需要用上更複雜的幾何概念。這些概念需要用到三角函數和微積分，而且都需要仰賴 π 這個神奇的數。

第 8 章

3.141592653589...
π 的魔術

圓環論證

在上一章，我們一開始就提出了一些問題。那些題目是用來考驗你對三角形和長方形所具有的幾何直覺，其中最後一題是用一條繩子將足球場兩端的球門柱相連。而這一章我們將注意力聚焦在圓形，開頭的第一題，則是用一條繩子圍繞地球！

第一題：想像我們用一條繩子圍繞地球的赤道（大約長 25,000 英里），在把兩端綁起來之前，我們再把這條繩子加長 10 英尺。如果現在我們用某種方法將這條繩子舉起來，讓赤道上的任一點都跟這條懸浮的繩子等距，那麼繩子被舉起的高度大約是多少？

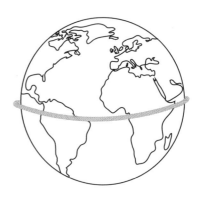

一、離地面不到一英寸。

二、剛好可以讓你爬過去的高度。

三、剛好可以讓你走過去的高度。

四、高到可以開一輛卡車通過。

第二題：在一個圓上有 X 和 Y 兩個固定的點，如下圖所示。我們希望能在這個圓的優弧（X 和 Y 兩點之間比較長的那個弧，而不是較短的那個。）上找出稱為 Z 的第三點。若要讓 $\angle XZY$ 具有最大角度，那 Z 這個點應該在哪裡呢？

一、A 點（在 X 和 Y 兩點中央的正對面）。

二、B 點（X 對圓心鏡射後的結果）。

三、C 點（與 X 愈近愈好）。

四、不重要，每個角的角度都相同。

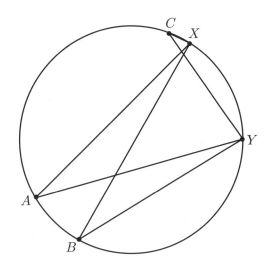

▲ 在 X 和 Y 兩點之間的優弧上,選擇哪個點能讓我們得到最大角度?
是 $\angle XAY$、$\angle XBY$、$\angle XCY$,還是這些角度其實都相同?

　　要回答這些問題,需要先加強我們對於「圓」的理解。(我想你並不需要看著圖形才能讀出正確答案。這兩個題目的答案分別是選項二和選項四,但為了要能體會這些答案為何正確,我們需要先對圓有所了解。)我們可以用一個點 O 和一個正數 r 來描述一個圓,使得這個圓上的每一點到 O 的距離都是 r,如下圖所示。O 點稱作**圓心**,而 r 就是這個圓的**半徑**。數學家為了方便,也將圓上任一點 P 到圓心 O 的這個線段 $\overline{OP}$ 稱作半徑。

圓周和面積

　　對任意一個圓,我們定義它的**直徑** D 為該圓半徑的兩倍,也等於是貫穿這個圓的距離:

$$D = 2r$$

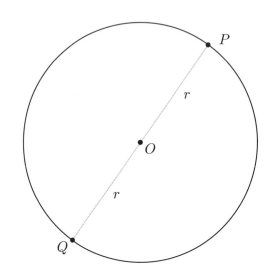

▲ 一個圓心為 O，半徑為 r，且直徑 $D=2r$ 的圓。

圓的周長（環繞一圈的長度）稱作**圓周**，我們用 C 來表示。從上圖看來，C 顯然大於 $2D$。因為沿著圓從 P 走到 Q 的距離大於 D，而從 Q 回到 P 的距離也大於 D，由此可知 $C>2D$。如果你仔細打量這個圓，甚至可能會說服自己 C 比 $3D$ 大一些。（但想看得更清楚一點，你可能需要一副 3D 眼鏡喔。抱歉，老毛病又犯了。）

如果你想要著手比較一個圓形物體的周長和直徑，你可以用一條繩子環繞圓周，然後用直徑來分割這個長度。你將會發現，無論測量的是一枚硬幣、一個玻璃杯的底部、一個餐盤或是一個巨大的呼拉圈，都會得到

$$C/D \approx 3.14$$

一個圓其圓周和直徑的比率是個精確的常數，我們將它定為 π（對應英文字母 p 的希臘字母，讀音接近中文的「派」）。也就是說：

$$\pi = C/D$$

而每一個圓的 π 都是一樣的！若你有所偏好，也可以將它改寫成一個適用於任一圓的圓周公式。只要給定任何一個圓的直徑 D 或是半徑 r，我們都會得到

$$C = \pi D$$

或是

$$C = 2\pi r$$

π 的數值（稱為「圓周率」）如下所示：

$$\pi = 3.14159\ldots$$

我們稍後會在這一章提供 π 的更多位數，並討論一些這個數所蘊含的數值特性。

悄悄話

　　說來有趣，目測並不是一個估計圓周的好方法。舉例來說，隨意拿一個大飲水杯，你覺得它的高度跟圓周哪一個比較大？多數人會覺得是高度，但通常比較大的其實是圓周。要證明這一點，先將你的拇指和中指放在杯子的對邊來測定它的直徑，然後你很有可能會發現杯子的高度小於直徑的三倍。

　　現在我們可以來回答本章開頭的第一個問題了。如果我們將地球的赤道視為一個完美的圓，且圓周 $C=25{,}000$ 英里，則它的半徑一定是

$$r = \frac{C}{2\pi} = \frac{25{,}000}{6.28} \approx 4000 \text{ 英里}$$

不過，要回答這個問題，並不需要真的知道這個半徑的數值。我們只需要知道如果將圓周加長 10 英尺，半徑會改變多少就行了。將圓周加長 10 英尺，會創造出一個稍微大一點的圓，增加的半徑正好是 10/2π=1.59 英尺（接近 50 公分）。因此繩子底下的空間差不多能讓你爬過去。（但不能走過去，除非你是個不錯的凌波舞者！）特別令人驚訝的地方是，在這個問題中，1.59 英尺這個答案與地球的實際周長毫無關係。無論是任何一顆行星或是任何大小的圓球，你都會得到相同的答案！舉例來說，如果我們有一個圓周 C=50 英尺的圓，那麼它的半徑是 50/(2π)≈7.96。如果我們將圓周增長 10 英尺，那麼新的半徑會是 60/(2π)≈9.55，也就是增加了大約 1.59 英尺。

悄悄話

下面是一個關於圓的重要事實。

定理：讓 X 和 Y 是圓上兩個相對的點，則圓上的任一點 P，都能形成 $\angle XPY=90^{\circ}$。

舉例來說，下圖中的 $\angle XAY$、$\angle XBY$ 和 $\angle XCY$ 都是直角。

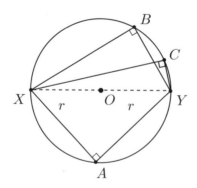

證明：畫一條從 O 到 P 的半徑，並假設 $\angle XPO=x$ 且 $\angle YPO=y$。我們的目標是要證明 $x+y=90^{\circ}$。

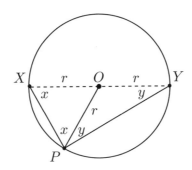

因為 $\overline{OX}$ 和 $\overline{OP}$ 都是這個圓的半徑，所以兩者的長度都是 r，由此可知△XPO 是一個等腰三角形。而根據等腰三角形定理，$\angle OXP = \angle XPO = x$。同樣地，$\overline{OY}$ 也是半徑。而且 $\angle OYP = \angle YPO = y$。由於三角形 XYP 的內角和一定是 180º，所以我們得到 $2x + 2y = 180$º，也就是 $x + y = 90$º，正是待證的結果。　　　☺

　　上述這個定理是「圓心角定理」中的一個特例，後者是我最愛的幾何學定理之一，我們將會在下一個悄悄話正式介紹它。

悄悄話

　　對於本章開頭的第二個問題，我們可以藉由**圓心角定理**來揭露出它的奧祕。假設 X 和 Y 是圓上的任意兩點，連接 X 和 Y 的兩個圓弧中較長的那一邊稱為**優弧**，較短的那一邊則稱作**劣弧**。圓心角定理聲稱，無論 P 這個點在 X 和 Y 之間的優弧上的任何一處，$\angle XPY$ 的角度都**不會改變**。更明確地說，$\angle XPY$ 的角度是**圓心角** $\angle XOY$ 的一半。如果 Q 是 X 和 Y 之間的劣弧上的一點，那麼 $\angle XQY = 180$º $- \angle XPY$。

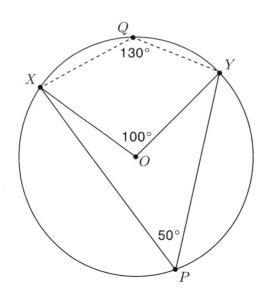

　　舉例來說，如果∠XOY＝100º，那麼在 X 和 Y 之間的優弧上，任何一點 P 都會使得∠XPY＝50º。而在 X 和 Y 之間的劣弧上，任何一點 Q 都會使得∠XQY＝130º。

　　一旦知道了圓的半徑，我們就可以導出重要的圓面積公式。

　　定理：一個圓的半徑為 r，其面積為 πr^2。

　　你在念書的時候大概必須把這個公式背起來，不過若能了解背後的原因，會讓人更心滿意足。一個絕對嚴謹的證明需要用到微積分，但是即使不使用它，我們還是可以提出相當具有說服力的論述。

　　證明一：試想一個中間有很多同心環的大圓，如下圖所示。將這個圓從中心點上方切開，然後將這些環統統拉直，形成一個看來像是三角形的形體，這個三角形體的面積是多少呢？

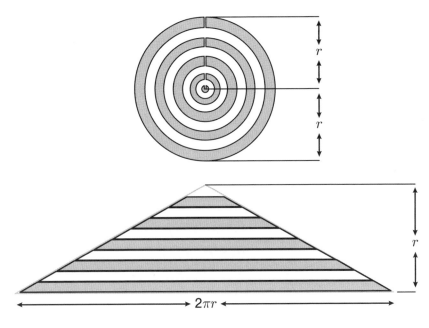

▲ 一個半徑為 r 的圓其面積為 πr^2。

　　一個底為 b 且高為 h 的三角形其面積為 $\frac{1}{2}bh$。對這個類似三角形的結構而言，其底為 $2\pi r$（原本那個圓的周長）且高為 r（從圓心到底部的距離）。一個圓如果被分成愈多個同心環，剝開後的樣子就愈接近三角形，因此這個圓的面積就是：

$$\frac{1}{2}bh = \frac{1}{2}(2\pi r)(r) = \pi r^2$$

正是待證的結果。　　　　　　　　　　　　　　　　　　　　　　☺

　　好事成雙，讓我們為這麼棒的定理再做一次證明吧！在剛剛的證明中那個圓被當作洋蔥，而這一次，我們要將它變成披薩。

　　證明二：將這個圓切成數片，每片的大小都相同。接著將上半部和下半部分開，再把各片交錯排放在一起。在下圖中，我們示範切成 8 片和 16 片的做法。

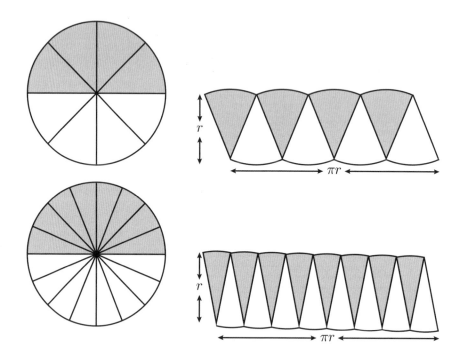

▲ 另一個證明圓面積是 πr^2 的方法。

切出的片數愈多，每一片的形狀就會愈接近一個高為 r 的三角形。將下半部的三角形（看成竹筍）和上半部的三角形（鐘乳石）交錯排放，我們就會得到一個非常接近長方形的形狀，它的高是 r，底是圓周的一半，也就是 πr。（如果要讓這個形狀看起來更像一個長方形而不是平行四邊形，我們可以將最左邊的鐘乳石切成兩半，然後把其中半個移到最右邊。）我們用的片數愈多，這個被切開的圓形重組後就會愈接近長方形，因此這個圓的面積是

$$bh = (\pi r)(r) = \pi r^2$$

與我們宣稱的一樣。   ☺

我們經常想要在座標平面上描繪出圓的圖形，對一個半徑為 r 且圓心在 (0,0) 的圓來說，它的方程式為

$$x^2 + y^2 = r^2$$

如下圖所示。為了理解這個方程式為何正確，我們讓 (x,y) 代表圓上的任一點，然後畫出一個直角三角形，其中直角邊的長度分別是 x 和 y，而斜邊長是 r。於是，畢氏定理立刻就能告訴我們 $x^2 + y^2 = r^2$。

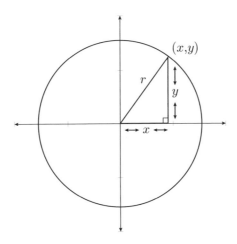

▲ 一個半徑為 r 且圓心在 $(0,0)$ 的圓形，其方程式為 $x^2 + y^2 = r^2$ 且面積是 πr^2。

當 $r=1$，上面這個圓就稱作**單位圓**。如果將這個單位圓依水平 a 倍和垂直 b 倍的比例向外「伸展」，我們就會得到一個橢圓，如下圖所示。

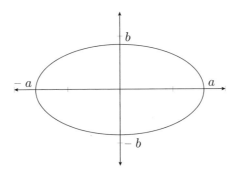

▲ 這個橢圓的面積是 πab。

對這樣的橢圓來說，其方程式為

$$\frac{x^2}{a^2} + \frac{y^2}{b^2} = 1$$

且面積是 πab。這很合理，因為單位圓的面積是 π，然後以 ab 倍率延伸。請注意，當 $a=b=r$，我們就會有一個半徑是 r 的圓，而面積公式 πab 讓我們得到正確的答案 πr^2。

接下來我要介紹一些關於橢圓的有趣事實。你可以用兩個圖釘、一圈細線和一支筆創造出一個橢圓。將兩個圖釘插在一張紙或是一片紙板上，用那圈細線鬆鬆地圍繞那兩個圖釘，然後將你的鉛筆接近線上某處，將這條線拉緊形成一個三角形，如下圖所示。一面保持著線被拉緊的狀態，一面將鉛筆圍繞著兩個圖釘移動，最後得到的圖形就會是一個橢圓。

這兩個圖釘的位置稱為橢圓的**焦點**，它們具有下列的神奇特性：如果你將一顆撞球（或彈珠）放在其中一個焦點上，然後將這顆球朝任何方向擊出，經過一次反彈之後，這顆球將會直直地朝著另一個焦點前進。

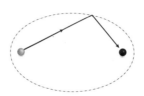

諸如行星或彗星這樣的天體就是以橢圓的路徑繞著太陽運轉，我不禁聯想到下面這個詩韻：

即使是日食月食（Even eclipses）
也都是基於橢圓的事實！（Are based on ellipses!）

悄悄話

說來有趣，世上並沒有一個計算橢圓周長的簡單公式。但是數學天才拉馬努金（Srinivasa Ramanujan, 1887-1920）發明了下面這個絕佳的逼近式。利用上述的定義，橢圓的周長大約是

$$\pi \left(3a + 3b - \sqrt{(3a+b)(3b+a)} \right)$$

請注意，當 $a=b=r$，這個公式就會簡化成 $\pi(6r-\sqrt{16r^2})=2\pi r$，也就是正圓的圓周公式。

π 這個數也會出現在立體的物件中。試想一個像是罐頭這樣的**圓柱**，對一個半徑為 r 且高度為 h 的圓柱來說，它的**體積**（這個形狀占據多少空間的一種度量）就是：

$$V_{\text{cylinder}} = \pi r^2 h$$

這個公式相當合理，因為我們可以將圓柱視為由很多個面積為 πr^2 的圓形一個個堆疊起來（就像餐廳裡面的一疊杯墊）的結果，直到高度達到 h 為止。

那麼圓柱的**表面積**又是多少呢？換句話說，如果想要將一個圓柱的表面（包括頂部和底部）全部塗漆，會用掉多少油漆呢？你不需要記住這個答案，因為只要將圓柱分解成三部分，你就可以計算出來了。圓柱的頂部和底部面積都是 πr^2，所以這兩者提供了 $2\pi r^2$ 的表面積。至於圓柱的其餘部分，將圓柱從底到頂沿直線切開然後攤平，它就會變成一個高為 h 的長方形。這個長方形的底長為 $2\pi r$，因為那正是頂部和底部圓形的圓周長。由於這個長方形的面積是 $2\pi rh$，因此這個圓柱的表面積總共是

$$A_{\text{cylinder}} = 2\pi r^2 + 2\pi rh$$

球是一個立體的形體，球面上每一個點都跟它的球心保持固定的距離。如果一個球的半徑為 r，那麼它的體積是多少呢？這樣的球能剛好放進一個半徑為 r 且高度為 $2r$ 的圓柱中，所以球的體積一定小於 $\pi r^2(2r) = 2\pi r^3$。巧合的是（或說微積分推導的結果），這個球占據的體積正好是那個圓柱的三分之二。也就是說，這個球的體積是

$$V_{\text{sphere}} = \frac{4}{3}\pi r^3$$

要算出球的表面積，我們有一個簡單的公式（不過要導出這個公式可沒那麼簡單）：

$$A_{\text{sphere}} = 4\pi r^2$$

在結束這一節之前，讓我們來看看冰淇淋和披薩中的 π。試想有一個高度為 h 的甜筒，上方的圓形其半徑為 r。讓 s 代表從甜筒尖端到圓上任一點所形成的**斜高**，如下圖所示。（我們可以利用畢氏定理算出 s 的值，因為 $h^2 + r^2 = s^2$。）

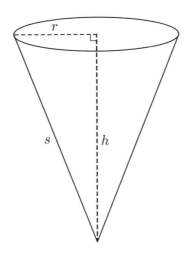

▲ 這個甜筒的體積是 $\pi r^2 h/3$，表面積是 πrs。

　　這樣的甜筒可以剛好放入一個半徑為 r 且高度為 h 的圓柱中，所以這個甜筒的體積小於 $\pi r^2 h$ 是意料中的事。然而出乎意料的是（如果不用微積分，完全無法憑直覺看出）甜筒的體積正好是這個值的三分之一，也就是說

$$V_{\text{cone}} = \frac{1}{3}\pi r^2 h$$

雖然要算出甜筒的表面積並不需要用到微積分，但我們還是讓你看看這個既優雅又簡潔的結果。甜筒的表面積是

$$A_{\text{cone}} = \pi rs$$

　　最後，試想一個半徑為 z 且厚度為 a 的披薩，如下圖所示。這個披薩的體積是多少呢？

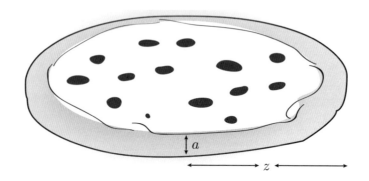

▲ 一個半徑為 z 且厚度為 a 的披薩其體積是多少呢?

這個披薩可被視為一個半徑為 z 且高度為 a 的特殊圓柱體,所以它的體積一定是

$$V = \pi z^2 a$$

不過這個答案其實自始至終浮現在你眼前,因為如果我們將它寫得更仔細,就會得到

$$V = \pi zza = pizza = 披薩$$

π 的一些驚人面向

在計算諸如上述圓形物體的面積和周長時,π 的出現毫不令人意外。但是,π 也出現在許多看來並不屬於它的數學領域中。拿第四章探討過的 n! 來舉例,這個數目本身跟圓形並沒有什麼關係,並主要用在計算離散數量的公式中。我們知道它成長得非常快,而且截至目前為止,並不存在計算 n! 的有效捷徑。舉例來說,我們在計算 100,000! 的時候還是需要執行數千次乘法。然而,有一個估計 n! 的有效方式,那

就是**斯特靈公式**：

$$n! \approx \left(\frac{n}{e}\right)^n \sqrt{2\pi n}$$

其中 $e=2.71828\ldots$（這是另一個重要的無理數，我們會在第十章學到有關它的一切。）舉例來說，若取四位有效數字，電腦可以用這個方法算出 $64! = 1.269 \times 10^{89}$。用斯特靈公式則可算出 $64! \approx (64/e)^{64}\sqrt{128\pi} = 1.267 \times 10^{89}$。（計算一個數的 64 次方有捷徑嗎？有的！因為 $64 = 2^6$，所以你只要將 $64/e$ 自我平方六次就可以了。）

下圖是著名的**鐘型曲線**，其高度為 $1/\sqrt{2\pi}$，在統計學和所有的實驗科學中到處都可以看到它的身影。我們會在第十章對這個曲線多加著墨。

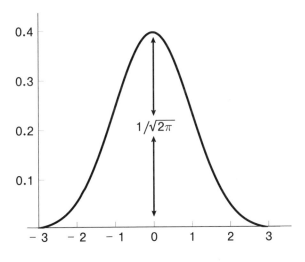

▲ 鐘型曲線的高度是 $1/\sqrt{2\pi}$。

π 這個數也常常出現在無窮的總和裡。當我們將正整數之倒數的平方相加時，會得到下式

$$1 + 1/2^2 + 1/3^2 + 1/4^2 + \cdots = 1 + 1/4 + 1/9 + 1/16 + \cdots = \pi^2/6$$

第一個證明出上式的數學家是歐拉。如果我們將上述每一項再平方一次，這些四次方的總和會是

$$1 + 1/16 + 1/81 + 1/256 + 1/625 + \cdots = \pi^4/90$$

其實每一個偶數次方 $2k$ 的倒數之和都有公式，那就是 π^{2k} 乘上一個有理數。

那麼倒數的奇數次方之和呢？在第十二章，我們會證明正整數的倒數之和是無窮大。如果奇數次方大於 1，例如倒數的立方之和：

$$1 + 1/8 + 1/27 + 1/64 + 1/125 + \cdots = \ ???$$

答案會是有限值，但是截至目前為止，還沒有人找出計算這個總和的簡單公式。

另一個弔詭的是，π 會出現在跟機率有關的問題中。舉例來說，如果你隨機選擇兩個很大的數目，那麼兩者沒有相同質因數的機率稍微大於 60%。更精確地說，這個機率是 $6/\pi^2 = .6079\ldots$。這個答案是前述某個無窮總和的倒數，而且這點並非巧合。

圓周率

只要仔細測量，你便可以用實驗的方法確定 π 稍微大於 3。但是自然而然浮現了兩個問題：你可否在不用任何實質測量的條件下，證明 π 是一個接近 3 的數？而 π 又是否能用一個簡單的分數或是公式來表示？

第一個問題可以經由畫一個半徑為 1 的圓來回答，這個圓的面積是 $\pi 1^2 = \pi$。在下圖中，我們畫出一個邊長為 2 的正方形，將這個圓完整的包在裡面。由於這個圓的面積一定小於正方形的面積，這就證明了 $\pi < 4$。

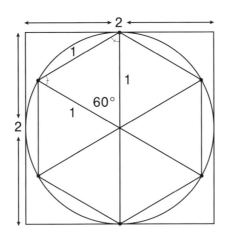

▲ 3<π<4 的幾何證明。

　　另一方面，這個圓包含了一個六邊形，它的六個角平均分布在圓周上。這個內接六邊形的周長是多少呢？六邊形可以分解成 6 個三角形，每個三角形都有一個 360°/6＝60° 的圓心角，而且每個三角形中有兩邊是圓的半徑（長度為 1），所以它們都是等腰三角形。根據等腰三角形定理，另外兩個角有相同的角度，所以一定都是 60°。因此，這些三角形都是邊長為 1 的等邊三角形。於是這個六邊形的周長是 6，而它一定比圓周 2π 少一點。因此 6<2π，也就是 π>3。將這些結果放在一起，我們就會得到

$$3 < \pi < 4$$

悄悄話

　　我們可以用具有更多個邊的多邊形來將 π 限縮在更小的區間中。舉例來說，如果我們不用正方形，而是用一個六邊形將單位圓包起來，就能證明 π <2√3＝3.46...。

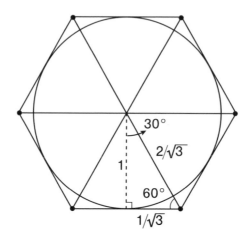

　　這個六邊形同樣可以被細分成六個等邊三角形，每一個三角形都可以再細分成兩個全等的直角三角形。如果較短的直角邊其長度為 x，那麼斜邊的長度就是 $2x$。根據畢氏定理，$x^2+1=(2x)^2$，我們即可解出 $x=1/\sqrt{3}$。由此可知，這個六邊形的周長是 $12/\sqrt{3}=4\sqrt{3}$。而因為這個數大於這個圓的周長 2π，於是 $\pi<2\sqrt{3}$。（有趣的是，如果將這個圓與這個六邊形兩者的**面積**互相比較，我們也會得到相同的結論。）

　　根據這個結果，偉大的古希臘數學家阿基米德（西元前 287～212 年）進一步創造出 12、24、48 和 96 邊的內接和外切多邊形，並導出 $3.14103<\pi<3.14271$，以及一個更簡單的不等式

$$3\frac{10}{71}<\pi<3\frac{1}{7}$$

　　用分數逼近 π 有很多簡單的方式，比方說：

$$\frac{314}{100}=3.14 \qquad \frac{22}{7}=3.\overline{142857} \qquad \frac{355}{113}=3.14159292\ldots$$

我特別喜歡最後一個逼近式，因為它不只正確產生小數點後的前六位數，也把最初三個奇數各用上兩次：依序是兩個 1、兩個 3 和兩個 5！

　　當然，若能找出一個剛好等於 π 的分數會很有趣。（其中分子和分母都是整數，否則我們可以直接用 $\pi=\frac{\pi}{1}$。）不過，朗伯（Johann Heinrich Lambert）在一七六八年證明了 π 是一個無理數，也就證明了上述的嘗試徒勞無功。或許 π 可以用某個簡單數目的平方根或立方根來表示？舉例來說，$\sqrt{10}=3.162...$ 已經相當接近了。但是在一八八二年，林德曼（Ferdinand von Lindemann）證明了 π 不只是無理數，還是一個超越數。也就是說，π 不是任何一個整係數多項式的根。舉例來說，$\sqrt{2}$ 是一個無理數，但它並不是一個超越數，因為 $\sqrt{2}$ 是多項式 x^2-2 的根。

　　雖然 π 並不能用一個分數來表示，卻能表示成無窮多個分數的總和或乘積！舉例來說，我們在第十二章會看到

$$\pi = 4\left(1-\frac{1}{3}+\frac{1}{5}-\frac{1}{7}+\frac{1}{9}-\frac{1}{11}+\cdots\right)$$

這個公式不僅美麗，也相當驚人，但在計算 π 的眾多公式中，它並不算是非常實用的一個。算了 300 項之後，我們仍舊不會得到比 22/7 更逼近 π 的數值。下面是另一個驚人的公式，我們稱之為**沃利斯公式**，它以一個無窮乘積來計算 π，不過同樣需要花很長的時間來收斂。

$$\pi = 4\left(\frac{2}{3}\cdot\frac{4}{3}\cdot\frac{4}{5}\cdot\frac{6}{5}\cdot\frac{6}{7}\cdot\frac{8}{7}\cdot\frac{8}{9}\cdots\right)$$

$$= 4\left(1-\frac{1}{9}\right)\left(1-\frac{1}{25}\right)\left(1-\frac{1}{49}\right)\left(1-\frac{1}{81}\right)\cdots$$

讚頌與背誦 π（以及 τ）

由於大家都為 π 所著迷（一部分是為了測試超級電腦的速度和準確性），所以 π 曾經被算到幾兆位數。當然，其實我們並不需要這種精確度，只要知道 π 的前四十位數，你就可以測量出已知宇宙的周長，誤差不超過氫原子的半徑！

π 這個數已經發展到近乎讓人狂熱崇拜的地步了。許多人喜歡在「π 日」（三月十四日，用數字來呈現就是 3/14，剛好也是愛因斯坦的生日）讚頌 π。在這一天，典型的活動可能包含展示和食用以數學為裝飾主題的派、打扮成愛因斯坦的樣子，當然也少不了 π 的記憶大賽。參賽的學生一般都可以記住 π 的幾十位數，但通常贏家都是那些記得超過一百位數的人。對了，目前記憶 π 的世界紀錄是呂超這位中國人，他曾在二〇〇五年背誦出了 π 的 67,890 位數！根據《金氏世界紀錄》，呂超花了四年才記住這麼多位數，他也花了比二十四小時再多一點的時間才將這些位數統統背誦出來。

我們來看看 π 的前一百位數：

$$\pi = 3.1415926535897932384626433832795028841971693993751058209749445923078164062862089986280348253421170 67\ldots$$

經過這麼多年，人們早已想出一些背誦圓周率的妙方，其中之一就是創造特殊的英文句子，讓句子裡每個單字所包含的字母數代表 π 的下一位數。一些著名的例子包括「How I wish I could calculate pi」（得到七位數：3.141592）以及「How I want a drink, alcoholic of course, after the heavy lectures involving quantum mechanics」（提供了十五位數）。（譯注：而在中文裡，有人用諧音的方式將圓周率藏在詩句中，其中最著名的是〈山巔〉這首五言絕句：「一寺一壺酒，二柳舞扇舞，把酒棄舊山，惡善百世流。」連題目共得到二十一位數：3.14159265358979323846。）

最令人佩服的例子出現在一九九五年，凱斯（Mike Keith）利用愛倫坡一首鬼斧神工的打油詩〈烏鴉〉創造出記住 740 位數的方法。這首詩的標題和第一節加起來就能產生出 42 位數，其中由十個字母組成的單字對應數字 0。

Poe, E. Near a Raven（譯注：對應 3.1415，以下依此類推）

Midnights so dreary, tired and weary.

Silently pondering volumes extolling all by-now obsolete lore.

During my rather long nap–the weirdest tap!

An ominous vibrating sound disturbing my chamber's antedoor.

"This," I whispered quietly, "I ignore."

凱斯隨後將這首鉅作繼續延伸，寫出一首藏有 3835 位數的詩，題為〈Cadaeic Cadenza〉。（請注意，如果你用數字 3 代替字母 C、用 1 代替 A、用 4 代替 D……，那麼「cadaeic」這個字就會變成 3141593。）這首詩的開頭取材自〈烏鴉〉，但也包含了一些數位作品評論以及模仿其他詩詞的部分，比如說卡羅（Lewis Carroll）的詩作〈無聊〉（*Jabberwocky*）也在其中。凱斯在這方面最新的貢獻是出版了一本書，書名是「*Not a Wake: A Dream Embodying π's Digits Fully for 10000 Decimals.*」（請注意此書標題中每個單字的字母數！）

這種用字母數來記憶 π 的方法有一個很大的問題，那就是即使你能記住這些句子、詩詞和故事，要立刻判斷出每個單字有多少字母也並非一件簡單的事。關於這點，我喜歡的說法是：「多麼希望能跟大家解釋，其實通常有更好的記憶法可用。」（「How I wish I could elucidate to others. There are often superior mnemonics!」這句話產生出 13 位數。）

要記住許多數字，我最喜歡用的方法是一種名為**主要系統**的**音碼**。在這套音碼中，每個數字都用一個或多個子音來表示。更具體地說：

1＝*t* 或 *d*

2＝*n*

3＝*m*

4＝*r*

5＝*l*

6＝*j*、*ch* 或 *sh*

7＝*k* 或硬 *g* 音

8＝*f* 或 *v*

9＝*p* 或 *b*

0＝*s* 或 *z*

甚至還有人發明了幫你記住這套記憶系統的記憶法呢！我的朋友馬洛斯科維普（Tony Marloshkovips）提供了下列建議：字母 *t*（或發音相似的 *d*）中藏有一條直線；*n* 有兩條；*m* 有三條；而愛地球就別忘了環保 4R。伸出 5 根手指頭，你就會在拇指和食指之間看到 *L*；將 6 倒過來，看起來就很像字母 *j*；而兩個 7 可以組成一個 *K*。（微軟系統）開機時按下 *F*8 能進入安全模式；將 9 左右或上下翻轉，就能得到 *p* 或 *b*。最後，*ZO* 就是 0 輸出的意思。或者你也可以將這些子音統統照順序排好，形成 TNMRLShKVPS，然後就會得到一個我（想像中的）朋友的名字：Tony Marloshkovips。

我們只要在每個相連的子音中插入母音，就能利用這套音碼讓數字變成文字。舉例來說，31 用到的子音有 *m* 和 *t*（或是 *m* 和 *d*），因此這個數字可以轉化成如下一些單字：

　31 ＝ mate, mute, mud, mad, maid, mitt, might, omit, muddy

請注意，像是「muddy」或是「mitt」這樣的單字是可以被接受的，因為 d 和 t 聽起來像是只出現一次，拼法也不會造成任何影響。此外，因為像是 h、w 和 y 這樣的子音並沒有出現在上表中，所以這些字母也能像母音一樣自由使用。因此我們可以將 31 轉化成像是「humid」或是「midway」這樣的單字。請注意，雖然同一個數字通常可以對應許多不同的單字，但是一個單字只能表示唯一的數字。

π 的前三個位數包含子音 m、t 和 r，這三位數可以轉換成如下一些單字：

314 = meter, motor, metro, mutter, meteor, midyear, amateur

前五個位數 31415 可以變成「my turtle」這個詞。若再繼續延伸至 π 的前二十四位數，314159265358979323846264 就可以變成

My turtle Pancho will, my love, pick up my new mover Ginger

然後將接下來的十七位數 33832795028841971 變成

My movie monkey plays in a favorite bucket

我很喜歡接下來的十九位數：6939937510582097494，因為它們可以對應一些較長的單字：

Ship my puppy Michael to Sullivan's backrubber

而下面十八個位數 459230781640628620 可以帶給我們這句話

A really open music video cheers Jenny F. Jones

然後再接下來的二十二位數 8998628034825342117067 則是：

Have a baby fish knife so Marvin will marinate the goose chick!

於是，我們就將圓周率的前一百位數悄悄藏在這五個傻裡傻氣的句子中了！

音碼對於記憶日期、電話號碼、信用卡號等長串數字都相當有用。試試看，只要稍加練習，你就能大大增強記住許多數字的能力了。

π 是數學中最重要的數之一，這一點所有的數學家都會認同。但是如果你看看那些用到 π 的公式，你會發現它們大多會將 π 乘上 2。我們用希臘字母 τ（發音類似「陶」）來代表這個數

$$\tau = 2\pi$$

許多人相信如果我們能回到過去，就能因為用 τ 取代 π，而讓許多數學公式以及三角學中的關鍵概念變得比較簡單。在一些文章中，比如說帕萊（Bob Palais）的〈π 是錯誤的！〉以及哈特爾（Michael Hartl）的〈τ 的宣言〉，作者都優雅又饒富趣味地表達過這個想法。這個論述的「中心點」在於圓都是由半徑來定義的，當我們將圓周和半徑相比的時候，就會得到 $C/r = 2\pi = \tau$。有些教科書現在會標示「兼容 τ」來表示這本書同時用 π 和 τ 來寫出公式。（雖然全面改用 τ 不會是輕鬆的過程，但許多學生和老師都認為使用 τ 會比 π 更輕鬆。）觀察這項行動在未來數十年會演變成什麼樣子是相當有趣的。τ 的支持者（他們自稱為陶幫）誠摯地相信真理站在他們那邊，但他們也能包容比較傳統的符號。如同他們所說的，陶幫絕非頑固不化。

下面是 τ 的前一百位數，其中插入了一些空格，對應我們隨後會提到的記憶法。請注意，τ 的開頭是 6，接著是 28，這兩個數目都是第六章提過的「完全數」。這是個巧合嗎？當然囉！不過還算是個有趣的花架啦。

τ = 6.283185 30717958 64769252 867665 5900576 839433 8798750 211641949 8891846 15632 812572417 99725606 9650684 234135⋯

　　二〇一二年，當時才十三歲的布朗（Ethan Brown）締造了一項世界
紀錄。為了一個募款計畫，他背出了 τ 的 2012 位數。他也是利用音碼，
但並非創造出長句，而是創造出視覺圖像。每個畫面都包括了一個主
體、一個動作（結尾永遠是現在進行式的 -ing）和一個當作受詞的物
體。例如 τ 的前七位數：62 831 85 就變成「An ocean vomiting a waffle」
（大海吐出一塊鬆餅）。下面是他為 τ 的前一百位數所創造出來的畫面：

> An ocean vomiting a waffle
>
> A mask tugging on a bailiff
>
> A shark chopping nylon
>
> Fudge coaching a cello
>
> Elbows selling a couch
>
> Foam burying a mummy
>
> Fog paving glass
>
> A handout shredding a prop
>
> FIFA beautifying the Irish
>
> A doll shooing a minnow
>
> A photon looking neurotic
>
> A puppy acknowledging the sewage
>
> A peach losing its chauffeur
>
> Honey marrying oatmeal

　　為了更容易記住這些畫面，布朗採用**記憶宮殿**這個方法。他想像自
己在學校中遊蕩，當他沿著某條走廊前進並進入一間間的教室，每間教
室裡都會有三到五個主體做著一些蠢事。最後，他得到了分布在 60 個
地方的 272 個圖像。花了四個月準備之後，他用了 73 分鐘背誦出那
2012 位數。

讓我們用一首讚頌 π 的樂曲來結束這一章吧。這是我根據雷斯（Larry Lesser）的模仿歌曲〈美國 π〉（*American Pi*）所寫的一段新歌詞（譯注：雷斯所模仿的對象是〈American Pie〉這首經典歌曲）。這首歌你應該只唱一次就好，因為 π 是不會自我重複的。

很久，很久以前，
我還記得數學課總是讓我打瞌睡。
因為我們碰上的每個小數，
不是有終點就是一直重複。
但或許這世上其實有更厲害的數

但後來我的老師說：「給你一個挑戰，
試著找出圓的面積。」
雖然我嘗試無數，
我還是找不出一個分數。

我不記得我是不是哭了，
甚至試著外接多邊形，
但在我心深處有個東西觸動了我
就在這一天我認識了 π！

π 啊 π，數學上的 π，
二乘十一除以七是個不錯的嘗試。
你或許希望能提出一個美好的分數
但它的小數展開永不止息，
小數展開永不止息。

π 啊 π，數學上的 π，

3.141592653589。

你或許希望能用一個美好的分數來定義它，

但是小數展開永不止息！

第 9 章

20° = π / 9
三角函數的魔術

三角學的高峰

三角學能讓我們解出一些無法用古典幾何學處理的幾何題目，舉例來說，考慮下面這個問題：

僅用一個量角器和一個袖珍計算機，測出附近某座山的高度。

對於這個問題，我們將提出**五種**不同解法。實際上，前三種解法幾乎連一丁點數學都沒用上！

方法一（費力解法）：爬上山頂，將你的計算機往下丟（這可能需要用上相當大的力氣），然後測出計算機撞到地面所需的時間（或聆聽下方背包客的尖叫聲）。如果總共花費了 t 秒，且忽略空氣阻力和終端速度帶來的影響，那麼標準的物理學方程式會指出這座山大約高 $16t^2$ 英尺。這個方法的缺點是空氣阻力和終端速度的影響可能相當大，所以你的計算會變得不精確，而且要找回這台計算機也不太可能了。除此之外，這個方法需要用到的計時器可能就在你的計算機上。要說優點的話，則是這個方法並不需要用到量角器。

方法二（輕鬆解法）：找一位友善的保育巡查員，然後用你的嶄新量角器跟他交換山峰的高度這項情報。如果你找不到任何保育巡查員，那就看看附近有沒有一位親切的男士，他一身漂亮的古銅色肌膚表示他可能花了很多時間待在戶外，因而可能對你這個問題的答案相當清楚。這個方法的優點是你有可能會交到新朋友，而且不需要犧牲你的計算機。此外，如果你對這位深膚色男士的回答心存懷疑，你還是可以親自爬上這座山，然後採用第一個方法找出答案。這個方法的缺點是你可能會失去你的量角器，還被冠上賄賂的罪名。

方法三（聰明解法）：在嘗試方法一和方法二之前，先試著找出一個告示牌，上面標有這座山的高度。這麼做的好處是你不需要犧牲任何一項裝備。☺

當然，如果這三種方法都不合你意，那麼我們就必須訴諸於數學的解法，也就是本章的主題。

三角學和三角形

「三角學」（trigonometry）在字面上就是三角測量的意思，這個詞的字根源自希臘文「trigon」和「metria」。接下來我們先從分析一些經典的三角形開始。

等腰直角三角形：等腰直角三角形包含一個 90º 角，它的另外兩個角必定相同，所以兩者都是 45º（因為三角形的內角和為 180º），這樣的三角形我們稱之為 45－45－90 三角形。如果兩個直角邊的長度都是 1，那麼根據畢氏定理，斜邊長一定是 $\sqrt{1^2+1^2}=\sqrt{2}$。請注意，任何等腰直角三角形的邊長比例都是 $1：1：\sqrt{2}$，如下圖所示。

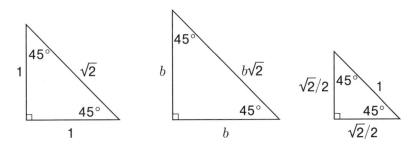

▲ 在一個 45－45－90 三角形中，邊長的比例是 $1：1：\sqrt{2}$。

30－60－90 三角形：在一個等邊三角形中，每個邊長都相同，而且每個角的大小都是 60º。如果我們將一個等邊三角形分成全等的兩半，如下圖所示，就會得到兩個其內角分別是 30º、60º 和 90º 的直角三角形。如果這個等邊三角形的邊長為 2，那麼內含的兩個直角三角形的斜邊長就會是 2，而較短的直角邊長為 1。根據畢氏定理，較長的直角邊長會是 $\sqrt{2^2-1^2}=\sqrt{3}$。因此，所有 30－60－90 三角形的比例都會是 $1：\sqrt{3}：2$（也可以學學我，用 1、2、$\sqrt{3}$ 這個簡單的順序來記憶）。特別是如果斜邊長為 1，則另外兩個邊長分別是 1/2 以及 $\sqrt{3}/2$。

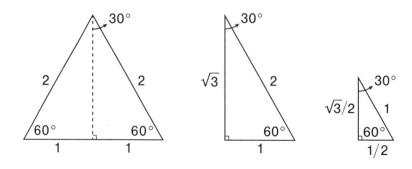

▲ 在一個 30－60－90 三角形中，邊長的比例是 1：$\sqrt{3}$：2。

悄悄話

　　當正整數 a、b、c 滿足 $a^2+b^2=c^2$，我們稱 (a,b,c) 為一個**畢氏三元數**。這種三元數有無限多個，其中最小也最簡單的是 $(3,4,5)$。當然啦，你可以將你的三元數乘以一個正整數，來得到其他的三元數，像是 $(6,8,10)$ 或 $(9,12,15)$ 或 $(300,400,500)$。但我們希望能有更好玩的例子。下面是一個創造畢氏三元數的聰明方法：選定任意兩個正數 m 和 n，其中 $m>n$，然後設定

$$a = m^2 - n^2 \qquad b = 2mn \qquad c = m^2 + n^2$$

　　請注意，$a^2+b^2=(m^2-n^2)^2+(2mn)^2=m^4+2m^2n^2+n^4$，也等於 $(m^2+n^2)^2=c^2$，所以 (a,b,c) 是一個畢氏三元數。舉例來說，讓 $m=2$，$n=1$ 可以產生 $(3,4,5)$；$(m,n)=(3,2)$ 則給了我們 $(5,12,13)$；$(m,n)=(4,1)$ 會產生 $(15,8,17)$；$(m,n)=(10,7)$ 則會產生 $(51,140,149)$。令人特別訝異的是（而且任何一門數論課都會證明）**所有的**畢氏三元數都可以藉由這個步驟產生。

三角學完全植基於兩個重要的函數：**正弦**函數與**餘弦**函數。給定一個直角三角形 ABC，如下圖所示。在這個三角形中，我們用 c 代表斜邊長，並用 a 和 b 分別代表 $\angle A$ 和 $\angle B$ 的對邊。

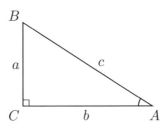

$$\sin A = a/c = \frac{\text{對邊}}{\text{斜邊}} \quad \cos A = b/c = \frac{\text{鄰邊}}{\text{斜邊}} \quad \tan A = a/b = \frac{\text{對邊}}{\text{鄰邊}}$$

針對 A 這個角（它在直角三角形中必定是銳角），我們將 **$\angle A$ 的正弦函數**標記為 $sinA$，並將它定義為

$$\sin A = \frac{a}{c} = \frac{\text{角 } A \text{ 的對邊長}}{\text{斜邊長}} = \frac{\text{對邊}}{\text{斜邊}}$$

另一方面，我們將 **$\angle A$ 的餘弦函數**（$cosA$）定義為

$$\cos A = \frac{b}{c} = \frac{\text{角 } A \text{ 的鄰邊長}}{\text{斜邊長}} = \frac{\text{鄰邊}}{\text{斜邊}}$$

（請注意，**任何**含有 A 這個角的直角三角形都會跟上面那個三角形相似，每邊的長度依比例縮放，所以三角形的大小並不會影響 A 的正弦函數和餘弦函數這兩個數值。）

在正弦函數和餘弦函數之外，三角學中最常用的函數就是**正切**函數。我們將 **$\angle A$ 的正切函數**（$\tan A$）定義為

$$\tan A = \frac{\sin A}{\cos A}$$

就上述那個直角三角形而言,也就是

$$\tan A = \frac{\sin A}{\cos A} = \frac{a/c}{b/c} = \frac{a}{b} = \frac{\text{角 } A \text{ 的對邊長}}{\text{角 } A \text{ 的鄰邊長}} = \frac{\text{對邊}}{\text{鄰邊}}$$

　　有許多口訣能幫助我們記住正弦、餘弦以及正切函數的公式。在英文中,最普及的一個是「SOH CAH TOA」,其中 SOH 提醒我們 sine(正弦)就是 opposite / hypotenuse(對邊/斜邊),而 CAH 和 TOA 也是類似的道理。

　　舉例來說,在下面這個 3-4-5 三角形中,我們有

$$\sin A = \frac{3}{5} \qquad \cos A = \frac{4}{5} \qquad \tan A = \frac{3}{4}$$

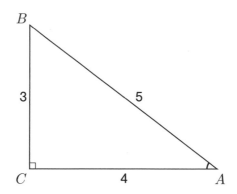

▲ 對這個 3-4-5 直角三角形來說,$\sin A = 3/5$、$\cos A = 4/5$,$\tan A = 3/4$。

　　那麼同一個三角形中的 $\angle B$ 呢?如果計算這個角的正弦和餘弦函數,我們會發現

$$\sin B = \frac{4}{5} = \cos A \qquad \cos B = \frac{3}{5} = \sin A$$

在這個例子中，sin B＝cos A 且 cos B＝sin A，這並不是一個巧合。因為只要∠A 為銳角，另一個銳角的對邊跟鄰邊就會跟∠A 剛好相反，而斜邊保持不變。由於∠A＋∠B＝90º，所以無論銳角的角度為何，都符合

$$\sin(90° - A) = \cos A \qquad \cos(90° - A) = \sin A$$

因此舉例來說，如果一個直角三角形 ABC 中的∠A＝40º，那麼它的餘角∠B＝50º，並具有 sin 50º＝cos 40º 以及 cos 50º＝sin 40º 這些特性。換言之，「餘角的正弦函數」就是餘弦函數（這也就是「餘弦」一詞的由來）。

除此之外，在你的三角學詞彙表中應該還要加上三個函數，不過它們不會像我們前面介紹的那三個函數一樣常用。這三個函數就是**正割**、**餘割**和**餘切**，它們的定義如下：

$$\sec A = \frac{1}{\cos A} \qquad \csc A = \frac{1}{\sin A} \qquad \cot A = \frac{1}{\tan A}$$

你可以輕易地驗證右邊這兩個「餘」函數與自己的同伴有著跟正弦函數和餘弦函數類似的互餘關係。換言之，對直角三角形中的任何銳角來說，sec(90º－A)＝csc A 且 tan(90º－A)＝cot A。

一旦你知道如何算出一個角的正弦函數，就可以利用互餘關係來找出任一角的餘弦函數，接著還能從中算出正切函數和其他的三角函數。但是你要**怎麼做**才能算出正弦的值，比方說 sin 40º 呢？用計算機會是最簡單的方式。我的計算機在以**角度**為單位時，能得出 sin 40º＝0.642...。而計算機是怎麼做**這樣的**計算呢？我們會在本章接近尾聲的時候解釋這一點。

有幾個三角函數的值是你應該不需憑藉計算機的幫助就能知道的。回想先前那個 30－60－90 三角形，因為其三邊比例為 1：$\sqrt{3}$：2，所以由此可知

$$\sin 30° = 1/2 \qquad \sin 60° = \sqrt{3}/2$$

以及

$$\cos 30° = \sqrt{3}/2 \qquad \cos 60° = 1/2$$

而因為一個 45–45–90 三角形的邊長比例為 $1:1:\sqrt{2}$，所以我們就有

$$\sin 45° = \cos 45° = 1/\sqrt{2} = \sqrt{2}/2$$

由於 $\tan A = \sin A/\cos A$，我認為沒有必要記憶任何正切函數的值。例外的大概只有 $\tan 45° = 1$，以及由於 $\cos 90° = 0$ 而**無定義**的 $\tan 90°$。

在我們用三角學來測定某座山的高度之前，先來解決一個比較簡單的問題：測出一棵樹的高度。（這會稱為杉角學嗎？）

假設你離某棵樹有 10 英尺遠，而從你的所在地到樹頂的角度是 $50°$，如下圖所示。（順帶一提，大部分的智慧型手機都有測量角度的應用程式。若是用比較原始的工具，我們也可以用一個量角器、一根吸管和一根迴紋針創造出一個實用的角度測量器，這稱之為**測斜儀**。）

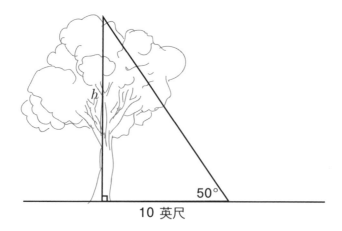

▲ 這棵樹有多高？

讓 h 代表這棵樹的高度，於是

$$\tan 50^\circ = \frac{h}{10}$$

由此可知 $h=10\tan 50°$。根據計算機，h 就等於 $10(1.19...)\approx 11.9$，所以這棵樹大約是 11.9 英尺高。

　　現在我們已經準備好，可以為上述的山高問題提出第一個數學解法了。這次的挑戰是我們並不知道自己到山峰的中心這段距離為何，於是我們一開始就有兩個未知數（山的高度以及我們和山的距離），所以我們至少要蒐集兩項資訊。我們先測量從自身位置到山頂的角度，假設得出的角度為 40°；然後向後退 1,000 英尺，發現這時候測得的角度是32°，如下圖所示。讓我們用這些資訊來計算這座山的大約高度。

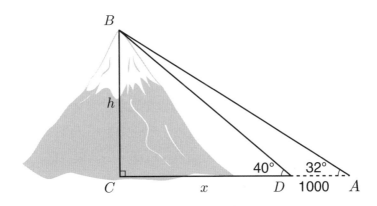

　　方法四（正切法）：讓 h 代表這座山的高度，並讓 x 代表我們起初跟這座山的距離（所以 x 就是 $\overline{CD}$ 的長度）。看看上面這個直角三角形 BCD，同時算出 $\tan 40°\approx 0.839$，因此

$$\tan 40^\circ \approx 0.839 = \frac{h}{x}$$

其中隱含 $h=0.839x$。而從三角形 ABC 中，我們得到

$$\tan 32° \approx 0.625 = \frac{h}{x + 1000}$$

所以 $h=0.625(x+1000)=0.625x+625$。

將 h 的兩個表達式畫上等號，我們得到

$$0.839x = 0.625x + 625$$

其解為 $x=625/(0.214)\approx2920$。由此可知，h 大約是 $0.839(2920)=2450$，所以這座山的高度大約是 2,450 英尺。

三角學與圓形

截至目前為止，我們都是用直角三角形來定義三角函數，而且我強烈鼓勵你坦然接受這種定義。然而這種定義有個缺點，那就是只有當角度剛好在 0º 到 90º 之間（因為直角三角形必定包含一個 90º 角和兩個銳角），我們才能找到這個角的正弦函數、餘弦函數和正切函數。在這一節，我們將會用**單位圓**來定義三角函數。這個方法能讓我們找出任何一個角的正弦函數、餘弦函數和正切函數。

回想一下，單位圓的半徑為 1，而**原點** (0,0) 為其中心。我們在上一章用畢氏定理導出過它的方程式：$x^2+y^2=1$。假設我要求你在單位圓上找出一點 (x,y) 來對應銳角 A，它的角度是從 $(1,0)$ 出發朝逆時針方向測量，如下圖所示。

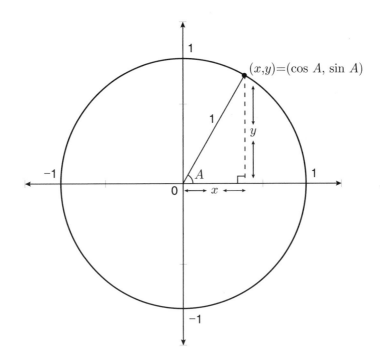

▲ 單位圓上的 (x,y) 這個點對應到角 A，且具有 $x=\cos A$ 以及 $y=\sin A$ 的關係。

　　畫出一個直角三角形並套用正弦和餘弦函數的公式，我們就能找到 x 和 y。更具體地說，就是

$$\cos A = \frac{\text{鄰邊}}{\text{斜邊}} = \frac{x}{1} = x$$

以及

$$\sin A = \frac{\text{對邊}}{\text{斜邊}} = \frac{y}{1} = y$$

換句話說，(x,y) 這個點等於 $(\cos A, \sin A)$。（更廣泛地說，若某圓的半徑為 r，那麼 $(x,y)=(r\cos A, r\sin A)$。）

　　對於任意角 A，我們可以延伸這個概念，定義 (cos A,sin A) 就是這個單位圓上等同於角 A 的那一點。（換言之，對單位圓上等同於角 A 的那個點來說，cos A 為其 x 座標且 sin A 為其 y 座標。）一般性的概念如下圖所示：

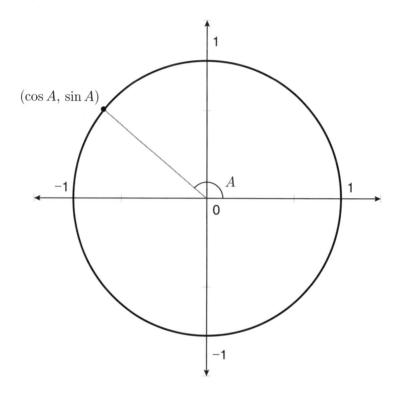

▲ cos A 和 sin A 的一般定義。

　　接下來是另一個概念圖，我們用 30º 來細分剛剛那個單位圓（額外加入同樣常見的 45º），因為這些角度對應到我們先前遇過的那些特殊三角形的內角。我們還列出了 0°、30°、45°、60° 以及 90° 這些角度的正弦函數和餘弦函數所對應的值，更明確地說：

$$(\cos\ 0^\circ, \sin\ 0^\circ) = (1, 0)$$
$$(\cos 30^\circ, \sin 30^\circ) = (\sqrt{3}/2, 1/2)$$
$$(\cos 45^\circ, \sin 45^\circ) = (\sqrt{2}/2, \sqrt{2}/2)$$
$$(\cos 60^\circ, \sin 60^\circ) = (1/2, \sqrt{3}/2)$$
$$(\cos 90^\circ, \sin 90^\circ) = (0, 1)$$

接下來，我們會看到這些角度其倍數角的三角函數都可以經由鏡射第一象限的函數值算出來。

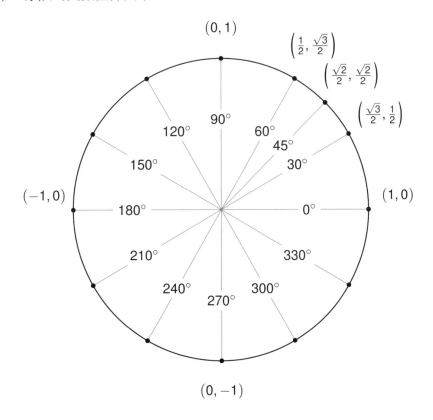

因為將一個角加上或減去 360° 並沒有真的改變這個角度（等於繞了完整的一圈），所以對任一角 A 來說，我們都有

$$\sin(A \pm 360^\circ) = \sin A \qquad \cos(A \pm 360^\circ) = \cos A$$

其中負數角度對應於朝順時針方向旋轉。舉例來說，−30º 這個角度就等於是 330º。請注意，當你順時針旋轉 A 角度之後，得到的 y 座標跟你逆時針旋轉 A 角度是一樣的，但是 x 座標的正負號會相反。換言之，對任一角 A 來說

$$\cos(-A) = \cos A \qquad \sin(-A) = -\sin A$$

舉例來說

$$\cos(-30^\circ) = \cos 30^\circ = \sqrt{3}/2 \qquad \sin(-30^\circ) = -\sin 30^\circ = -1/2$$

當我們用 y 軸將角 A 反射到另外一邊，就會得到 $180-A$ 這個**補角**。這個操作會讓 y 的值（在單位圓上）保持不變，但 x 的值則變成負號。換言之：

$$\cos(180 - A) = -\cos A \qquad \sin(180 - A) = \sin A$$

舉例來說，當 A=30º，

$$\cos 150^\circ = -\cos 30^\circ = -\sqrt{3}/2 \qquad \sin 150^\circ = \sin 30^\circ = 1/2$$

我們沿用之前的方法，繼續來定義其他的三角函數，比方說 $\tan A = \sin A/\cos A$。

x 軸和 y 軸將一個平面分成四個**象限**，稱之為第一、第二、第三和第四象限。第一象限角介於 0º 到 90º 之間；第二象限角介於 90º 到 180º 之間；第三象限角介於 180º 到 270º 之間；而第四象限角介於 270º 到 360º 之間。請注意，正弦函數在第一和第二象限是正值，但餘弦函數的正值出現在第一和第四象限，因此正切函數的正值出現在第一和第三象限。有些學生會用 A、S、T、C 這四個字母（分別代表 all、sin、tan、cos）來幫助他們記住在各個象限中哪一個三角函數的值為正數，也就是依序為「全部、正弦、正切、餘弦」。

　　最後一個值得學起來的詞彙是**反三角函數**，它對於決定未知的角度很有幫助。舉例來說，1/2 的反正弦函數（標記為 $\sin^{-1}(1/2)$）代表一個使得 $\sin A = 1/2$ 的角 A。我們已知 $\sin 30^\circ = 1/2$，因此

$$\sin^{-1}(1/2) = 30^\circ$$

$\sin^{-1}$ 這個反正弦函數總是會產生一個介於 -90° 和 90° 之間的角，但請留意，有些不在這個區間的角度其正弦函數也會產生相同的值。舉例來說，$\sin 150^\circ = 1/2$，而將 30° 或 150° 再加上 360° 的任何倍數也會有同樣的結果。

　　對下面這個 3－4－5 三角形來說，藉由反三角函數，我們的計算機能用三種不同的方式定出角 A：

$$\angle A = \sin^{-1}(3/5) = \cos^{-1}(4/5) = \tan^{-1}(3/4) \approx 36.87^\circ \approx 37^\circ$$

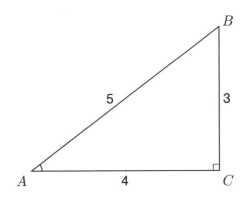

▲ 反三角函數能從邊長測定出角度。在本圖中，由於 $\tan A = 3/4$，
　　所以 $\angle A = \tan^{-1}(3/4) \approx 37^\circ$

　　是時候該讓這些三角函數派上用場了。在幾何學中，畢氏定理告訴我們兩個直角邊的長度可以決定任意直角三角形的斜邊長。在三角學中，用上**餘弦定理**便可對任意的三角形做出類似的運算。

　　定理（餘弦定理）：給定任意三角形 ABC，其中邊長為 a 和 b 的兩邊形成 $\angle C$，那麼第三邊的邊長 c 必定滿足

$$c^2 = a^2 + b^2 - 2ab\cos C$$

　　舉例來說，在下面這個三角形 ABC 中，邊長為 21 和 26 的兩邊夾著一個 15° 角。所以根據餘弦定理，第三邊的邊長 c 必定滿足

$$c^2 = 21^2 + 26^2 - 2(21)(26)\cos 15°$$

因為 $\cos 15° \approx 0.9659$，所以這個等式能簡化成 $c^2 = 62.21$，並得出 $c \approx 7.89$。

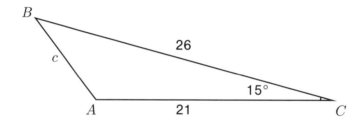

悄悄話

　　證明：為了證明餘弦定理，我們要根據 $\angle C$ 是直角、銳角以及鈍角來考慮三種情況。若 $\angle C$ 是直角，那麼 $\cos C = \cos 90° = 0$，所以餘弦定理就化簡為 $c^2 = a^2 + b^2$，根據畢氏定理可知這是正確的。

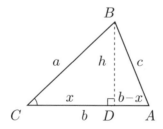

　　若∠C 是銳角，如上圖所示，那我們從 B 點畫一條與 $\overline{AC}$ 相交於 D 的垂直線，這條線會將△ABC 分成兩個直角三角形。根據上圖，將畢氏定理套用至∠CBD，我們就有 $a^2 = h^2 + x^2$，由此可知

$$h^2 = a^2 - x^2$$

而從三角形 ABD 中，我們能得到 $c^2 = h^2 + (b-x)^2 = h^2 + b^2 - 2bx + x^2$，因此

$$h^2 = c^2 - b^2 + 2bx - x^2$$

將 h^2 的兩個值畫上等號，我們會得到

$$c^2 - b^2 + 2bx - x^2 = a^2 - x^2$$

因此

$$c^2 = a^2 + b^2 - 2bx$$

而從直角三角形 CBD 中，我們能看到 cos C=x/a，所以 x=a cos C。因此，當∠C 是銳角時，

$$c^2 = a^2 + b^2 - 2ab\cos C$$

　　若∠C 為鈍角，那我們就在這個三角形的外面創造出一個直角三角形 CBD，如下圖所示。

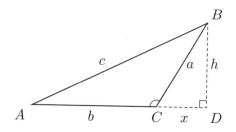

在這兩個直角三角形 △CBD 和 △ABD 中，畢氏定理告訴我們 $a^2=h^2+x^2$ 且 $c^2=h^2+(b+x)^2$。這一次，當我們將 h^2 的兩個值畫上等號，會得到

$$c^2 = a^2 + b^2 + 2bx$$

而三角形 CBD 告訴我們 $\cos(180°-C)=x/a$，所以 $x=a\cos(180°-C)=-a\cos C$。因此，我們再次得到待證的那個等式：

$$c^2 = a^2 + b^2 - 2ab\cos C \qquad ☺$$

順帶一提，對於上述那個三角形，我們有一個能算出其面積的簡單公式。

系理：給定任意三角形 ABC，其中邊長為 a 和 b 的兩邊組成 ∠C，那麼

$$三角形面積\ ABC = \frac{1}{2}ab\sin C$$

悄悄話

證明：一個底為 b 且高為 h 的三角形其面積為 $\frac{1}{2}bh$。在證明餘弦定理所考慮的三種情況中，每一個三角形的底都是 b，現在讓我們來測定出 h 吧。在銳角的情況中，注意到 $\sin C=h/a$，所以 $h=a\sin C$。在鈍角的情況中，我們則有 $\sin(180°-C)=h/a$，所以 $h=a\sin(180°-C)=a\sin C$，與前面的結果一致。至於在直角三角形的情況中，由於 $C=90°$ 且 $\sin 90°=1$，所以 $h=a$ 也就等同於 $a\sin C$。因為三種情況都會得到 $h=a\sin C$，所以三角形的面積就是待證的 $\frac{1}{2}ab\sin C$ 這個結果。 □

作為這個系理的結果，由於

$$\sin C = \frac{2\,(\triangle ABC\ 的面積)}{ab}$$

因此

$$\frac{\sin C}{c} = \frac{2\,(\triangle ABC\ 的面積)}{abc}$$

換言之，對三角形 ABC 來說，$(\sin C)/c$ 就是 $\triangle ABC$ 面積的兩倍除以其三邊邊長的乘積。在這個陳述中，C 這個角並沒有什麼特別的，我們從 $(\sin B)/b$ 或 $(\sin A)/a$ 也能得到同樣的結論。因此，我們剛剛已經證出下面這個非常有用的定理。

定理（正弦定理）： 對任何一個邊長分別為 a、b 和 c 的三角形 ABC 來說，

$$\frac{\sin A}{a} = \frac{\sin B}{b} = \frac{\sin C}{c}$$

亦可表示為

$$\frac{a}{\sin A} = \frac{b}{\sin B} = \frac{c}{\sin C}$$

正弦定理能讓我們用一種不同的方式測定山的高度。這次我們將主力放在 a 這個長度上，也就是起初我們跟山頂的距離，如下圖所示。

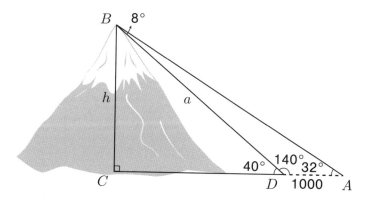

▲ 利用正弦定理測出這座山的高度。

方法五（正弦定理）：在三角形 ABD 中，$\angle BAD=32°$、$\angle BDA=180°-40°=140°$，因此 $\angle ABD=8°$。將正弦定理套用至這個三角形，我們就有

$$\frac{a}{\sin 32°} = \frac{1000}{\sin 8°}$$

將等號兩邊都乘上 $\sin 32°$，我們會得到 $a=1000\ \sin 32°/\sin 8°\approx 3808$ 英尺。接下來，由於 $\sin 40\approx 0.6428=h/a$，所以就能得出

$$h = a\sin 40 \approx (3808)(.6428) = 2448$$

所以這座山大約是 2,450 英尺高，這個結論跟我們之前的答案一致。

悄悄話

還有一個值得認識的美麗公式，我們稱之為**海龍公式**或**英雄公式**（Hero's formula）。這個公式讓我們可以從一個三角形的三邊長 a、b 和 c 算出它的面積。只要先算出三角形的**半周長** s，這個公式就簡單明瞭了。

$$s = \frac{a+b+c}{2}$$

對一個邊長分別為 a、b 和 c 的三角形來說，海龍公式聲稱其面積為

$$\sqrt{s(s-a)(s-b)(s-c)}$$

舉例來說，一個邊長分別為 3、14、15（π 的前五位數）的三角形其半周長為 $s=(3+14+15)/2=16$。因此這個三角形的面積就是 $\sqrt{16(16-3)(16-14)(16-15)}=\sqrt{416}\approx 20.4$。

運用正弦定理，再加上一點代數（代數英雄又現身了），我們就可以導出海龍公式。

三角恆等式

三角函數能滿足許多有趣的關係，我們稱之為「三角恆等式」。其中有部分我們已經看過了，例如

$$\sin(-A) = -\sin A \qquad \cos(-A) = \cos A$$

但除此之外，還有些可以導出實用公式的其他恆等式，我們將會在本節探討這一點。第一個恆等式是來自單位圓的公式：

$$x^2 + y^2 = 1$$

由於 $(\cos A, \sin A)$ 這個點在單位圓上，表示它必定滿足上述關係，因此 $(\cos A)^2 + (\sin A)^2 = 1$。這個恆等式可能是三角學中最重要的一個。

定理：對任一角 A 來說，

$$\cos^2 A + \sin^2 A = 1$$

截至目前為止，我們大多用字母 A 來代表一個任意角，但這個字母本身並沒有特別的含意。上面那個恆等式經常用其他字母來表示，比方說：

$$\cos^2 x + \sin^2 x = 1$$

希臘字母 θ 則是另一個常用的選擇

$$\cos^2 \theta + \sin^2 \theta = 1$$

有時我們只是單純提到這個恆等式，而不提任何變數。舉例來說，我們可能會將這個定理簡寫成

$$\cos^2 + \sin^2 = 1$$

在證明其他的恆等式之前，我們先用畢氏定理來計算一條線段的長度。這會是我們證明第一個恆等式的關鍵，而它本身也是一個很有用的結果。

定理（距離公式）：用 L 代表從 (x_1, y_1) 到 (x_2, y_2) 的這條線段，那麼

$$L = \sqrt{(x_2 - x_1)^2 + (y_2 - y_1)^2}$$

舉例來說，$(-2, 3)$ 到 $(5, 8)$ 這條線段的長度就是 $\sqrt{(5-(-2))^2 + (8-3)^2} = \sqrt{7^2 + 5^2} = \sqrt{74} \approx 8.6$。

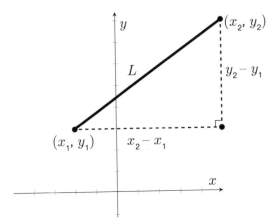

▲ 根據畢氏定理，可知 $L^2 = (x_2 - x_1)^2 + (y_2 - y_1)^2$。

證明：考慮兩點 (x_1, y_1) 以及 (x_2, y_2)，如上圖所示。畫出一個直角三角形，使得連接兩者的線段成為這個三角形的斜邊。在我們的圖中，底長是 $x_2 - x_1$，高度為 $y_2 - y_1$。因此，根據畢氏定理，斜邊 L 會滿足

$$L^2 = (x_2 - x_1)^2 + (y_2 - y_1)^2$$

由此可知 $L = \sqrt{(x_2 - x_1)^2 + (y_2 - y_1)^2}$，正是待證的結果。　　　□

請注意，這個公式即使在 $x_2 < x_1$ 或 $y_2 < y_1$ 的時候也能正常運作。舉例來說，當 $x_1 = 5$ 且 $x_2 = 1$，那麼 x_1 和 x_2 之間的距離就是 4。即使 $x_2 - x_1 = -4$，此數平方之後會是正數 16，這點才是最重要的。

悄悄話

在一個尺寸為 $a \times b \times c$ 的箱子裡，其對角線的長度是多少呢？讓 O 和 P 代表這個箱子底部對角的兩個角落，由於底部是一個 $a \times b$ 的長方形，所以這條對角線 $\overline{OP}$ 的長度會是 $\sqrt{a^2 + b^2}$。

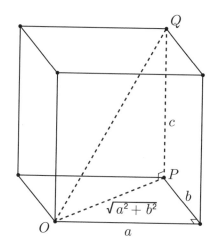

現在如果我們從 P 點向上直線延伸 c 這個長度，就會碰到 Q 點，在箱子中這個點是 O 點的對角。要找出 O 點到 Q 點的距離，請注意三角形 OPQ 是一個直角三角形，其直角邊長分別是 $\sqrt{a^2 + b^2}$ 以及 c。因此，根據畢氏定理，這條對角線 $\overline{OQ}$ 的長度是

$$\sqrt{\sqrt{a^2 + b^2}^2 + c^2} = \sqrt{a^2 + b^2 + c^2}$$

我們現在已經做好準備，可以來證明一個既優雅又實用的三角恆等式了。這個定理的證明過程有一點棘手，所以如果你想跳過也沒問題。不過我有一個好消息，一旦我們完成這個證明的苦差事，就會隨即產生更多的恆等式。

定理：對任意兩個∠A 和∠B

$$\cos(A - B) = \cos A \cos B + \sin A \sin B$$

證明：請看下圖，在一個圓心為 O 的單位圓上，讓 P 點為 (cos A,sin A) 且 Q 點為 (cos B,sin B)。假設我們讓 c 代表 $\overline{PQ}$ 的長度，那麼我們能拿 c 做什麼文章呢？

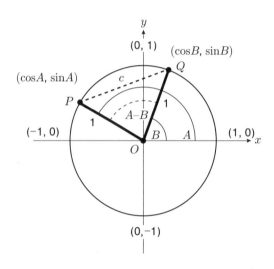

▲ 這個圖可用來證明 $\cos(A-B) = \cos A \cos B + \sin A \sin B$。

在三角形 OPQ 中，我們看出 $\overline{OP}$ 和 $\overline{OQ}$ 都是這個單位圓的半徑，所以這兩條線段的長度都是 1，且兩者形成的∠POQ 其角度為 $A-B$。因此，根據餘弦定理：

$$c^2 = 1^2 + 1^2 - 2(1)(1)\cos(A - B)$$
$$= 2 - 2\cos(A - B)$$

另一方面，根據距離公式，c 滿足

$$c^2 = (x_2 - x_1)^2 + (y_2 - y_1)^2$$

所以從點 $P = (\cos A, \sin A)$ 到點 $Q = (\cos B, \sin B)$ 的距離 c 會滿足

$$
\begin{aligned}
c^2 &= (\cos B - \cos A)^2 + (\sin B - \sin A)^2 \\
&= \cos^2 B - 2\cos A \cos B + \cos^2 A + \sin^2 B - 2\sin A \sin B + \sin^2 A \\
&= 2 - 2\cos A \cos B - 2\sin A \sin B
\end{aligned}
$$

其中最後一行套用了 $\cos^2 B + \sin^2 B = 1$ 和 $\cos^2 A + \sin^2 A = 1$ 這兩個式子。

　　將兩個 c^2 的表達式畫上等號：

$$
2 - 2\cos(A - B) = 2 - 2\cos A \cos B - 2\sin A \sin B
$$

將等號兩邊都減 2，再除以 -2，我們便會得到

$$
\cos(A - B) = \cos A \cos B + \sin A \sin B \qquad \qquad \square
$$

悄悄話

　　上述這個 $\cos(A{-}B)$ 公式的證明仰賴餘弦定理，並建立在 $0° < A{-}B < 180°$ 的假設下。但我們也可以在不做任何假設的情況下證明這個定理。如果我們將上述那個三角形 POQ 順時針旋轉 B 度，就會得到一個全等三角形 $P'OQ'$，其中 Q' 點 $(1,0)$ 在 x 軸上。

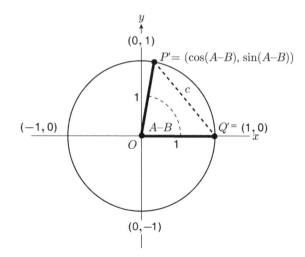

由於 $\angle P'OQ'=A-B$，我們得到 $P'=(\cos(A-B),\sin(A-B))$。因此，如果將距離公式套用至 $\overline{P'Q'}$，我們會有

$$
\begin{aligned}
c^2 &= (\cos(A-B)-1)^2 + (\sin(A-B)-0)^2 \\
&= \cos^2(A-B) - 2\cos(A-B) + 1 + \sin^2(A-B) \\
&= 2 - 2\cos(A-B)
\end{aligned}
$$

所以在不使用餘弦定理，也不對 $A-B$ 的角度做任何假設的情況下，我們也能得出 $c^2=2-2\cos(A-B)$ 這個結果，而這個證明的其餘部分都跟先前一樣。

請注意，當 $A=90º$，那麼 $\cos(A-B)$ 公式聲稱

$$
\begin{aligned}
\cos(90° - B) &= \cos 90° \cos B + \sin 90° \sin B \\
&= \sin B
\end{aligned}
$$

這是因為 $\cos 90º=0$ 且 $\sin 90º=1$。如果將上式中的 B 代換成 $90º-B$，我們會得到

$$
\begin{aligned}
\cos B &= \cos 90° \cos(90° - B) + \sin 90° \sin(90° - B) \\
&= \sin(90° - B)
\end{aligned}
$$

在前述篇幅中，我們已經知道這兩個陳述在 $\angle B$ 是銳角的時候都會成立，但上述代數則讓兩者在 $\angle B$ 是任何角度時都能成立。以此類推，如果在 $\cos(A-B)$ 定理中用 $-B$ 取代 B，我們會得到

$$
\begin{aligned}
\cos(A + B) &= \cos A \cos(-B) + \sin A \sin(-B) \\
&= \cos A \cos B - \sin A \sin B
\end{aligned}
$$

這是因為 $\cos(-B)=\cos B$ 且 $\sin(-B)=-\sin B$。當我們讓上式中的 $B=A$ 時，便會得到二**倍角**公式：

$$\cos(2A) = \cos^2 A - \sin^2 A$$

而因為 $\cos^2 A = 1 - \sin^2 A$ 且 $\sin^2 A = 1 - \cos^2 A$，所以我們也會得到

$$\cos(2A) = 1 - 2\sin^2 A \text{ 以及 } \cos(2A) = 2\cos^2 A - 1$$

利用這些餘弦恆等式，我們可以創造出相關的正弦恆等式。舉例來說：

$$\begin{aligned}
\sin(A + B) &= \cos(90 - (A + B)) = \cos((90 - A) - B) \\
&= \cos(90 - A)\cos B + \sin(90 - A)\sin B \\
&= \sin A \cos B + \cos A \sin B
\end{aligned}$$

令 $B=A$，我們會得到正弦的倍角公式，也就是

$$\sin(2A) = 2\sin A \cos A$$

或者用 $-B$ 代替 B，我們就有

$$\sin(A - B) = \sin A \cos B - \cos A \sin B$$

讓我們來總結一下在本章中已學到的許多恆等式：

畢氏定理：	$\cos^2 A + \sin^2 A = 1$
負角公式：	$\cos(-A) = \cos(360° - A) = \cos A$
	$\sin(-A) = \sin(360° - A) = -\sin A$
補角公式：	$\cos(180° - A) = -\cos(A)$
	$\sin(180° - A) = \sin(A)$
餘角公式：	$\cos(90° - A) = \sin(A)$
	$\sin(90° - A) = \cos(A)$
角度之差的餘弦函數：	$\cos(A - B) = \cos A \cos B + \sin A \sin B$
角度之和的餘弦函數：	$\cos(A + B) = \cos A \cos B - \sin A \sin B$
角度之和的正弦函數：	$\sin(A + B) = \sin A \cos B + \cos A \sin B$
角度之差的正弦函數：	$\sin(A - B) = \sin A \cos B - \cos A \sin B$
二倍角公式：	$\cos(2A) = \cos^2 A - \sin^2 A$
	$\cos(2A) = 1 - 2\sin^2 A$
	$\cos(2A) = 2\cos^2 A - 1$
	$\sin(2A) = 2\sin A \cos A$
三角形 ABC 的面積：	$\text{Area} = \frac{1}{2}ab \sin C$
餘弦定理：	$c^2 = a^2 + b^2 - 2ab \cos C$
正弦定理：	$\frac{\sin A}{a} = \frac{\sin B}{b} = \frac{\sin C}{c}$

▲ 某些很有用的三角恆等式。

　　我想我應該再次指出，雖然我們用 $\angle A$ 和 $\angle B$ 撰寫這些恆等式，但這些字母本身並沒有任何特別的含意。你很可能會看到這些恆等式用其他的角來表示，比方說 $\cos(2u) = \cos^2 u - \sin^2 u$ 或是 $\sin(2\theta) = 2\sin\theta\cos\theta$。

弳與三角圖

　　目前為止，我們在關於幾何學和三角學的討論中，將每個角都指定

一個 0 到 360 **度**之間的角度。但如果你看看那個單位圓，就會發現 360 這個數字並不是特別自然。這個數字是古巴比倫人選定的，可能是因為他們用的是 60 進位法，而這個數字也差不多等於一年的總天數。然而，在大多數的科學和數學領域中，我們卻比較喜歡用**弳**為單位來測量角度。根據定義

$$2\pi \ \text{弳} = 360^{\circ}$$

或者同樣地，

$$1 \ \text{弳} = \frac{180^{\circ}}{\pi}$$

又或者對那些喜歡 $\tau = 2\pi$ 的陶幫來說，

$$1 \ \text{弳} = \frac{360^{\circ}}{2\pi} = \frac{360^{\circ}}{\tau}$$

就數值而言，1 弳大約是 57°。為什麼弳會比度更自然呢？在一個半徑為 r 的圓上，一個有 2π 弳的角在圓周上占據的長度就是 $2\pi r$。如果我們取這個角的任一部分，那麼我們占據的弧長就會是 $2\pi r$ 乘上那一部分的比例。明確地舉兩個特別的例子，1 弳占據的弧長為 $2\pi r(1/2\pi) = r$，而 m 弳占據的弧長則是 mr。總括來說，在單位圓上若採用弳度量，那麼一個角的大小就等於它所對應的弧長值。多麼方便啊！

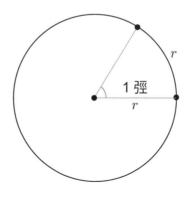

▲ 一個圓有 2π 弳。

下圖是一個單位圓，其中我們用弳度量來表示一些常用角。

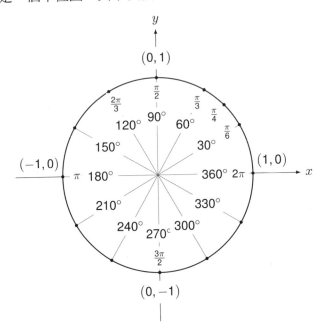

接下來是使用 τ 的對照圖：

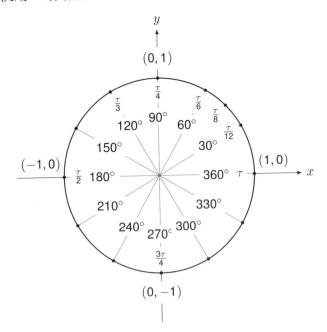

　　從這兩張圖中，你可以看出為什麼有些數學家比較喜歡用 τ 而不是 π 的原因之一：一個 90º 角也就是四分之一個圓，其弳度量為 τ/4；而 120º 角是三分之一個圓，其弳度量為 τ/3。事實上，τ 這個字母會被選中正是因為它暗示著**圈**（*turn*）這個字。舉例來說，沿著圓轉一圈是 360º，其弳度量為 τ；而 60º 是六分之一圈，其弳度量為 τ/6。

　　我們稍後會在本書中看到，如果用弳取代度，三角函數的計算公式會變得更加簡潔。舉例來說，我們可以用下列「無限長多項式」的公式來計算正弦和餘弦函數：

$$\sin x = x - x^3/3! + x^5/5! - x^7/7! + x^9/9! - \cdots$$

$$\cos x = 1 - x^2/2! + x^4/4! - x^6/6! + x^8/8! - \cdots$$

這些公式只有在 x 以弳為單位的時候才能成立。同樣地，在微積分學中，我們會看到 $\sin x$ 的**導數**就是 $\cos x$，這點也只有在 x 以弳為單位的時候才正確。三角函數的**函數圖形** $y=\sin x$ 以及 $y=\cos x$ 其中的 x 通常也以弳為單位。

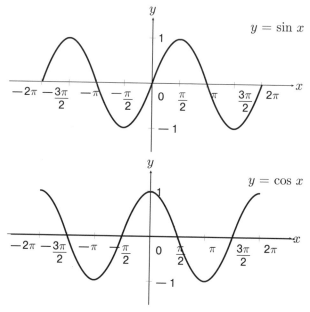

▲ $\sin x$ 與 $\cos x$ 的圖形，其中 x 這個變數以弳為單位。

298

　　因為正弦和餘弦的循環特性，所以這兩個圖形都會以每 2π 弳的長度不斷重複。（陶幫再得一分！）這點很合理，因為 $x+2\pi$ 這個角跟 x 這個角其實是一樣的，我們聲稱這些圖形的**周期**為 2π。此外，如果你將餘弦的圖形向右移動 $\pi/2$ 單位，它就會跟正弦的圖形完全疊合。這是因為 $\pi/2$ 弳就是 90°，因此

$$\sin x = \cos(\pi/2 - x)$$
$$= \cos(x - \pi/2)$$

舉例來說，$\sin 0=0=\cos(-\pi/2)$ 且 $\sin \pi/2=1=\cos 0$。

　　由於 $\tan x=\sin x/\cos x$，所以只要 $\cos x=0$（出現在 π 的兩個相鄰倍數之中點），$\tan x$ 都是無定義的。正切函數的圖形周期為 π，如下圖所示。

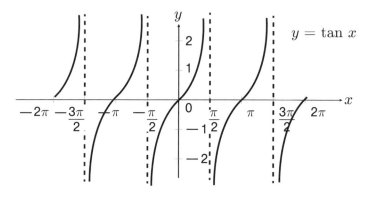

▲ $y=\tan x$ 的圖形。

　　結合正弦函數和餘弦函數，你就幾乎可以創造出任何具有周期模式的函數。這就是為什麼三角函數在模擬像是溫度和經濟這種周期性的行為的資料時會很有幫助，對聲波、水波、電流或者心跳這些物理現象也相當有用。

　　讓我們用一個 π 和三角學的神奇連結來結束這一章。請在計算機上盡可能打出許多 5，愈多愈好，我的計算機能容納 5,555,555,555,555,555。接著取其倒數，我在自己的計算機上得到

$$1/5{,}555{,}555{,}555{,}555{,}555 = 1.8 \times 10^{-16}$$

然後按下計算機（以度為單位）上的「sin」那個按鍵，再看看最前面的那些位數（忽略一開始可能出現的一串 0），我得到的答案是

$$3.1415926535898 \times 10^{-18}$$

也就是（在小數點以及十七個 0 之後）出現了圓周率的好幾位數！事實上，無論你打出幾個 5（但至少要五個），你應該都會得到類似這樣「自成一派」的結果。

　　在這一章，我們看到三角學如何能幫助我們更了解三角形和圓形。三角函數則是彼此之間有著許多美麗的互動，而且我們也看到這些函數與 π 的緊密連結。在下一章，我們將會看到它們也跟另外兩個最基本的數有千絲萬縷的聯繫，這兩個數就是無理數 $e=2.71828...$ 以及虛數 i。

$$e^{i\pi} + 1 = 0$$

i 和 *e* 的魔術

最美麗的數學公式

數學及科學期刊時不時會做意見調查，請讀者選出心目中最美麗的數學公式。毫無例外地，排名第一的是下面這個出自歐拉之手的公式：

$$e^{i\pi} + 1 = 0$$

大家有時候稱之為「上帝的等式」，因為出現在此式中的或許是數學中最重要的五個數：0 和 1 是算術的基礎；π 是幾何學中最重要的數；e 是微積分中最重要的數；而 i 則可能是代數中最重要的數。更有甚者，這個等式還用上了基礎運算中的加法、乘法以及指數。我們對 0、1 和 π 的意義已經有一些概念，而本章的目標則是探索無理數 e 以及虛數 i，好讓這個公式最後對我們而言就跟 1＋1＝2 一樣簡單明瞭（或是說至少跟 $cos180° = -1$ 一樣容易）。

悄悄話

這裡有些一起角逐「最美等式」的競爭者，本書涵蓋了其中大部分的公式；有些我們已經討論過了，而剩下的那些也很快就會提到！這些公式中，前兩個也是由歐拉發現的。

一、任一個有 V 個頂點、E 個稜和 F 個面所組成的多面體（一個由許多平面、直稜以及稱作頂點的尖角組成的立體）滿足如下關係：

$$V - E + F = 2$$

舉例來說，一個有 8 個頂點、12 個稜和 6 個面的立方體會滿足 $V-E+F=8-12+6=2$。

二、　　　$1 + 1/4 + 1/9 + 1/16 + 1/25 + \cdots = \pi^2/6$

三、　　　　　　　　$1 + 1/2 + 1/3 + 1/4 + 1/5 + \cdots = \infty$

四、　　　　　　　　$0.99999\ldots = 1$

五、*n*! 的斯特靈公式：

$$n! \approx \left(\frac{n}{e}\right)^n \sqrt{2\pi n}$$

六、算出第 *n* 個費氏數的比內公式：

$$F_n = \frac{1}{\sqrt{5}} \left[\left(\frac{1 + \sqrt{5}}{2}\right)^n - \left(\frac{1 - \sqrt{5}}{2}\right)^n \right]$$

虛數 *i*：−1 的平方根

i 這個數有一個神祕的特性：

$$i^2 = -1$$

第一次聽到時，一般人都會認為這是不可能的。怎麼會有一個數與自己相乘之後會變成負數呢？畢竟 $0^2 = 0$，而負數與自己相乘一定會是正數。但在完全駁回這個想法之前，想想你在過去的歲月中也可能曾經一度認為負數不可能存在（正如早期大多數的數學家）。什麼是比 0 還小的數？怎麼可能有一個東西**比一無所有還少**？最後，你會將這些數視為一條**實數線**上的居民，其中正數住在 0 的右邊，負數住在 0 的左邊，如下圖所示。同理，我們需要跳脫框架來思考（也可以說是跳脫這條線）才能好好欣賞 *i* 這個數。一旦我們這麼做，我們就會發現其**實**它非常有意義。

i 在這裡！

▲ 沒有任何虛數在這條實線上，它們可能藏在哪裡呢？

我們將 i 稱作**虛數**。事實上，平方之後是負數的任何數都稱為虛數。以 $2i$ 為例，這個虛數滿足 $(2i)(2i)=4i^2=-4$。虛數的代數運算跟實數是相同的，比方說：

$$3i + 2i = 5i, \qquad 3i - 2i = 1i = i, \qquad 2i - 3i = -1i = -i$$

以及

$$3i \times 2i = 6i^2 = -6, \qquad \frac{3i}{2i} = 3/2$$

順帶一提，請注意 $-i$ 這個數的平方同樣是 -1，因為 $(-i)(-i)=i^2=-1$。而實數乘上虛數會產生預料之中的結果，比方說 $3\times 2i=6i$。

當你將實數與虛數相加的時候又如何呢？舉例來說，3 加 $4i$ 是多少呢？答案其實就只是 $3+4i$，它不能再簡化了（就像我們無法再將 $1+\sqrt{3}$ 簡化一樣）。以 $a+bi$（其中 a 和 b 都是實數）這個形式出現的數稱作**複數**。請注意，實數和虛數都能被視為複數的特例（其中 a 和 b 分別等於 0）。因此，實數 π 和虛數 $7i$ 也都是複數。

我們來做一些（並不複雜的）複數計算吧，先從加法和減法開始：

$$(3 + 4i) + (2 + 5i) = 5 + 9i$$

$$(3 + 4i) - (2 + 5i) = 1 - i$$

在乘法運算的時候，我們利用第二章討論代數時提到的頭外內尾規則：

$$
\begin{aligned}
(3 + 4i)(2 + 5i) &= 6 + 15i + 8i + 20i^2 \\
&= (6 - 20) + (15 + 8)i \\
&= -14 + 23i
\end{aligned}
$$

　　引進複數，每個二次多項式 ax^2+bx+c 都有兩個不同的根（或是一個重複的根，稱作「重根」）。根據二次公式，多項式等於 0 的條件是：

$$x = \frac{-b \pm \sqrt{b^2 - 4ac}}{2a}$$

我們在第二章曾提過，如果平方根內是個負數，那麼實數解就不存在。但現在負數的平方根對我們不再是個問題了，舉例來說，x^2+2x+5 這個多項式的根為：

$$x = \frac{-2 \pm \sqrt{4 - 20}}{2} = \frac{-2 \pm \sqrt{-16}}{2} = \frac{-2 \pm 4i}{2} = -1 \pm 2i$$

順帶一提，二次公式在 a、b、c 是複數的時候依然適用。

　　二次公式永遠都至少有一個根，即使它可能是複數。下一個定理則聲稱這個事實幾乎適用於所有的多項式。

　　定理（代數基本定理）：每個高於或等於一次的多項式 $p(x)$ 都有 z 個根，使得 $p(z)=0$。

　　請注意，像是 $3x-6$ 這樣的一次多項式可以被分解為 $3(x-2)$，其中 2 是 $3x-6$ 唯一的根。普遍地說，若 $a \neq 0$，那麼多項式 $ax-b$ 就可以被分解為 $a(x-(b/a))$，其中 b/a 就是 $ax-b$ 的根。

　　同樣地，對任何二次多項式 ax^2+bx+c 來說，我們可將之分解成 $a(x-z_1)(x-z_2)$，其中 z_1 和 z_2 都是這個多項式的根（可能是複數，也可能相同）。根據代數基本定理，這個模式可以延伸至任何次數的多項式中。

　　系理：每個次數 $n \geq 1$ 的多項式都可以被分解成 n 個部分。更明確地說，如果 $p(x)$ 是一個 n 次多項式，其中首項係數 $a \neq 0$，那麼就存在 n 個數（可能是複數，也可能相同）z_1、z_2、$\cdots$、z_n 滿足 $p(x)=a(x-z_1)(x-z_2)\cdots(x-z_n)$。也就是說在 $p(z_i)=0$ 的時候，z_i 就是這個多項式的根。

這個系理的意思就是說，每個次數 $n \geq 1$ 的多項式一定有解。舉例來說，$x^4 - 16$ 為 4 次多項式，可以被分解為

$$x^4 - 16 = (x^2 - 4)(x^2 + 4) = (x - 2)(x + 2)(x - 2i)(x + 2i)$$

因此有四個相異根：2、-2、$2i$、$-2i$。多項式 $3x^3 + 9x^2 - 12$ 的次數為 3，但是由於它的因數分解如下：

$$3x^3 + 9x^2 - 12 = 3(x^2 + 4x + 4)(x - 1) = 3(x + 2)^2(x - 1)$$

因此只有兩個相異根，也就是 -2 和 1。

複數的幾何學

藉由畫出**複數平面**，我們就能看見複數的存在。這個平面看起來很像代數中的 (x, y) 平面，但是以**虛軸**取代 y 軸，軸上的數值是 0、$\pm i$、$\pm 2i$、…。我們在下圖中畫出了一些複數。

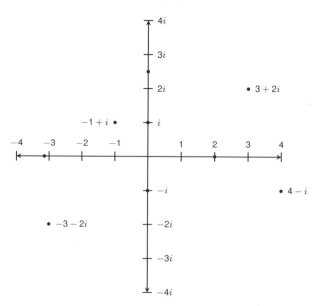

▲ 複數平面上的某些點。

　　我們已經看過用數字來計算複數的加法、減法和乘法有多麼簡單，但我們也可以用幾何來表現這些計算過程，只要看看複數平面上相對應的那些點就行了。

　　舉例來說，考慮下面這個加法題目：

$$(3+2i)+(-1+i)=2+3i$$

在下圖中，0、3+2*i*、2+3*i* 以及 −1+*i* 這四個點形成一個平行四邊形。

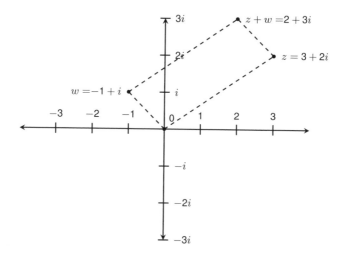

　　推而廣之，我們可以將任意兩個複數 *z* 和 *w* 以幾何方式相加，只要像上面那個圖例一樣畫出一個平行四邊形就可以了。至於減法題目 *z*−*w*，我們先畫出 −*w* 這個點（位置與 *w* 對稱），然後再將 *z* 點和 −*w* 相加，如下圖所示。

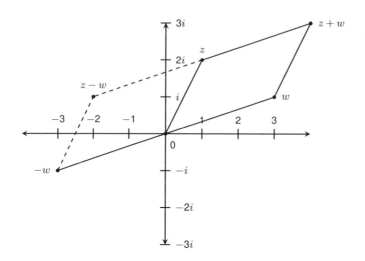

▲ 藉由畫出平行四邊形，就可以做複數的加法和減法。

　　為了要能用幾何方法運算複數的乘除，首先需要量出複數的大小。我們定義複數 z 的**長度**（或說**絕對值**）等於從原點 0 到 z 點這條線段之長，並標示為 $|z|$。更明確地說，若 $z=a+bi$，那麼根據畢氏定理，z 的長度為

$$|z| = \sqrt{a^2 + b^2}$$

舉例來說，如下圖所示，$3+2i$ 這個點的長度為 $\sqrt{3^2+2^2}=\sqrt{13}$。請注意，$3+2i$ 所對應的角度 θ 滿足 $\tan\theta=2/3$，因此 $\theta=\tan^{-1}2/3 \approx 33.7°$，也就是大約 0.588 弳。

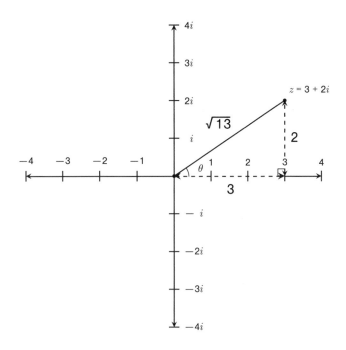

▲ 複數 $z=3+2i$ 的長度為 $|z|=\sqrt{13}$，而它的角度 θ 滿足 $\tan\theta=2/3$。

　　如果你將長度為 1 的點都畫出來，就會在複數平面上得到一個單位圓，如下圖所示。在這個圓上，與角度 θ 相對應的是哪個複數呢？如果這是一個 x-y 笛卡兒平面，那麼我們從第九章得知這個點是 $(\cos\theta,\sin\theta)$。所以在這個複數平面上，這個點是 $\cos\theta+i\sin\theta$。推而廣之，任何長度為 R 的複數都具有下列形式

$$z = R(\cos\theta + i\sin\theta)$$

　　我們稱之為複數的**極式**。或許我不該現在就告訴你，但到了本章的結尾，我們將會學到它也等於 $Re^{i\theta}$。

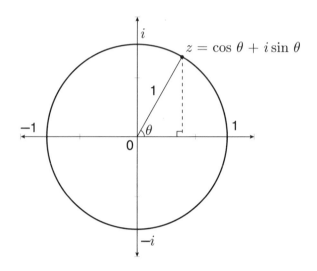

▲ 複數平面上的單位圓。

信不信由你，當複數相乘時，它們的長度也要彼此相乘。

定理：任何複數 z_1 和 z_2 都滿足 $|z_1 z_2| = |z_1||z_2|$。換句話說，乘積的長度等於長度的乘積。

悄悄話

證明： 讓 $z_1 = a+bi$ 且 $z_2 = c+di$，於是 $|z_1| = \sqrt{a^2+b^2}$ 且 $|z_2| = \sqrt{c^2+d^2}$，因此：

$$
\begin{aligned}
|z_1 z_2| &= |(a+bi)(c+di)| = |(ac-bd)+(ad+bc)i| \\
&= \sqrt{(ac-bd)^2 + (ad+bc)^2} \\
&= \sqrt{(ac)^2 + (bd)^2 - 2abcd + (ad)^2 + (bc)^2 + 2abcd} \\
&= \sqrt{(ac)^2 + (bd)^2 + (ad)^2 + (bc)^2} \\
&= \sqrt{(a^2+b^2)(c^2+d^2)} \\
&= \sqrt{a^2+b^2}\,\sqrt{c^2+d^2} \\
&= |z_1||z_2| \qquad\qquad \square
\end{aligned}
$$

舉例來說：

$$|(3+2i)(1-3i)| = |9-7i| = \sqrt{9^2 + (-7)^2} = \sqrt{130}$$
$$= \sqrt{13}\sqrt{10} = |3+2i|\,|1-3i|$$

這個乘積的角度為何呢？我們在式子中通常用「arg *z*」來代表複數 *z* 和正 *x* 軸所形成的角，並稱之為「輻角」。比方說，我們已經看過 arg(3+2*i*)=0.588。同理，因為 1−3*i* 在第四象限，且它的輻角滿足 $\theta = -3$，所以我們就有 arg(1−3*i*)=tan⁻¹(−3)=−71.56°=−1.249 弳。

　　請注意，(3+2*i*)(1−3*i*)=(9−7*i*) 的輻角為 tan⁻¹(−7/9)=−37.87°=−0.661 弳，正好也就是 0.588+(−1.249)。根據下一個定理，我們可知這並不是巧合！

　　定理：對任何複數 z_1 和 z_2，arg($z_1 z_2$)=arg(z_1)+arg(z_2)。換言之，乘積的輻角等於輻角之和。

　　在下面的悄悄話中，這個定理的證明需要用到前一章提到的三角恆等式。

悄悄話

　　證明：假設 z_1 和 z_2 都是複數，其長度分別是 R_1 和 R_2，且輻角分別為 θ_1 和 θ_2。那麼，我們將 z_1 和 z_2 寫成極式，就會是

$$z_1 = R_1(\cos\theta_1 + i\sin\theta_1) \qquad z_2 = R_2(\cos\theta_2 + i\sin\theta_2)$$

因此，

$$z_1 z_2 = R_1(\cos\theta_1 + i\sin\theta_1)R_2(\cos\theta_2 + i\sin\theta_2)$$
$$= R_1 R_2[\cos\theta_1\cos\theta_2 - \sin\theta_1\sin\theta_2 + i(\sin\theta_1\cos\theta_2 + \sin\theta_2\cos\theta_1)]$$
$$= R_1 R_2[\cos(\theta_1 + \theta_2) + i(\sin(\theta_1 + \theta_2))]$$

其中用上了關於 $\cos(A+B)$ 和 $\sin(A+B)$ 的恆等式，兩者我們都在上一章導出過。於是，z_1z_2 的長度就是 R_1R_2（這點我們已經知道了），且輻角為 $\theta_1+\theta_2$，如前所證。　　□

　　總括來說，當我們將複數相乘時，只需要將**長度相乘且輻角相加**即可。舉例來說，一個數乘以 i 之後，其長度保持不變，但是輻角會增加 90°。請注意，當兩個實數相乘的時候，正數的輻角是 0°（也等同於 360°）；而負數的輻角是 180°。當你將兩個 180° 角相加，會得到 360°，這是負負得正的另一個說法。虛數的輻角為 90° 和 -90°（或 270°），因此，當你將虛數與自己相乘時，得到的輻角一定會是 180°（因為 $90^\circ+90^\circ=180^\circ$，而 $-90^\circ+-90^\circ=-180^\circ$ 也等於 180°），也就是一個負數。最後，請注意若 z 的輻角為 θ，那麼 $1/z$ 的輻角一定是 $-\theta$。（為什麼？因為 $z \cdot 1/z=1$，所以 z 以及 $1/z$ 的輻角之和一定會是 0°。）因此，當你將複數**相除**時，做法就是將它們的長度**相除**並將輻角**相減**。也就是說，z_1/z_2 的長度為 R_1/R_2 且輻角為 $\theta_1-\theta_2$。

很抱歉，
您撥的號碼是虛數，
如果您需要實數，
請將您的電話旋轉 90 度後
再試一次。

e 的魔術

如果你有一台科學型計算機，請試試看下面這個實驗。

一、在你的計算機上輸入一組好記的七位數（可能是電話號碼或是某個識別證的號碼，又或者是將你最喜歡的數字重複七次）。

二、取此數的倒數（按下計算機上的 $1/x$ 那個鍵）。

三、將得到的結果加上 1。

四、接著取這個數的 y 次方，y 就是你原本選定的那個七位數（按下 x^y 那個鍵，輸入原來的七位數，然後再按下等號）。

你的答案是 2.718 嗎？事實上，如果答案的前幾位數和下面這個無理數相同，我可一點都不驚訝。

$$e = 2.718281828459045\ldots$$

所以說，e 這個神祕的數究竟為何，又為什麼這麼重要呢？在你剛剛表演的那個魔術中，你指定某個很大的數目 n，然後計算：

$$(1 + 1/n)^n$$

好了，當 n 愈來愈大，你預期這個數值會有什麼改變呢？從 1 方面來說，當 n 愈來愈大，$(1+1/n)$ 就會愈來愈接近 1，而無論 1 的次方有多大，我們還是會得到 1 這個數。因此，對某個非常大的 n 來說，我們可以合理預估 $(1+1/n)^n$ 的值會趨近於 1。舉例來說，$(1.001)^{100} \approx 1.105$。

另一方面，即使 n 的值很大，$(1+1/n)$ 還是會稍微大於 1。而對任何一個大於 1 的定數來說，當它不斷自我相乘，結果可以大到無法想像。舉例來說，$(1.001)^{10,000}$ 的值超過 20,000。

問題是，$(1+1/n)$ 這個底數會隨著指數 n 變大而**同時**變小。於是在這個 1 和無窮大的拔河之間，答案會愈來愈接近 $e=2.71828...$。舉例來說，$(1.001)^{1000} \approx 2.717$。讓我們看看在 n 是一個大數的時候，$(1+1/n)^n$ 這個函數的值為何：

n	$(1+1/n)^n$
10	$(1.1)^{10} = 2.5937424 \ldots$
100	$(1.01)^{100} = 2.7048138 \ldots$
1000	$(1.001)^{1000} = 2.7169239 \ldots$
10,000	$(1.0001)^{10,000} = 2.7181459 \ldots$
100,000	$(1.00001)^{100,000} = 2.7182682 \ldots$
1,000,000	$(1.000001)^{1,000,000} = 2.7182805 \ldots$
10,000,000	$(1.0000001)^{10,000,000} = 2.7182817 \ldots$

我們將 e 定義為在 n 愈來愈大的時候，$(1+1/n)^n$ 愈來愈接近的那個數。數學家稱之為 $(1+1/n)^n$ 在 n 趨近於無窮大時的**極限**，表示為

$$e = \lim_{n \to \infty} (1+1/n)^n$$

如果我們用 x/n 代替 $1/n$，其中 x 是實數，那麼當 n/x 愈來愈大的時候，$(1+x/n)^{n/x}$ 的數值就會愈來愈接近 e。將等號兩邊取 x 次方（並回想起 $(a^b)^c = a^{bc}$），我們便會得到**指數公式**：

$$\lim_{n \to \infty} (1+x/n)^n = e^x$$

指數公式有許多**有趣的**應用。假設你將 10,000 美元放在帳戶中，利率為 0.06（也就是說一年有百分之六）。如果每年結算一次利息，那麼在第一年結束之時，你就會有 10.000(1.06)=10,600 美元；第二年結束時，你會以這個新的金額再賺得百分之六，得到 $10,000(1.06)^2 =$ 11,236 美元；三年後，你就會有 $10,000(1.06)^3 = 11,910.16$ 美元。過了 t 年後，你會有

$$10,000(1.06)^t$$

美元。更一般性的說法是，如果我們用 *r* 替換 0.06 這個利率，且如果你一開始的本金是 *P* 美元，那麼在經過 *t* 年之後，你得到的總金額會是

$$P(1 + r)^t$$

接下來如果我們將這個百分之六的年利率改成每半年計息一次：表示你每六個月就會賺取百分之三的金額。那麼一年之後，你就會得到 $10,000(1.03)^2 = 10,609$ 美元，這個金額比每年計息一次得到的 10,600 要稍微多一點。如果每季計息一次的話，你每年會以百分之一點五的利率賺取四次利息，產生 $10,000(1.015)^4 = 10,613.63$ 美元。推而廣之，如果我們的存款每年計息 *n* 次，那麼在一年之後，你就會得到

$$10,000\left(1 + \frac{0.06}{n}\right)^n$$

美元。當 *n* 的值變得非常大，我們稱作**連續**複利。藉由指數公式，你在一年之後會擁有

$$10,000 \lim_{n \to \infty} \left(1 + \frac{0.06}{n}\right)^n = 10,000e^{0.06} = 10,618.36$$

美元，如下表所示。

本金	利率	計息方式	一年後的總額
$10,000	6%	每年	$10,000(1.06) = $10,600.00
$10,000	6%	每半年	$10,000(1.03)^2 = $10,609.00
$10,000	6%	每季	$10,000(1.015)^4 = $10,613.63
$10,000	6%	每月	$10,000(1.005)^{12} = $10,616.77
$10,000	6%	*n* 個分期	$10,000(1 + \frac{0.06}{n})^n$
$10,000	6%	連續	$10,000e^{0.06} = $10,618.36

更一般性的說法是，如果起初你的本金是 P 美元，且你的存款以利率 r 連續計息，那麼在 t 年之後你會得到 A 美元，公式如下：

$$A = Pe^{rt}$$

如下圖所示，函數 $y=e^x$ 的值成長得非常快。這個函數旁邊還展示出了 e^{2x} 和 $e^{0.06x}$ 的圖形，我們說這些函數都以**指數方式**成長。其中 $y=e^{-x}$ 的圖形很快就趨近 0，這就是所謂的**指數衰退**。

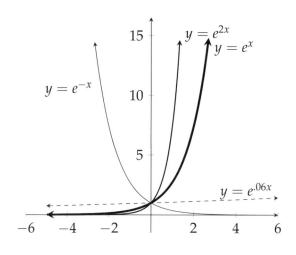

▲ 某些指數函數的圖形。

那麼 5^x 的圖形呢？由於 $e<5<e^2$，所以 5^x 一定會落在 e^x 和 e^{2x} 這兩個函數之間。更明確地說，由於 $e^{1.609...}=5$，因此 $5^x \approx e^{1.609x}$。一般來說，只要我們能找到一個滿足 $a=e^k$ 的指數 k，那麼任何函數 a^x 都可以被表示成指數函數 e^{kx}。但我們要如何找到 k 呢？這就要靠**對數**了。

正如平方根是平方的反函數（因為兩個函數會互相抵消），所謂的對數就是反指數函數。最常用的對數以 10 為底數，標示為 $\log x$。我們聲稱

若且唯若 $10^y = x$，則 $y = \log x$

亦可表示為

$$10^{\log x} = x$$

舉例來說，因為 $10^2 = 100$，所以我們有 log 100＝2。下面是一個實用的對數表：

對數	說明
$\log 1 = 0$	因為 $10^0 = 1$
$\log 10 = 1$	因為 $10^1 = 10$
$\log 100 = 2$	因為 $10^2 = 100$
$\log 1000 = 3$	因為 $10^3 = 1000$
$\log(1/10) = -1$	因為 $10^{-1} = 1/10$
$\log .01 = -2$	因為 $10^{-2} = .01$
$\log \sqrt{10} = 1/2$	因為 $10^{1/2} = \sqrt{10}$
$\log 10^x = x$	因為 $10^x = 10^x$
$\log 0$ 無定義	因為沒有 y 能符合 $10^y = 0$

　　對數之所以這麼實用，其中一個原因是它們將大數轉變成小很多很多的數，讓我們的大腦能比較容易理解。舉例來說，芮氏地震規模就用了對數，讓我們得以用 1 到 10 的等級測量地震的強度。此外，對數還運用在測量聲音的強度（分貝）、化學溶液的酸鹼度（pH），甚或是 Google 在蒐集網頁受訪問頻度時所用的網頁等級演算法。

　　log 512 為何？任何一台科學型計算機（或者大部分的搜尋引擎）都會告訴你 log 512＝2.709...。這看起來很合理：因為 512 這個數在 10^2 和 10^3 之間，所以它的對數一定在 2 和 3 之間。對數的發明是為了用來將乘法問題轉變成簡單的加法問題，這點奠基於下面這個有用的定理。

　　定理：對於任意正數 *x* 和 *y*，

$$\log xy = \log x + \log y$$

換句話說，兩數乘積的對數就等於兩數的對數之和。

證明：我們從指數法則就能立即得出這個結果，因為

$$10^{\log x + \log y} = 10^{\log x} 10^{\log y} = xy = 10^{\log xy}$$

也就是說，由於計算 10 的 $\log x + \log y$ 次方會等於 xy，就能讓我們得到待證的結果。 $\square$

另一個有用的性質是**指數法則**。

定理：對於任意正數 x 和任意整數 n，

$$\log x^n = n \log x$$

證明：根據指數法則 $a^{bc} = (a^b)^c$，於是

$$10^{n \log x} = (10^{\log x})^n = x^n$$

因此 x^n 的對數就等於 $n \log x$。 $\square$

雖然以 10 作為底數的對數被廣泛運用在化學和地質學這些物質科學中，但是這個對數其實並非格外地特殊。在電算科學和離散數學中，比較常用的是以 2 作為底數的對數。對於任意正數 b，以 b 為底數的對數 $\log_b$ 根據下列法則來定義：

$$\text{若且唯若 } b^y = x \text{，則 } y = \log_b x$$

舉例來說，$\log_2 32 = 5$ 是因為 $2^5 = 32$。任意底數 b 都能符合前述所有的對數性質，比方說：

$$b^{\log_b x} = x \qquad \log_b xy = \log_b x + \log_b y \qquad \log_b x^n = n \log_b x$$

然而，在大多數的數學、物理和工程領域中，最有用的是以 $b = e$ 為底數的對數，這稱作**自然對數**。我們以 x 來表示，也就是說，對於任意實數 x，

$$\text{若且唯若 } e^y = x \text{ ，則 } y = \ln x$$

亦可表示為

$$\ln e^x = x$$

舉例來說，你的計算機能算出 ln5＝1.609...，這正是我們先前得出 $e^{1.609} \approx 5$ 的方法。我們會在第十一章探討更多有關自然對數函數的問題。

悄悄話

　　所有的科學型計算機都能算出自然對數以及底數為 10 的對數，但當底數為其他數值時，大部分科學型計算機就無法直接算出。不過這並不是什麼難題，因為轉換對數的底數是件容易的事。基本上，如果你知道一種對數，就等於知道了所有的對數。具體地說，只要用以 10 為底數的對數，我們就能利用下面這個規則得出以 *b* 為底數的對數。

　　定理：對於任意正數 *b* 和 *x*，

$$\log_b x = \frac{\log x}{\log b}$$

　　證明：讓 *y*＝$\log_b x$，那麼 b^y＝*x*。取等號兩邊的對數，得到 $\log b^y$＝$\log x$。然後指數法則告訴我們 $y \log b$＝$\log x$。因此 *y*＝(log *x*)/(log *b*)，正是待證的結果。　　　　　　□

　　舉例來說，對於任意 *x*＞0，

$$\ln x = (\log x) / (\log e) = (\log x) / (0.434\dots) \approx 2.30 \log x$$

$$\log_2 x = (\log x) / (\log 2) = (\log x) / (0.301\dots) \approx 3.32 \log x$$

e 的更多面向

e 這個數就像 π 一樣在數學中無所不在，而且還出現在許多你意想不到的地方。拿我們在第八章看過的典型鐘型曲線來說，其公式如下：

$$y = \frac{e^{-x^2/2}}{\sqrt{2\pi}}$$

它的圖形（如下所示）或許是統計學中最重要的一個。

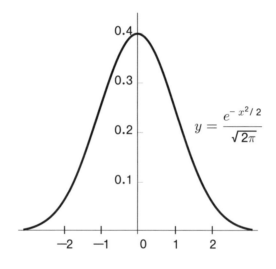

▲ 鐘型曲線的公式為 $e^{-x^2/2}/\sqrt{2\pi}$。

在第八章，我們還看到 *e* 出現在計算 *n*! 的斯特靈公式中：

$$n! \approx \left(\frac{n}{e}\right)^n \sqrt{2\pi n}$$

在第十一章，我們將會見到 *e* 和階乘函數有很基本的連結，到時我們會證明 e^x 可表示為無窮級數

$$e^x = 1 + \frac{x}{1!} + \frac{x^2}{2!} + \frac{x^3}{3!} + \frac{x^4}{4!} + \cdots$$

尤其是當 *x*=1 的時候，這個公式告訴我們

$$e = 1 + 1 + \frac{1}{2!} + \frac{1}{3!} + \frac{1}{4!} + \cdots$$

若想算出 *e* 以小數表示為何，這是一個相當快速的方法。

順帶一提，*e* 的小數表示在一開始有循環模式

$$e = 2.718281828\ldots$$

就像我的高中老師說的：「2.7 傑克森總統、傑克森總統。」因為 1828 正是第七任美國總統大選的那一年。（不過我的記法不一樣，我是藉由 *e* 的小數表示記住傑克森參加大選的年份。）你可能會忍不住相信 *e* 是一個有理數，如果真是這樣，那麼 1828 這串數字就會不斷重複，但事實並非如此。接下去的六個位數是 ...459045... 這部分我是用等腰直角三角形的角度來記住的。

e 這個數也出現在許多你完全意想不到的機率問題中。舉例來說，假設你每週都會買一張彩券，而中獎機率是百分之一。如果你連續買 100 週，那麼你至少中獎一次的機率是多少呢？每週你中獎的機會都是 1/100＝0.01，而沒中獎的機率則是 99/100＝0.99。由於每一週的中獎機率都是獨立的，並不會受到前面結果的影響，因此你連續一百週全部沒中獎的機率是

$$(0.99)^{100} \approx 0.3660$$

這個結果非常接近

$$1/e \approx 0.3678794\ldots$$

這並不是巧合。回想一下在我們最初介紹 e^x 的時候出現的那個指數公式

$$\lim_{n \to \infty} \left(1 + \frac{x}{n}\right)^n = e^x$$

現在如果我們讓 $x = -1$，那麼對任意一個大數 n 來說，我們就有

$$\left(1 - \frac{1}{n}\right)^n \approx e^{-1} = 1/e$$

當 $n=100$，這個算式告訴我們 $(0.99)^{100} \approx 1/e$，正如先前所說的那樣。因此你中獎的機率差不多是 $1-(1/e) \approx 64\%$。

在我最喜歡的那些機率問題中，有一個叫做**配對問題**（或「帽子配對問題」或「錯位排列問題」）。假設老師要將 n 份作業發還給某一班，但他很懶惰，將作業隨機發還給每位同學（也就是學生拿到的作業可能是自己的或是班上任一位同學的）。請問沒有任何學生拿到自己作業的機率為何？另一種等價的說法是，如果隨機排列 1 到 n 這些數字，那麼沒有任何一個數字在自己原本位置上的機率為何？舉例來說，當 $n=3$，則 1、2、3 三個數字有 $3! = 6$ 種排法，其中每個數字都不在自己位置上的**錯位排列**有兩種，也就是 231 和 312。因此，當 $n=3$，錯位排列的機率是 $2/6 = 1/3$。

發還 n 份作業總共有 $n!$ 種可能的方式。如果我們讓 D_n 代表錯位排列的總數量，那麼沒有人拿回自己作業的機率是 $p_n = D_n/n!$。舉例來說，當 $n=4$，我們就有 9 種錯位排列：

2143　2341　2413　3142　3412　3421　4123　4312　4321

因此，$p_4 = D_4/4! = 9/24 = 0.375$，如下頁表所示。

當 n 愈來愈大，p_n 就會愈來愈接近 $1/e$。其中的含意相當驚人，這表示不管是 10 位學生、100 位學生還是一百萬位學生，沒有人拿回自己作業的機率幾乎都是一樣的！而這樣的機率非常非常接近 $1/e$。

n	D_n	$p_n = D_n/n!$
1	0	0
2	1	1/2 = 0.50000
3	2	2/6 = 0.33333
4	9	9/24 = 0.37500
5	44	44/120 = 0.36667
6	265	265/720 = 0.36806
7	1856	1865/5040 = 0.36825
8	14,887	14,887/40,320 = 0.36823

　　$1/e$ 這個結果是從哪來的？就一階近似而言，既然有 *n* 位學生，每位學生拿到自己作業的機率是 $1/n$，因此拿到別人作業的機率就是 $1 - (1/n)$。所以 *n* 位學生全部拿到別人作業的機率是

$$p_n \approx \left(1 - \frac{1}{n}\right)^n \approx 1/e$$

這個機率只是近似值，原因是這個問題和彩券的中獎問題不同，我們面對的並非真正的獨立事件。如果我們確定 1 號學生拿到了自己的作業，那麼 2 號學生拿到自己作業的機率就會稍微增加一些。（機率會是 $1/(n-1)$ 而不是 $1/n$。）同理，如果確定 1 號學生沒拿到他自己的作業，那麼 2 號學生拿不到自己作業的機率會稍稍降低。但因為機率的變動並不太大，所以那個近似值就算是非常好的答案了。

　　計算 p_n 的精確機率要用上 e^x 的無窮級數：

$$e^x = 1 + x + \frac{x^2}{2!} + \frac{x^3}{3!} + \frac{x^4}{4!} + \cdots$$

當我們用 $x = -1$ 代入這個等式，就會得到

$$1 - 1 + \frac{1}{2!} - \frac{1}{3!} + \frac{1}{4!} - \cdots = e^{-1} = 1/e$$

若有 n 位學生,我們可以證明沒有人拿到自己作業的機率正好是

$$p_n = 1 - \frac{1}{1!} + \frac{1}{2!} - \frac{1}{3!} + \frac{1}{4!} - \cdots + (-1)^n \frac{1}{n!}$$

舉例來說,當 $n=4$ 時,機率為 $p_n=1-1+1/2-1/6+1/24=9/24$,如前所示。這個機率收斂至 $1/e$ 的速度非常快,看看 p_n 和 $1/e$,它們之間的差距不會超過 $1/(n+1)!$,因此,p_4 跟 $1/e$ 的差距在 $1/5!=0.0083$ 以內;p_{10} 與 $1/e$ 有七個小數位一致;而 p_{100} 則有 150 個小數位與 $1/e$ 完全一樣!

悄悄話

定理:e 是一個無理數。

證明:我們反過來假設 e 是有理數,那麼 $e=m/n$,其中 m 和 n 是正整數。接下來我們用 n 這個數將 e 的無窮級數分成兩部分,也就是讓 $e=L+R$,其中

$$L = 1 + 1 + \frac{1}{2!} + \frac{1}{3!} + \frac{1}{4!} + \cdots + \frac{1}{(n-1)!} + \frac{1}{n!}$$

$$R = \frac{1}{(n+1)!} + \frac{1}{(n+2)!} + \frac{1}{(n+3)!} + \cdots$$

請注意,$n!e=en(n-1)!=m(n-1)!$ 一定是個整數(因為 m 和 $(n-1)!$ 都是整數),且 $n!L$ 也是一個整數(因為對於任意 $k \leq n$ 來說,$n!/k!$ 都是整數)。因此 $n!R=n!e-n!L$ 是兩個整數之差,所以這個數本身也必定是整數。但這是不可能的,因為 $n \geq 1$ 隱含了

$$
\begin{aligned}
n!R &= \frac{1}{n+1} + \frac{1}{(n+1)(n+2)} + \frac{1}{(n+1)(n+2)(n+3)} + \cdots \\
&\leq \frac{1}{2} + \frac{1}{2 \cdot 3} + \frac{1}{2 \cdot 3 \cdot 4} + \cdots \\
&= \frac{1}{2!} + \frac{1}{3!} + \frac{1}{4!} + \cdots = 0.71828... \\
&< 1
\end{aligned}
$$

所以 $n!R$ 不可能是整數，因為小於 1 的正整數並不存在。由此可知，$e=m/n$ 的假設會導致矛盾，因此 *e* 是無理數。　　　　□

歐拉方程式

e 這個數是由偉大的數學家歐拉所發現並推廣的，他也是為這個基本數取了現在這個名字的第一人。大部分的歷史學家和數學家並不同意這個提議，因為歐拉選擇的這個字母 *e* 就是他自己姓氏的第一個字母。但許多人依舊用 *e* 來代表歐拉數。

我們已經介紹過函數 e^x、$\cos x$ 和 $\sin x$ 的無窮級數，在下一章還會解釋我們是從哪裡得出的，不過我們現在先將它們一起排在下面。

$$e^x = 1 + x + \frac{x^2}{2!} + \frac{x^3}{3!} + \frac{x^4}{4!} + \cdots$$

$$\cos x = 1 - \frac{x^2}{2!} + \frac{x^4}{4!} - \frac{x^6}{6!} + \cdots$$

$$\sin x = x - \frac{x^3}{3!} + \frac{x^5}{5!} - \frac{x^7}{7!} + \cdots$$

這些公式適用於所有的實數 *x*，但是歐拉大膽地猜想：如果讓 *x* 是虛數又會如何呢？一個數的虛數次方代表著什麼呢？結果就是歐拉得到他的美麗定理。

定理（歐拉定理）： 對於任意角 θ（以弳為單位），

$$e^{i\theta} = \cos\theta + i\sin\theta$$

證明：我們證明這個定理的方式，就是看看當我們在 e^x 的級數中代入 $x=i\theta$ 時會發生什麼事。

$$e^{i\theta} = 1 + i\theta + \frac{(i\theta)^2}{2!} + \frac{(i\theta)^3}{3!} + \frac{(i\theta)^4}{4!} + \frac{(i\theta)^5}{5!} + \frac{(i\theta)^6}{6!} + \frac{(i\theta)^7}{7!} + \cdots$$

請注意虛數在一直自我相乘時會產生什麼變化：$i^0=1$、$i^1=i$、$i^2=-1$、$i^3=-i$（因為 $i^3=i^2i=-i$），而且這個模式會不斷循環下去：$i^4=1$、$i^5=i$、$i^6=-1$、$i^7=-i$、$i^8=1$ 等等。特別注意 i 的各個次方會不斷在虛實之間轉換，因而每隔一項就能分解出一個 i，如下面的代數運算所示。

$$\begin{aligned}
e^{i\theta} &= 1 + i\theta - \frac{\theta^2}{2!} - i\frac{\theta^3}{3!} + \frac{\theta^4}{4!} + i\frac{\theta^5}{5!} - \frac{\theta^6}{6!} - i\frac{\theta^7}{7!} + \frac{\theta^8}{8!} + \cdots \\
&= \left(1 - \frac{\theta^2}{2!} + \frac{\theta^4}{4!} - \frac{\theta^6}{6!} + \cdots\right) + i\left(\theta - \frac{\theta^3}{3!} + \frac{\theta^5}{5!} - \frac{\theta^7}{7!} + \cdots\right) \\
&= \cos\theta + i\sin\theta \qquad \qquad \qquad \qquad \qquad \qquad \qquad \qquad ☺
\end{aligned}$$

這讓我們得以證明在本章一開始所介紹的「上帝方程式」。讓 $\theta=\pi$ 弳（或 180°），我們就會有

$$e^{i\pi} = \cos\pi + i\sin\pi = -1 + i(0) = -1$$

但是歐拉定理蘊含的遠遠不只如此。我們已經見過 $\cos\theta + i\sin\theta$ 這個表示式，它是複數平面上單位圓上的一點，與正 x 軸的夾角是 θ。歐拉定理聲稱你可以用一個簡單的方式來表示那一點，如下圖所示。

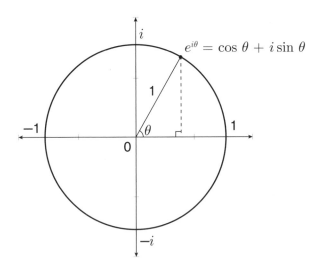

▲ 根據歐拉定理，單位圓上的任一點都具有 $e^{i\theta}$ 的形式。

　　慢著，其實還有呢！複數平面上的每一點都是單位圓上某一點放大或縮小的結果。更明確地說，如果複數 z 的長度為 R 且輻角為 θ，那麼該點就正好等於 R 乘以單位圓上的對應點，換句話說：

$$z = Re^{i\theta}$$

因此，如果給定複數平面上的任兩點，假設是 $z_1 = R_1 e^{i\theta_1}$ 和 $z_2 = R_2 e^{i\theta_2}$，那麼複數的指數法則就會告訴我們

$$z_1 z_2 = R_1 e^{i\theta_1} R_2 e^{i\theta_2} = R_1 R_2 e^{i(\theta_1 + \theta_2)}$$

這是一個長度為 $R_1 R_2$ 且輻角為 $\theta_1 + \theta_2$ 的複數。所以我們再次得到這個結論：將複數相乘的時候，你只需要將兩者的長度相乘並將輻角相加即可。當我們在本章稍早證明這個事實的時候，用了大約一整頁的代數和三角恆等式。但是用上歐拉定理，我們只要用一條等式就可以得出結論，全都要感謝 e 這個數！

　　讓我們用一首頌讚這個非凡之數的詩來為本章作結，在此要向原作者基爾默說聲抱歉了。

　　　　我想我從未見過
　　　　比 e 更可愛的數。
　　　　它的位數實在多到無法一一陳述
　　　　也就是 2.71828...
　　　　而且 e 有著如此神奇的特點，
　　　　大家都愛它（但多半是老師）
　　　　靠著 e 所有的偉大特性，
　　　　大多積分都能迎刃而解。
　　　　像我這樣的傻瓜只會證明定理，
　　　　但歐拉，只有他有本事造出 e。

$$y = x^{11} \Rightarrow y' = 11x^{10}$$

微積分的魔術

不只有切線

　　數學是科學界的語言，而大多數的自然律可用數學中的微積分來表述，因為微積分就是描述萬物如何成長、改變和移動的數學。在本章，我們將會學到如何決定函數的變化率，以及如何用像多項式這樣簡單的函數來逼近複雜的函數。微積分在**最佳化**上是個有力的工具，無論是要最大化（例如利潤或是容量）還是最小化（例如花費或是旅程的距離），微積分對於決定如何挑出這些數值都相當有用。

　　舉例來說，假設你有一塊邊長為 12 英寸的正方形紙板，如下圖所示。假使你從四個角落都切下一塊 x 乘 x 的正方形，然後用得到的版型折出一個盒子，那麼這個盒子的最大容積是多少呢？

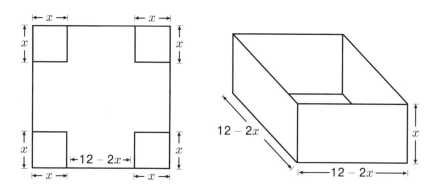

▲ 哪個 x 值能將這個盒子的容積最大化？

　　讓我們將容積視為 x 的函數來計算。這個盒子的底面積為 $(12-2x)(12-2x)$ 且高度為 x，所以它的容積就是

$$V = (12 - 2x)^2 x \text{ 立方英寸}$$

我們的目標是要挑出 x 的值，讓容積盡可能大。我們不能選擇太大或太小的 x，舉例來說，若 $x=0$ 或 $x=6$，這個盒子的容積都會是 0。所以

說，最理想的 x 值介於這兩者之間。

下面是函數 $y=(12-2x)^2x$ 的圖形，其中 x 從 0 延伸至 6。當 $x=1$，我們算出的容積是 $y=100$；當 $x=2$，$y=128$；當 $x=3$，$y=108$。其中 $x=2$ 這個值看來是最好的選擇，但或許在 1 到 3 之間有另一個能給我們更佳答案的實數？

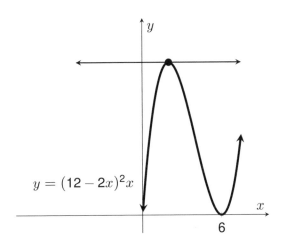

▲ 函數 $y=(12-2x)^2x$ 在最大值的那點有一條水平的切線。

在最大值的左方，這個函數以正斜率不斷爬升，而在右方則是以負斜率一路滑落。所以在最大值的那一點，這個函數既不上升也不下降：它正在兩者之間交換。用數學的方式來說，就是在這個最佳點會有一條水平的切線（其斜率為 0）。在本章中，我們將用微積分找出位在 0 到 6 之間，並同時具有水平切線的那一點。

除了切線之外，我們還會在本章提及許多其他的主題。舉例來說，我們剛剛研究的那個問題是要找出切割角落的最佳方式，而我們也將在本章用上許多類似的捷徑。微積分是一門博大的學科，這方面的教科書普遍來說都有上千頁。在這屈指可數的二十幾頁中，我們的時間只夠提及重點部分。本書不會談到**積分**，那是用來計算結構複雜的物體其面積

和體積的技巧；我們只會集中精神在**微分**上，學習如何用它來測量函數的成長和改變。

最容易分析的函數就是直線。在第二章，我們已經注意到直線 $y=mx+b$ 的斜率為 m，所以如果 x 增加 1，y 就會增加 m。舉例來說，直線 $y=2x+3$ 的斜率為 2，如果我們將 x 的值增加 1（比方說從 $x=10$ 變成 $x=11$），那麼 y 就會增加 2（在此式中就是從 23 變成 25）。

我們在下圖中畫出了幾種不同的直線。其中 $y=-x$ 的斜率為 -1，而水平線 $y=5$ 的斜率為 0。

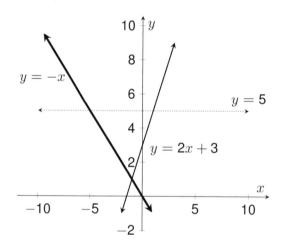

▲ 幾種不同直線的圖形。

給定任意兩點，我們都能畫出一條通過這兩點的直線，並在不必用到直線公式的情況下得出這條線的斜率。通過 (x_1, y_1) 和 (x_2, y_2) 兩點的直線，其斜率可經由一個「垂直除以水平」的公式得出：

$$m = \frac{y_2 - y_1}{x_2 - x_1}$$

舉例來說，取直線 $y=2x+3$ 上的任意兩點，例如 $(0, 3)$ 與 $(4, 11)$。那麼連接這兩點的直線其斜率就是 $m=\frac{y_2-y_1}{x_2-x_1}=(11-3)/(4-0)=8/4=2$，正是我們在這條直線的原方程式中看到的斜率。

接下來，考慮 $y=x^2+1$ 這個函數，如下圖所示。這個圖形並不是一條直線，而且我們看得出來它的斜率一直在改變。讓我們試著決定 $(1,2)$ 這點上的切線斜率。

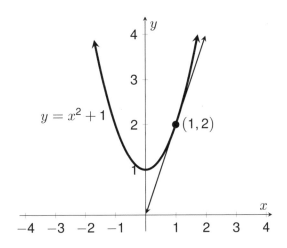

▲ 對於 $y=x^2+1$ 這個函數，找出 $(1,2)$ 這點上的切線斜率。

壞消息是計算斜率需要用兩個點，但我們只有 $(1,2)$ 這個點而已。因此，首先我們利用通過這條曲線上兩個點的某條直線（稱作**割線**），取得這條切線的近似斜率，如下圖所示。如果 $x=1.5$，那麼 $y=(1.5)^2+1=3.25$。所以讓我們看看從 $(1,2)$ 到 $(1.5,3.25)$ 這條線的斜率為何，根據斜率公式，這條割線的斜率為

$$m = \frac{y_2 - y_1}{x_2 - x_1} = \frac{3.25 - 2}{1.5 - 1} = \frac{1.25}{0.5} = 2.5$$

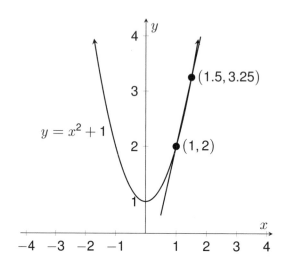

▲ 利用割線來逼近切線。

　　為了得到更佳的近似值，我們將第二個點移至比較接近 (1,2) 的地方。舉例來說，如果 $x=1.1$，則 $y=(1.1)^2+1=2.21$，那麼得出的割線斜率就會是 $m=(2.21-2)/(1.1-1)=2.1$。如下表所示，當我們讓第二個點愈來愈接近 (1,2)，割線的斜率似乎就會愈來愈接近 2。

(x_1, y_1)	x_2	$y_2 = x_2^2 + 1$	$\frac{y_2 - y_1}{x_2 - x_1}$		Slope
$(1, 2)$	1.5	3.25	$\frac{3.25-2}{1.5-1} = \frac{1.25}{0.5}$	$=$	2.5
$(1, 2)$	1.1	2.21	$\frac{2.21-2}{1.1-1} = \frac{0.21}{0.1}$	$=$	2.1
$(1, 2)$	1.01	2.0201	$\frac{2.0201-2}{1.01-1} = \frac{0.0201}{0.01}$	$=$	2.01
$(1, 2)$	1.001	2.002001	$\frac{2.002001-2}{1.001-1} = \frac{0.002001}{0.001}$	$=$	2.001
$(1, 2)$	$1+h$	$2+2h+h^2$	$\frac{(2+2h+h^2)-2}{(1+h)-1} = \frac{2h+h^2}{h}$	$=$	$2+h$

　　我們來看看當 $x=1+h$（$h \neq 0$）時會發生什麼事（不過這跟 $x=1$ 可能只有毫髮之差）。因為 $y=(1+h)^2+1=2+2h+h^2$，所以割線的斜率就是

$$\frac{y_2 - y_1}{x_2 - x_1} = \frac{(2 + 2h + h^2) - 2}{(1 + h) - 1} = \frac{2h + h^2}{h} = 2 + h$$

接下來隨著 h 愈來愈接近 0，割線的斜率就會愈來愈接近 2。正式的寫法是

$$\lim_{h \to 0} (2 + h) = 2$$

這個記號的意思就是在 h 趨近於 0 的過程中，$2+h$ 的**極限**為 2。憑直覺來看，當 h 愈來愈接近 0，$2+h$ 就愈來愈接近 2。所以對於圖形 $y=x^2+1$，我們找出了 $(1,2)$ 這點的切線斜率為 2。

　　一般性的情況看起來是這樣的，對函數 $y=f(x)$ 來說，我們想找出 $(x,f(x))$ 這點的切線斜率。如下圖所示，通過 $(x,f(x))$ 這一點和其鄰點 $(x+h,f(x+h))$ 的割線其斜率為

$$\frac{y_2 - y_1}{x_2 - x_1} = \frac{f(x+h) - f(x)}{(x+h) - x} = \frac{f(x+h) - f(x)}{h}$$

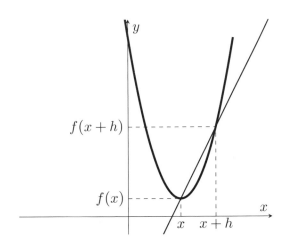

▲ 通過 $(x,f(x))$ 和 $(x+h,f(x+h))$ 這兩點的割線其斜率為 $\frac{f(x+h)-f(x)}{h}$。

我們用 $f'(x)$ 這個記號來表示 $(x, f(x))$ 這一點上的切線斜率，所以

$$f'(x) = \lim_{h \to 0} \frac{f(x+h) - f(x)}{h}$$

這個定義有些複雜，所以讓我們來舉例說明。對於直線 $y=mx+b$ 來說，它所對應的函數就是 $f(x)=mx+b$。要找出 $f(x+h)$，我們用 $x+h$ 取代 x，便得到 $f(x+h)=m(x+h)+b$。因此，割線斜率就等於

$$\frac{f(x+h) - f(x)}{h} = \frac{m(x+h) + b - (mx+b)}{h} = \frac{mh}{h} = m$$

無論所用的 x 其值為何，切線斜率同樣會等於 m，所以 $f'(x)=m$。這（點）相當合理，因為直線 $y=mx+b$ 的斜率永遠都是 m。

讓我們用這個定義來找出 $y=x^2$ 的「導數」（導函數）。此時我們有

$$\begin{aligned}
\frac{f(x+h) - f(x)}{h} &= \frac{(x+h)^2 - x^2}{h} \\
&= \frac{(x^2 + 2xh + h^2) - x^2}{h} \\
&= \frac{2xh + h^2}{h} \\
&= 2x + h
\end{aligned}$$

當 h 趨近於 0，我們便得到 $f'(x)=2x$。

至於 $f(x)=x^3$，我們則有

$$\begin{aligned}
\frac{f(x+h) - f(x)}{h} &= \frac{(x+h)^3 - x^3}{h} \\
&= \frac{(x^3 + 3x^2h + 3xh^2 + h^3) - x^3}{h} \\
&= \frac{3x^2h + 3xh^2 + h^3}{h} \\
&= 3x^2 + 3xh + h^2
\end{aligned}$$

當 h 趨近於 0，我們得到 $f'(x)=3x^2$。

　　給定函數 $y=f(x)$，此時測定出導數 $f'(x)$ 的過程稱為**微分**。好消息是只要我們找出一些簡單函數的導數，就不難決定出更複雜函數的導數，而且不必用到先前那個既正式又根據極限的定義。看看下面這個非常有用的定理。

　　定理：如果 $u(x)=f(x)+g(x)$ ，那麼 $u'(x)=f'(x)+g'(x)$。換句話說，**總和的導數就是導數的總和**。此外，如果 c 是任何實數，那麼 $cf(x)$ 的導數就是 $cf'(x)$。

　　根據這個定理，由於 $y=x^3$ 的導數為 $3x^2$ 且 $y=x^2$ 的導數為 $2x$，因此 $y=x^3+x^2$ 的導數為 $3x^2+2x$。此外，函數 $y=10x^3$ 的導數為 $30x^2$，這就示範了本定理的第二部分。

悄悄話

　　證明：令 $u(x)=f(x)+g(x)$，那麼

$$\frac{u(x+h)-u(x)}{h} = \frac{f(x+h)+g(x+h)-(f(x)+g(x))}{h}$$
$$= \frac{f(x+h)-f(x)}{h}+\frac{g(x+h)-g(x)}{h}$$

當 $h \to 0$（表示 h 趨近為 0），取等號兩邊的極限便會得到

$$u'(x)=f'(x)+g'(x) \qquad\qquad \square$$

　　請注意，當我們取等式右邊的極限，是在利用**總和的極限就是極限的總和**這個事實。在此我們不會嚴格證明這一點，不過憑直覺可知，如果 a 這個數愈來愈接近 A，且 b 這個數愈來愈接近 B，那麼 $a+b$ 就會愈來愈接近 $A+B$。此外請注意**乘積的極限就是極限的乘積**和**商數的極限就是極限的商數**也都是正確的。但我們將會看到導數的對應規則就沒有這麼直接了，舉例來說，乘積的導數並不是導數的乘積。

至於這個定理的後半部，如果 $v(x)=cf(x)$，那麼我們就有

$$v'(x) = \lim_{h \to 0} \frac{v(x+h) - v(x)}{h} = \lim_{h \to 0} \frac{cf(x+h) - cf(x)}{h}$$
$$= c \lim_{h \to 0} \frac{f(x+h) - f(x)}{h} = cf'(x)$$

正是待證的結果。　　　　　　　　　　　　　　　　　□

為了將 $f(x)=x^4$ 微分，我們先將它展開成 $f(x+h)=(x+h)^4=x^4+4x^3h+6x^2h^2+4xh^3+h^4$。這個表示式的係數為 1、4、6、4、1，你或許會覺得這些數目看來有點眼熟，因為它們就是巴斯卡三角形的第四排，這點我們在第四章曾經研究過。因此，我們就有

$$\frac{f(x+h) - f(x)}{h} = \frac{4x^3h + 6x^2h^2 + 4xh^3 + h^4}{h} = 4x^3 + h \times 一個多項式$$

而當 $h \to 0$，我們就得到 $f'(x)=4x^3$。你看出其中的模式了嗎？x、x^2、x^3 和 x^4 的導數分別為 1、$2x$、$3x^2$ 和 $4x^3$。將同樣的邏輯套用到高階指數上，我們就得到下面這個有力的法則。另一個常用的導數記號是 y'，讓我們從現在開始使用吧。

定理（冪法則）：給定任何大於或等於 0 的 n，那麼

$$y = x^n \text{ 的導數為 } y' = nx^{n-1}$$

舉例來說：

$$\text{如果 } y = x^5 \text{，則 } y' = 5x^4$$

以及

$$\text{如果 } y = x^{10} \text{，則 } y' = 10x^9$$

即使是像 $y=1$ 這樣的常數函數都可以用這個法則來微分，這是因為無論 x 等於任何數值，都會使得 $1=x^0$，而 $y=x^0$ 的導數為 $0x^{-1}=0$。這是相當合理的，因為 $y=1$ 這條直線是一條水平線。根據冪法則以及前述定理，我們現在可以對任何多項式微分了。舉例來說，如果

$$y = x^{10} + 3x^5 - x^3 - 7x + 2520$$

那麼

$$y' = 10x^9 + 15x^4 - 3x^2 - 7$$

即使 n 不是正整數，冪法則還是成立。舉例來說，假如

$$y = \frac{1}{x} = x^{-1}$$

那麼

$$y' = -1x^{-2} = \frac{-1}{x^2}$$

同樣地，如果

$$y = \sqrt{x} = x^{1/2}$$

那麼

$$y' = \frac{1}{2}x^{-1/2} = \frac{1}{2\sqrt{x}}$$

不過我們還沒有做好證明這個事實的準備。在我們學習如何微分更複雜的函數之前，讓我們先好好利用目前所學，來解出一些既有趣又實用的最佳化題目吧。

極值問題

微分能幫助我們決定一個函數的最大值或最小值在哪裡。舉例來說，在 $y=x^2-8x+10$ 這條拋物線上，最低點對應於哪個 x 值？

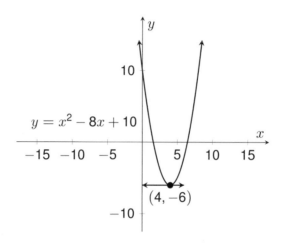

▲ 拋物線 $y=x^2-8x+10$ 在 $y'=0$ 的時候來到最低點。

在最低點，切線的斜率必定為 0。因為 $y'=2x-8$，解出 $2x-8=0$ 讓我們得知最小值出現在 $x=4$ 的時候（這時 $y=16-32+10=-6$）。對函數 $y=f(x)$ 來說，滿足 $f'(x)=0$ 的這個 x 值稱作 f 的「臨界點」。以 $y=x^2-8x+10$ 這個函數來說，唯一的臨界點就是 $x=4$。

那麼最大值又出現在哪裡呢？上面這個問題並沒有最大值，因為 $y=x^2-8x+10$ 的值可以無限擴大。但如果 x 的值被限制在一個區間內，例如 $0\leq x\leq 6$，那麼 y 的最大值就會出現在其中一個端點。在這個問題中，我們能看到當 $x=0$，$y=10$，而當 $x=6$，$y=-2$。因此，這個函數會在端點 $x=0$ 之處出現最大值。下面這個重要的定理通常都能成立。

定理（最佳化定理）：如果一個可微分的函數 $y=f(x)$ 在 $x*$ 這一點有最大值或最小值，那麼 $x*$ 肯定是一個端點或是 f 的臨界點。

讓我們回過頭來看看本章一開始提到的那個盒子問題。在這個題目中，我們感興趣的是下列函數

$$y = (12 - 2x)^2 x = 4x^3 - 48x^2 + 144x$$

的最大值，其中 x 必須在 0 到 6 之間。我們希望能找出一個 x，使得 y 為最大值。因為這個函數是一個多項式，所以我們能看出它的導數為

$$y' = 12x^2 - 96x + 144 = 12(x^2 - 8x + 12) = 12(x - 2)(x - 6)$$

因此這個函數有兩個臨界點，分別為 $x=2$ 以及 $x=6$。

在端點 $x=0$ 以及 $x=6$ 這兩處，箱子的容積為 0，所以我們就得到容積的最小值。最大值則出現在另一個臨界點 $x=2$，此時 $y=128$ 立方英寸。

微分法則

我們能微分的函數愈多，就能解決愈多的問題。在微積分中最重要的函數或許是指數函數 $y=e^x$，而 $y=e^x$ 之所以特殊是因為它跟自己的導數相同。

定理：若 $y=e^x$，則 $y'=e^x$。

悄悄話

為什麼 $f(x)=e^x$ 會滿足 $f'(x)=e^x$？下面提供一個基本概念。首先，請注意

$$\frac{f(x + h) - f(x)}{h} = \frac{e^{x+h} - e^x}{h} = \frac{e^x(e^h - 1)}{h}$$

接著回想一下 e 這個數的定義

$$e = \lim_{n \to \infty} \left(1 + \frac{1}{n}\right)^n$$

也就是說隨著 n 愈來愈大，$(1+1/n)^n$ 就會愈來愈接近 e。現在讓 $h=1/n$，當 n 的值非常大的時候，$h=1/n$ 就會非常接近 0。因此，對這樣的 h 來說，

$$e \approx (1+h)^{1/h}$$

如果我們將等號兩邊都取 h 次方，並利用指數法則 $(a^b)^c = a^{bc}$，那麼我們會發現

$$e^h \approx 1 + h$$

於是

$$\frac{e^h - 1}{h} \approx 1$$

所以當 h 愈來愈接近 0，$\frac{e^h-1}{h}$ 就會愈來愈接近 1，因此 $\frac{f(x+h)-f(x)}{h}$ 會愈來愈接近 e^x。 □

此外還有沒有跟自己的導數相同的函數呢？有的，但它們全都滿足 $y=ce^x$ 這個形式，其中 c 是一個實數。（請注意，這也包含 $c=0$ 的情況，這時我們會得到常數函數 $y=0$。）

我們已經知道當我們將函數相加，總和的導數就是導數的總和。那麼函數的乘積呢？哎呀，乘積的導數並不是導數的乘積。不過也不是太難計算，請見下面的定理。

定理（導數的乘積法則）：若 $y=f(x)g(x)$，則有

$$y' = f(x)g'(x) + f'(x)g(x)$$

舉例來說，要將 $y=x^3e^x$ 微分，我們首先讓 $f(x)=x^3$ 且 $g(x)=e^x$，因此根據乘積法則

$$
\begin{aligned}
y' &= f(x)g'(x) + f'(x)g(x) \\
&= x^3e^x + 3x^2e^x
\end{aligned}
$$

請注意，當 $f(x)=x^3$ 且 $g(x)=x^5$，乘積法則告訴我們兩者乘積 $x^3x^5=x^8$ 的導數為

$$
\begin{aligned}
y' &= x^3(5x^4) + 3x^2(x^5) \\
&= 5x^7 + 3x^7 = 8x^7
\end{aligned}
$$

與冪法則相符合。

悄悄話

證明（乘積法則）：令 $u(x)=f(x)g(x)$，則有

$$
\frac{u(x+h) - u(x)}{h} = \frac{f(x+h)g(x+h) - f(x)g(x)}{h}
$$

接下來我們巧妙地在分子中先減去再加上 $f(x+h)g(x)$，得到

$$
\frac{f(x+h)g(x+h) - f(x+h)g(x) + f(x+h)g(x) - f(x)g(x)}{h}
$$
$$
= f(x+h)\left(\frac{g(x+h) - g(x)}{h}\right) + \left(\frac{f(x+h) - f(x)}{h}\right)g(x)
$$

當 $h \to 0$，這個式子就變成 $f(x)g'(x)+f'(x)g(x)$，正是待證的結果。□

乘積法則不只是在計算上很有幫助，也能讓我們找出其他函數的導數。舉例來說，我們先前證明過正指數的冪法則，但現在我們還能證明它也適用於分數指數和負指數。

舉例來說，乘積法則預測

$$若 \quad y = \sqrt{x} = x^{1/2} \text{，則} \quad y' = \frac{1}{2}x^{-1/2} = \frac{1}{2\sqrt{x}}$$

利用乘積法則，讓我們來看看這為什麼是正確的。假設 $u(x)=\sqrt{x}$，那麼

$$u(x)u(x) = \sqrt{x}\sqrt{x} = x$$

當我們對等號兩邊微分，乘積法則就告訴我們

$$u(x)u'(x) + u'(x)u(x) = 1$$

因此 $2u(x)u'(x)=1$，於是 $u'(x)=\frac{1}{2u(x)}=\frac{1}{2\sqrt{x}}$，如前所述。

悄悄話

乘積法則也對負指數有所預測，$y=x^{-n}$ 的導數應為 $y'=-nx^{-n-1}$ $=\frac{-n}{x^{n+1}}$。要證明這一點，我們讓 $u(x)=x^{-n}$（其中 $n\geq1$），那麼根據定義，只要 $x\neq0$，我們就有

$$u(x)x^n = x^{-n}x^n = x^0 = 1$$

當我們對等號兩邊微分，乘積法則告訴我們

$$u(x)(nx^{n-1}) + u'(x)x^n = 0$$

將這個式子除以 x^n，再將第一項移至等號另一邊，我們得到

$$u'(x) = -n\frac{u(x)}{x} = \frac{-n}{x^{n+1}}$$

正是待證的結果。　　　　　　　　　　　　　　　　□

因此，如果 $y=1/x=x^{-1}$，那麼 $y'=-1/x^2$。

如果 $y=1/x^2=x^{-2}$，那麼 $y'=-2x^{-3}=-2/x^3$，以此類推。

在第七章，我們曾想要找出一個正數 x，使得下列函數具有最小值

$$y = x + 1/x$$

聰明地利用幾何學，我們證明了最小值出現在 $x=1$ 的時候。但有了微積分，我們就不需要賣弄小聰明，只要解出 $y'=0$，我們就能得到 $1 - 1/x^2 = 0$，而能滿足這一點的正數只有 $x=1$。

要微分三角函數也很簡單。請注意，為了讓下面的定理能夠成立，一定要用弳作為角度的單位。

定理：如果 $y=\sin x$，則 $y'=\cos x$；如果 $y=\cos x$，則 $y'=-\sin x$。換言之，正弦的導數就是餘弦，而餘弦的導數就是負的正弦。

悄悄話

　　證明：這個定理的證明仰賴下面這個引理。（引理也是一種定理，用來幫助我們證明更重要的定理。）
　　引理：

$$\lim_{h \to 0} \frac{\sin h}{h} = 1 \text{ and } \lim_{h \to 0} \frac{\cos h - 1}{h} = 0$$

　　這就表示對任何接近 0 的微小角 h（以弳為單位）來說，它的正弦值會非常接近 h，且餘弦值非常接近 1。舉例來說，計算機顯示出的結果是 $\sin 0.0123 = 0.0122996...$，且 $\cos 0.0123 = 0.9999243...$。暫且假設這個引理正確，我們就能對正弦和餘弦函數微分。利用第九章的 $\sin(A+B)$ 恆等式，我們得到

$$
\begin{aligned}
\frac{\sin(x+h) - \sin x}{h} &= \frac{\sin x \cos h + \sin h \cos x - \sin x}{h} \\
&= \sin x \left(\frac{\cos h - 1}{h} \right) + \cos x \left(\frac{\sin h}{h} \right)
\end{aligned}
$$

當 $h \to 0$，根據我們的引理，上面這個表示式就變成 $(\sin x)(0)$ $+(\cos x)(1)=\cos x$。同理，

$$
\begin{aligned}
\frac{\cos(x+h)-\cos x}{h} &= \frac{\cos x \cos h - \sin x \sin h - \cos x}{h} \\
&= \cos x \left(\frac{\cos h - 1}{h} \right) - \sin x \left(\frac{\sin h}{h} \right)
\end{aligned}
$$

當 $h \to 0$，這個式子就變成 $(\cos x)(0)-(\sin x)(1)=-\sin x$，正是待證的結果。 □

悄悄話

我們可以用下圖來證明 $\lim_{h \to 0} \frac{\sin h}{h}=1$。

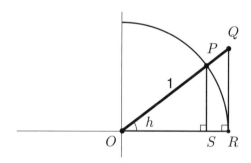

在上面這個單位圓中，$R=(1,0)$ 且 $P=(\cos h, \sin h)$，其中 h 是一個微小的正角。同理，在直角三角形 OQR 中

$$
\tan h = \frac{QR}{OR} = \frac{QR}{1} = QR
$$

因此直角三角形 OPS 的面積為 $\frac{1}{2} \cos h \sin h$，且直角三角形 OQR 的面積為 $\frac{1}{2} OR QR = \frac{1}{2} \tan h = \frac{\sin h}{2 \cos h}$。

接下來將注意力集中在 OPR 這個扇形上。單位圓的面積是 $\pi1^2=\pi$，而扇形 OPR 只是這個單位圓上的一小部分，比例為 $h/(2\pi)$。因此 OPR 這個扇形的面積為 $\pi(h/2\pi)=h/2$。

因為扇形 OPR 包含三角形 OPS，而它又包含在三角形 OQR 之中，於是藉由比較兩者的面積，我們就會得到

$$\frac{1}{2}\cos h\sin h < \frac{h}{2} < \frac{\sin h}{2\cos h}$$

將每一項都乘以正數 $\frac{2}{\sin h}>0$，我們就會有

$$\cos h < \frac{h}{\sin h} < \frac{1}{\cos h}$$

對正數來說，如果 $a<b<c$，那麼 $1/c<1/b<1/a$，因此

$$\cos h < \frac{\sin h}{h} < \frac{1}{\cos h}$$

當 $h\to 0$，$\cos h$ 和 $1/\cos h$ 兩者都會趨近於 1，正是我們所需要的。因此，$\lim_{h\to 0}\frac{\sin h}{h}=1$。

悄悄話

只要用上前面那個結果，以及幾行代數（包括 $\cos^2 h+\sin^2 h=1$），我們就可以證出 $\lim_{h\to 0}\frac{\cos h-1}{h}=1$。

$$\frac{\cos h-1}{h}=\frac{\cos h-1}{h}\cdot\frac{\cos h+1}{\cos h+1}=\frac{\cos^2 h-1}{h(\cos h+1)}$$

$$=\frac{-\sin^2 h}{h(\cos h+1)}=-\frac{\sin h}{h}\cdot\frac{\sin h}{\cos h+1}$$

當 $h \to 0$，我們就會得到 $\dfrac{\sin h}{h} \to 1$，且 $\dfrac{\sin h}{\cos h + 1} \to \dfrac{0}{2} = 0$。

因此 $\lim_{h \to 0} \dfrac{\cos h - 1}{h} = 0$。 □

一旦我們知道正弦和餘弦的導數，我們就能對正切函數微分。

定理：若 $y = \tan x$，則 $y' = 1/(\cos^2 x) = \sec^2 x$。

證明：讓 $u(x) = \tan x = (\sin x)/(\cos x)$，那麼

$$\tan(x)\cos x = \sin x$$

對等號兩邊微分，並用上乘積法則，就會有

$$\tan x (-\sin x) + \tan'(x)\cos x = \cos x$$

將每一項都除以 $\cos x$ 並解出 $\tan'(x)$，我們就能得到

$$\tan'(x) = 1 + \tan x \tan x = 1 + \tan^2 x = \frac{1}{\cos^2 x} = \sec^2 x$$

其中倒數第二個等號是恆等式 $\cos^2 x + \sin^2 x = 1$ 除以 $\cos^2 x$ 的結果。

我們能用類似的方法證明出微分的「商數法則」。

定理（商數法則）：如果 $u(x) = f(x)/g(x)$，那麼

$$u'(x) = \frac{g(x)f'(x) - f(x)g'(x)}{g(x)g(x)}$$

悄悄話

商數法則的證明：由於 $u(x)g(x) = f(x)$，所以當我們對等號兩邊做微分，乘積法則會使我們得到

$$u(x)g'(x) + u'(x)g(x) = f'(x)$$

如果將等號兩邊都乘上 $g(x)$，就會得到

$$g(x)u(x)g'(x) + u'(x)g(x)g(x) = g(x)f'(x)$$

用 $f(x)$ 取代 $g(x)u(x)$ 並解出 $u'(x)$，就是我們要證明的結果。　　□

我們現在知道了要如何對多項式、指數函數、三角函數做微分。我們也學過了當函數相加、相乘以及相除後如何對其微分。**連鎖法則**（下面會提到，但不會證明）則告訴我們對**合成函數**又該怎麼做。舉例來說，如果 $f(x)=\sin x$ 且 $g(x)=x^3$，那麼

$$f(g(x)) = \sin(g(x)) = \sin(x^3)$$

請注意，它跟下面的函數並不相同

$$g(f(x)) = g(\sin x) = (\sin x)^3$$

定理（連鎖法則）：如果 $y=f(g(x))$，那麼 $y'=f'(g(x))g'(x)$。

舉例來說，如果 $f(x)=\sin x$ 且 $g(x)=x^3$，那麼 $f'(x)=\cos x$ 且 $g'(x)=3x^2$。連鎖法則告訴我們如果 $y=f(g(x))=\sin(x^3)$，那麼

$$y' = f'(g(x))g'(x) = \cos(g(x))g'(x) = 3x^2\cos(x^3)$$

更一般性地說，連鎖法則告訴我們如果 $y=\sin(g(x))$，那麼 $y'=g'(x)\cos(g(x))$。根據同樣的理由，$y=\cos(g(x))$ 就使得 $y'=-g'(x)\sin(g(x))$。

另一方面，對 $y=g(f(x))=(\sin x)^3$ 這個函數來說，連鎖法則聲稱

$$y' = g'(f(x))f'(x) = 3(f(x)^2)f'(x) = 3\sin^2 x\cos x$$

更一般性的說法是，連鎖法則會告訴我們若 $y=(g(x))^n$，則 $y'=n(g(x))^{n-1}g'(x)$。在對 $y=(x^3)^5$ 微分的時候，如何利用這個公式呢？

$$y' = 5(x^3)^4(3x^2) = 5x^{12}(3x^2) = 15x^{14}$$

這跟冪法則得到的結果一致。

讓我們如法炮製，將 $y=\sqrt{x^2+1}=(x^2+1)^{1/2}$ 微分，得到的結果是

$$y' = \frac{1}{2}(x^2+1)^{-1/2}(2x) = \frac{x}{\sqrt{x^2+1}}$$

要將指數函數微分也很容易，由於 e^x 就等於它自己的導數，所以如果 $y=e^{g(x)}$，那麼

$$y' = g'(x)e^{g(x)}$$

舉例來說，$y=e^{x^3}$ 的導數為 $y'=(3x^2)e^{x^3}$。

請注意，函數 $y=e^{kx}$ 的導數為 $y'=ke^{kx}=ky$，這正是讓指數函數如此重要的原因之一。每當函數的增長率與自身的大小成比例時這個關係就會出現，這就是為什麼指數函數在經濟學和生物學的問題上會這麼常見。

自然對數函數 $\ln x$ 有下列特性（適用於所有大於 0 的 x）：

$$e^{\ln x} = x$$

讓我們利用連鎖法則來決定它的導數，令 $u(x)=\ln x$，我們就有 $e^{u(x)}=x$。對等號兩邊微分會給我們 $u'(x)e^{u(x)}=1$ 這個結果，但因為 $e^{u(x)}=x$，所以我們會得到 $u'(x)=1/x$。換句話說，如果 $y=\ln x$，那麼 $y'=1/x$。再次套用連鎖法則，我們就進一步得到若 $y=\ln(g(x))$，則 $y'=\dfrac{g'(x)}{g(x)}$。

我們將這些連鎖法則的結果整理在下表。

$y = f(g(x))$	$y' = f'(g(x))g'(x)$
$y = \sin(g(x))$	$y' = g'(x)\cos(g(x))$
$y = \cos(g(x))$	$y' = -g'(x)\sin(g(x))$
$y = (g(x))^n$	$y' = n(g(x))^{n-1}g'(x)$
$y = e^{g(x)}$	$y' = g'(x)e^{g(x)}$
$y = \ln(g(x))$	$y' = g'(x)/g(x)$

讓我們利用連鎖法則來解決一個很牛的微積分問題！在 x 軸河流的北邊一英里處有一隻名叫克拉拉的牛，牠東邊西邊來回跑，而根據牠現在的位置，穀倉在牠東邊三英里、北邊一英里之處。克拉拉想到河邊喝水然後再走回穀倉，如果牠希望走最短的距離，應該在這條河的哪一點喝水呢？

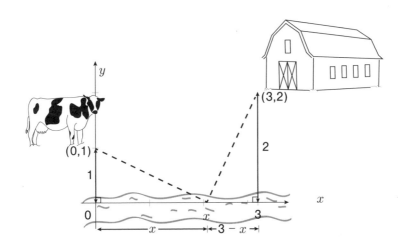

▲ 很牛的微積分題：這頭牛要在哪裡喝水，才能讓行走的總距離最短？

假設克拉拉從牠的起點 $(0,1)$ 沿直線走到飲水點 $(x,0)$，那麼畢氏定理（或是距離公式）告訴我們這條前往飲水點的路線其長度為 $\sqrt{x^2+1}$，且從飲水點到位於 $B=(3,2)$ 的穀倉其距離為 $\sqrt{(3-x)^2+4}=\sqrt{x^2-6x+13}$。因此這個問題就是要決定 x 的值（範圍在 0 到 3 之間），好讓下列函數有最小值：

$$y = \sqrt{x^2+1} + \sqrt{x^2-6x+13} = (x^2+1)^{1/2} + (x^2-6x+13)^{1/2}$$

當我們（利用連鎖法則）求上面這個表示式的導數且設定它等於 0，就會得到

$$\frac{x}{\sqrt{x^2+1}} + \frac{x-3}{\sqrt{x^2-6x+13}} = 0$$

你可驗證當 $x=1$，上面這個方程式的左方就會變成 $1/\sqrt{2}-2/\sqrt{8}$，的確等於 0。（你可以直接解出這個方程式，只要將 $x/\sqrt{x^2+1}$ 放在等號的另一邊，然後將等號兩邊都平方再交叉相乘，就會有許多項相互抵消，讓你得到 0 和 3 之間的唯一解 $x=1$。）

　　想要確認這個答案，只要稍加利用我們在第七章用過的**鏡射**即可。換個方式來想，如果克拉拉在喝完水之後不是走向穀倉的位置 $(3,2)$，而是走向穀倉的鏡像位置 $B'=(3,-2)$，如下圖所示。

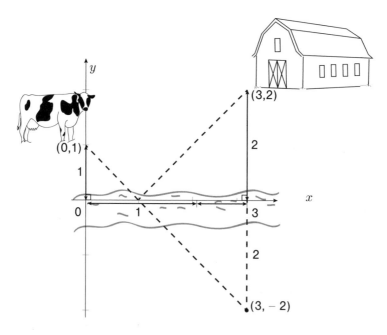

▲ 想到鏡射，就能想到這個問題還有別的解法。

　　前往 B' 的距離跟前往 B 的距離是完全一樣的，而且每一個從河流上方走到河流下方的點都一定會穿過 x 軸的某處。具有最短距離的路線就是從 $(0,1)$ 到 $(3,-2)$ 這條直線（斜率為 $-3/3=-1$），它與 x 軸的交點為 $x=1$。這個算法可完全沒用到微積分或平方根呢！

神奇的應用：泰勒級數

當我們在上一章的最後證明歐拉等式時，我們仰賴下面這些神祕的公式：

$$e^x = 1 + x + \frac{x^2}{2!} + \frac{x^3}{3!} + \frac{x^4}{4!} + \cdots$$

$$\cos x = 1 - \frac{x^2}{2!} + \frac{x^4}{4!} - \frac{x^6}{6!} + \cdots$$

$$\sin x = x - \frac{x^3}{3!} + \frac{x^5}{5!} - \frac{x^7}{7!} + \cdots$$

在我們了解要如何得到這些公式之前，先跟它們好好相處一下吧，看看當你將 e^x 級數中的每一項統統微分會發生什麼事。舉例來說，冪法則告訴我們 $x^4/4!$ 的導數為 $(4x^3)/4! = x^3/3!$，也就是級數中的前一項。換言之，當我們對 e^x 的級數微分，還是會回到 e^x 這個級數，這符合 e^x 的已知性質！

如果將 $x - x^3/3! + x^5/5! - x^7/7! + \cdots$ 一項一項地微分，我們就會得到 $1 - x^2/2! + x^4/4! - x^6/6! + \cdots$，這樣的結果跟「正弦函數的導數就是餘弦函數」這個事實相符。同理，當我們對餘弦級數微分時會得到負的正弦級數。請注意，餘弦級數也確認了 $\cos 0 = 1$ 這個結果，且因為每一個指數都是偶數，所以 $\cos(-x)$ 的值會跟 $\cos x$ 相同，我們已經知道這是正確的。（舉例來說，$(-x)^4/4! = x^4/4!$。）同理，對正弦級數來說，我們會發現 $\sin 0 = 0$，且因為所有的指數都是奇數，所以我們得到 $\sin(-x) = -\sin x$，正是正確的結果。

接下來讓我們看看這些公式是從哪裡來的。在本章中，我們已經學到如何對那些最常用的函數微分，算出它們的導數。但有時候，將一個函數多微分幾次是很有用的，也就是計算它的二階或是三階或是更高階的導數，表示為 $f''(x)$、$f'''(x)$……。二階導數 $f''(x)$ 測量的是函數在

$(x, f(x))$ 這一點其斜率的變換率（也稱作**凹性**）。三階導數則是測量二階導數的變換率，以此類推。

上面列出的這些公式統稱為**泰勒級數**，這是以一位英國數學家泰勒（1685～1731）命名的。對於一個具有 $f'(x)$、$f''(x)$、$f'''(x)$ 等等導數的函數 $f(x)$，我們有

$$f(x) = f(0) + f'(0)x + f''(0)\frac{x^2}{2!} + f'''(0)\frac{x^3}{3!} + f''''(0)\frac{x^4}{4!} + \cdots$$

它適用於所有「足夠接近」0 的 x 值。足夠接近是什麼意思呢？對於諸如 e^x、$\sin x$ 以及 $\cos x$ 的函數來說，任何 x 值都可以算是足夠接近。但是對另外一些函數來說（我們稍後會看到），x 必須是夠小的數，這個級數才能與原函數相符。

對於 $f(x)=e^x$，我們來看看這個公式告訴了我們什麼。由於 e^x 就是它自己的一階（以及二階和三階……）導數，於是我們得知

$$f(0) = f'(0) = f''(0) = f'''(0) = \cdots = e^0 = 1$$

所以 e^x 的泰勒級數就是一如預期的 $1+x+x^2/2!+x^3/3!+x^4/4!+\cdots$。當 x 的值夠小，我們只需要計算這個級數的前幾項，就能得到精確答案的絕佳近似值。

讓我們將這一點用在複利上。在上一章，我們看到如果有 \$1000 美元本金，並以百分之五的利率連續計息，那麼我們在這一年結束的時候會得到 $\$1000e^{0.05}=\$1051.27$。不過，只要利用**二階泰勒多項式近似式**，我們便能求出很好的近似值

$$\$1000(1 + 0.05 + (0.05)^2/2!) = \$1051.25$$

而三階近似式能讓我們得到 \$1051.27。

我們用下圖來闡述泰勒近似式，其中 $y=e^x$ 與它的前三個泰勒多項式一起畫在圖中。

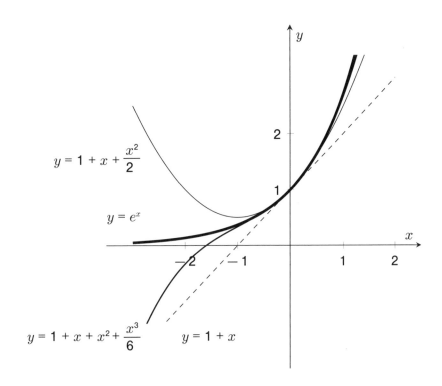

▲ e^x 的泰勒近似式。

隨著我們增加泰勒多項式的次數，近似值就會愈來愈精準，尤其是對於接近 0 的 x 而言。那麼泰勒多項式又是如何這麼有效呢？一次近似（又稱為**線性近似**）聲稱對接近 0 的 x 來說，

$$f(x) \approx f(0) + f'(0)x$$

這就是一條通過 $(0, f(0))$ 並具有斜率 $f'(0)$ 的直線。同理，我們可以證明 n 次泰勒多項式通過 $(0, f(0))$ 這一點，且具有與原函數相同的一階導數、相同的二階導數、相同的三階導數……一直到如同原函數 $f(x)$ 的 n 階導數為止。

356

悄悄話

我們也可以將泰勒多項式和泰勒級數定義在非 0 的數值附近。更明確地說，若以 a 為**基點**，$f(x)$ 的泰勒級數等於

$$f(a) + f'(a)(x-a) + f''(a)\frac{(x-a)^2}{2!} + f'''(a)\frac{(x-a)^3}{3!} + \cdots$$

正如 $a=0$ 的情形，當 x 為任何足夠接近 a 的實數或複數時，泰勒級數就與 $f(x)$ 相同。

讓我們來看看 $f(x)=\sin x$ 的泰勒級數。請注意，$f'(x)=\cos x$、$f''(x)=-\sin x$、$f'''(x)=-\cos x$，而 $f''''(x)=\sin x=f(x)$ 完成一次循環。當這個級數在 $x=0$ 取值，那麼從 $f(0)$ 開始，我們得到一個循環模式 0、1、0、-1、0、1、0、-1、$\cdots$。這會讓泰勒級數中 x 的每一個偶次方項都消失。因此，對於任意 x（以弳為單位），

$$\sin x = x - \frac{x^3}{3!} + \frac{x^5}{5!} - \frac{x^7}{7!} + \cdots$$

同樣地，當 $f(x)=\cos x$，我們就得到

$$\cos x = 1 - \frac{x^2}{2!} + \frac{x^4}{4!} - \frac{x^6}{6!} + \cdots$$

最後我們來看看一個例子，其中的泰勒級數在某些 x 值（但並非所有的 x 值）才等於原函數。考慮 $f(x)=\frac{1}{1-x}=(1-x)^{-1}$ 這個函數，$f(0)=1$，而根據連鎖法則，前幾個導數是

$$f'(x) = -1(1-x)^{-2}(-1) = (1-x)^{-2}$$

$$f''(x) = (-2)(1-x)^{-3}(-1) = 2(1-x)^{-3}$$

$$f'''(x) = -6(1-x)^{-4}(-1) = 3!(1-x)^{-4}$$

$$f''''(x) = -4!(1-x)^{-5}(-1) = 4!(1-x)^{-5}$$

依照這個模式（或是利用數學歸納法），我們能看出 $(1-x)^{-1}$ 的 n 階導數就是 $n!(1-x)^{-(n+1)}$，而當 $x=0$ 的時候，n 階導數就正好是 $n!$。因此，泰勒級數讓我們得到如下關係

$$\frac{1}{1-x} = 1 + x + x^2 + x^3 + x^4 + \cdots$$

但這個等式只有在 x 的值介於 -1 和 1 之間才能成立。舉例來說，當 x 大於 1，等號右方就會愈加愈大，於是總和成了無定義。

我們在下一章會繼續談論這個級數。與此同時，你可能會好奇將無限多個數相加到底是什麼意思。這樣的總和怎麼可能等於任何數呢？這是一個好問題，我們將在探索無窮大的本質時試圖解答。其中我們將會遇上許多出乎意料、感到疑惑、不符直覺卻又美麗無比的結果。

$$1 + 2 + 3 + \cdots = \infty$$

（也可能是 1/12?）

無窮大的魔術

無止盡的趣味

最後，讓我們來談談一樣相當重要的無窮大吧。回顧整趟旅程，我們曾在第一章中計算從 1 加至 100 的總和：

$$1+2+3+4+\cdots+100 = 5050$$

發現了能算出從 1 加至 n 的公式：

$$1+2+3+\cdots+n = \frac{n(n+1)}{2}$$

然後我們又發現了一些公式，能計算其他有限級數的總和。在本章，我們將探索擁有無限多項的級數，像是

$$1+\frac{1}{2}+\frac{1}{4}+\frac{1}{8}+\frac{1}{16}+\cdots$$

希望我能說服你它的總和等於 2。不是**近似於** 2，而是**精確地**等於 2。有些級數的總和具有很吸引人的答案，比如說

$$1-\frac{1}{3}+\frac{1}{5}-\frac{1}{7}+\frac{1}{9}-\frac{1}{11}+\cdots = \frac{\pi}{4}$$

而有些無窮級數，例如

$$1+\frac{1}{2}+\frac{1}{3}+\frac{1}{4}+\frac{1}{5}+\frac{1}{6}+\cdots$$

加起來不等於任何數。我們將所有正數的總和稱為**無窮大**，並表示為

$$1+2+3+4+5+\cdots = \infty$$

意味著這個總和的大小沒有上限。換言之，這個總和最終會超越你所期望的任何答案：它遲早會超越一百，再來是一百萬，然後是一千兆等等。然而在本章結束之時，我們將看到有一種情況會讓你得到

$$1+2+3+4+5+\cdots = \frac{-1}{12}$$

引起你的興趣了嗎？希望如此！當你進入無窮大的奇幻境界，什麼奇怪的事都有可能發生，這也是數學之所以如此迷人和有趣的原因之一。

　　無窮大是一個數嗎？其實不是，雖然有時候我們的確是這樣看待它的。粗略地說，數學家偶爾會聲稱：

$$\infty + 1 = \infty \qquad \infty + \infty = \infty \qquad 5 \times \infty = \infty \qquad \frac{1}{\infty} = 0$$

嚴格說來，最大的數並不存在，因為我們總是可以再加上 1，從而得到一個更大的數。符號 ∞ 代表「任意大」或是「大於任何正數」。推而廣之，加上負號的 $-\infty$ 則代表「小於任何負數」。順帶一提，$\infty - \infty$（無窮大減去無窮大）以及 1/0 都是無定義的。將後者定義為 $1/0 = \infty$ 是個讓人心動的主意，因為如果我們用愈來愈小的正數來除 1，得到的商數就會愈來愈大。但問題是如果我們用愈來愈接近 0 的負數來除 1，商數卻會愈來愈接近 $-\infty$。

一種重要的無窮總和：幾何級數

　　讓我們從一個論述談起，所有的數學家都接受這個論述，但大多數人第一眼看到卻會覺得不太對勁：

$$0.99999\ldots = 1$$

每個人都會同意這兩個數很接近，甚至可以說是極為接近，但許多人還是會覺得兩者不應被視為相同的數。讓我利用幾個不同的證明，來試著說服你這兩個數實際上的確相同。希望在這些解釋中，至少有一個能夠讓你滿意。

　　最快速的證明或許是：如果你接受下面這個論述

$$\frac{1}{3} = 0.33333\ldots$$

那麼當你將等號兩邊乘以 3，就會得到

$$1 = \frac{3}{3} = 0.99999\ldots$$

另一個證明則是利用在第六章那個計算循環小數的技巧。我們用變數 w 來代表這個無窮小數，如下所示：

$$w = 0.99999\ldots$$

接下來如果我們將等號兩邊乘以 10，就會得到

$$10w = 9.99999\ldots$$

用第二個等式減去第一個等式，就會變成

$$9w = 9.00000\ldots$$

也就是 $w{=}1$ 這個結果。

接下來這個論證完全沒有用到代數。如果有兩個不相同的數，請問你同意兩者之間一定有另一個不相同的數（例如它們的平均值）嗎？現在我們反過來假設 0.99999... 和 1 是兩個不同的數，假若真是如此，兩者之間又會有哪個數呢？如果你不能在這兩個數之間找到另一個數，那麼它們就不可能是不同的。

如果某兩數或是某兩個無窮級數之和彼此**要多接近就有多接近**，我們就說它們是**相等**的。換言之，這兩個數量的差小於任何你能說出的正數，不管是 0.01 或 0.0000001 或是兆分之一。由於 1 和 0.99999... 之間的差小於任何正數，所以數學家一致認同將兩者視為相等。

用同樣的邏輯，我們可以求得下面這個無窮級數之和：

$$1 + \frac{1}{2} + \frac{1}{4} + \frac{1}{8} + \frac{1}{16} + \cdots = 2$$

我們還能為這個總和提出一個物理解釋。試想你站在距離一面牆兩公尺之處，然後朝著這面牆跨出一大步，正好是一公尺長；接著你朝著這面

牆再踩一步，剛好是半公尺，然後是四分之一公尺、八分之一公尺，以
此類推。每走一步，你跟這面牆的距離就恰好減少一半。若不考慮每一
步愈來愈小實際上是否可行，你終究會跟這面牆要多接近就有多接近，
因此，你所有的步伐加起來會正好是兩公尺。

　　我們也可以用幾何的方法來闡述這個總和，如下圖所示。我們從一
個 1 乘 2 的長方形（其面積為 2）開始，將它對半切開，然後再對半，
再對半，不斷重複這個動作。第一個區塊的面積是 1，下一個區塊的面
積是 1/2，再下一個區塊的面積是 1/4，以此類推。隨著 n 延伸至無窮
大，這些區塊會將整個長方形填滿，因此它們的總面積就是 2。

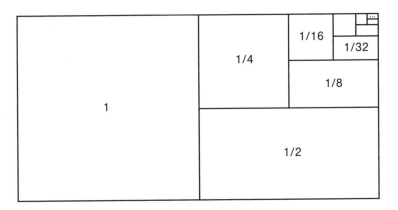

▲ 關於 $1 + 1/2 + 1/4 + 1/8 + 1/16 + \cdots = 2$ 的一個幾何證明。

至於代數方面的解釋，讓我們來看看下表所列出的「部分和」。

$1 + \frac{1}{2} + \frac{1}{4} + \frac{1}{8} + \cdots$ 的部分和		
1	$= 1$	$= 2 - 1$
$1 + \frac{1}{2}$	$= 1\frac{1}{2}$	$= 2 - \frac{1}{2}$
$1 + \frac{1}{2} + \frac{1}{4}$	$= 1\frac{3}{4}$	$= 2 - \frac{1}{4}$
$1 + \frac{1}{2} + \frac{1}{4} + \frac{1}{8}$	$= 1\frac{7}{8}$	$= 2 - \frac{1}{8}$
$1 + \frac{1}{2} + \frac{1}{4} + \frac{1}{8} + \frac{1}{16}$	$= 1\frac{15}{16}$	$= 2 - \frac{1}{16}$
$1 + \frac{1}{2} + \frac{1}{4} + \frac{1}{8} + \frac{1}{16} + \frac{1}{32}$	$= 1\frac{31}{32}$	$= 2 - \frac{1}{32}$
$\vdots$	$\vdots$	$\vdots$

這個模式似乎隱含了凡是 $n \geq 0$，

$$1 + \frac{1}{2} + \frac{1}{4} + \frac{1}{8} + \cdots + \frac{1}{2^n} = 2 - \frac{1}{2^n}$$

要證明這個公式，我們可以用（第六章學到的）數學歸納法，或將它視為有限幾何級數公式的特例：

定理（有限幾何級數）：當 $x \neq 1$ 且 $n \geq 0$

$$1 + x + x^2 + x^3 + \cdots + x^n = \frac{1 - x^{n+1}}{1 - x}$$

證明一：我們可以用數學歸納法來證明這個定理，如下所示。當 $n=0$，這個公式聲稱 $1 = \frac{1 - x^1}{1 - x}$，而這是當然正確的。現在假設這個公式能適用於 $n=k$，也就是

$$1 + x + x^2 + x^3 + \cdots + x^k = \frac{1 - x^{k+1}}{1 - x}$$

那麼這個公式在 $n=k+1$ 的時候依然成立，這是因為當我們在等號兩邊都加上 x^{k+1}，就會得到

$$
\begin{aligned}
1 + x + x^2 + x^3 + \cdots + x^k + x^{k+1} &= \frac{1 - x^{k+1}}{1 - x} + x^{k+1} \\
&= \frac{1 - x^{k+1}}{1 - x} + \frac{x^{k+1}(1 - x)}{1 - x} \\
&= \frac{1 - x^{k+1} + x^{k+1} - x^{k+2}}{1 - x} \\
&= \frac{1 - x^{k+2}}{1 - x}
\end{aligned}
$$

正是待證的結果。 □

或者，我們也能用**推移**法來證明，如下所示。

證明二：令

$$S = 1 + x + x^2 + x^3 + \cdots + x^n$$

那麼當我們將等號兩邊都乘以 x，便會得到

$$xS = \quad x + x^2 + x^3 + \cdots + x^n + x^{n+1}$$

用 S 減去 xS，就會有很多項互相抵消，只留下

$$S - xS = 1 - x^{n+1}$$

也就是說 $S(1-x) = 1-x^{n+1}$，因此

$$S = \frac{1 - x^{n+1}}{1 - x}$$

正是待證的結果。　　　　　　　　　　　　　　　　　　　　□

　　請注意，當 $x = 1/2$，這個有限的幾何級數就對應之前那個模式：

$$1 + \frac{1}{2} + \frac{1}{4} + \frac{1}{8} + \cdots + \frac{1}{2^n} = \frac{1 - (1/2)^{n+1}}{1 - \frac{1}{2}} = 2 - \frac{1}{2^n}$$

隨著 n 愈來愈大，$(1/2)^n$ 就會愈來愈接近 0。因此，當 $n \to \infty$，我們就會得到

$$\begin{aligned}
1 + \frac{1}{2} + \frac{1}{4} + \frac{1}{8} + \frac{1}{16} + \cdots &= \lim_{n\to\infty}\left(1 + \frac{1}{2} + \frac{1}{4} + \frac{1}{8} + \cdots + \frac{1}{2^n}\right) \\
&= \lim_{n\to\infty}\left(2 - \frac{1}{2^n}\right) \\
&= 2
\end{aligned}$$

悄悄話

　　講個只有數學家才會覺得有趣的笑話：有無限多個數學家走進酒吧，第一個數學家說：「我要一杯啤酒。」第二個數家說：「我要半杯啤酒。」第三個數學家說：「我要四分之一杯啤酒。」第四位數學家說：「我要八分之一杯……」酒保大喊：「我知道你們酒量的極限了！」然後給了他們兩杯啤酒。

更一般性地說，如果將任何一個在 -1 和 1 之間的數不斷自我相乘，那麼相乘的次數愈多，結果就會愈接近 0。於是，我們就得到十分重要的「（無窮）幾何級數」公式。

定理（幾何級數）：對於在 -1 和 1 之間的 x 來說，

$$1 + x + x^2 + x^3 + x^4 + \cdots = \frac{1}{1-x}$$

令 $x = 1/2$，幾何級數公式就解出了之前那個問題：

$$1 + \frac{1}{2} + \frac{1}{4} + \frac{1}{8} + \frac{1}{16} + \cdots = \frac{1}{1-1/2} = 2$$

如果這個幾何級數看起來很眼熟，是因為我們在上一章的結尾已經遇見過它了，那時我們用微積分來證明函數 $y = 1/(1-x)$ 具有泰勒級數 $1 + x + x^2 + x^3 + x^4 + \cdots$。

我們來看看幾何級數公式還會告訴我們些什麼呢。關於下面這個式子，我們能得到什麼總和呢？

$$\frac{1}{4} + \frac{1}{16} + \frac{1}{64} + \frac{1}{256} + \cdots$$

當我們將每一項都提出 $1/4$ 這個因數，此式就變成

$$\frac{1}{4}\left(1 + \frac{1}{4} + \frac{1}{16} + \frac{1}{64} + \cdots\right)$$

所以幾何級數公式（在 $x = 1/4$ 時）告訴我們此式可以簡化成

$$\frac{1}{4}\left(\frac{1}{1-1/4}\right) = \frac{1}{4} \times \frac{4}{3} = \frac{1}{3}$$

這個級數有一個格外美麗且無需用上任何文字的證明，如下圖所示。請注意，所有深色正方形占據的面積正好是這個大正方形的三分之一。

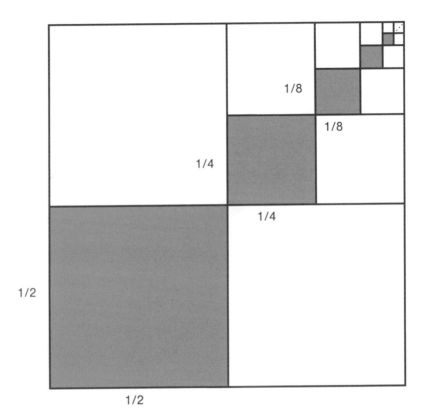

▲ 無需文字的證明：1/4＋1/16＋1/64＋1/256＋⋯＝1/3。

　　我們甚至可以用幾何級數公式來解出 0.99999... 這個問題，因為無窮小數其實就是經過偽裝的無窮級數。更明確地說，我們可以用 $x＝1/10$ 的幾何級數來得到

$$\begin{aligned}
0.99999\ldots &= \frac{9}{10} + \frac{9}{100} + \frac{9}{1000} + \frac{9}{10000} + \cdots \\
&= \frac{9}{10}\left(1 + \frac{1}{10} + \frac{1}{100} + \frac{1}{1000} + \cdots\right) \\
&= \frac{9}{10}\left(\frac{1}{(1 - 1/10)}\right) \\
&= \frac{9}{10 - 1} \\
&= 1
\end{aligned}$$

　　幾何級數的公式甚至也適用於 x 是複數的時候，不過 x 的**長度**要小於 1 才行。舉例來說，虛數 $i/2$ 的長度為 1/2，所以幾何級數公式就能告訴我們

$$1 + i/2 + (i/2)^2 + (i/2)^3 + (i/2)^4 + \cdots = \frac{1}{1 - i/2}$$

$$= \frac{2}{2 - i} = \frac{2}{2 - i} \times \frac{2 + i}{2 + i} = \frac{4 + 2i}{4 - i^2} = \frac{4 + 2i}{5} = \frac{4}{5} + \frac{2}{5}i$$

若用複數平面來闡述，則如下圖所示。

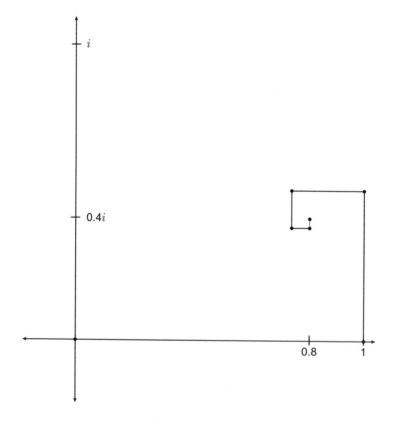

▲ $1 + i/2 + (i/2)^2 + (i/2)^3 + (i/2)^4 + (i/2)^5 + \cdots = \frac{4}{5} + \frac{2}{5}i$

雖然有限幾何級數的公式適用於 $x \neq 1$ 的任意數，但（無窮）幾何級數則要求 x 的絕對值要小於 1（$|x| < 1$）。舉例來說，當 $x=2$，有限幾何級數公式能正確地告訴我們（如我們在第六章推導出的）

$$1 + 2 + 4 + 8 + 16 + \cdots + 2^n = \frac{1 - 2^{n+1}}{1 - 2} = 2^{n+1} - 1$$

但是將 $x=2$ 代入幾何級數公式中，卻會得到

$$1 + 2 + 4 + 8 + 16 + \cdots = \frac{1}{1 - 2} = -1$$

這看起來很可笑。（然而外表是可以騙人的。我們將會在最後一節看到這個結果其實有個不無道理的解釋。）

悄悄話

正整數有無限多個：

$$1 \cdot 2 \cdot 3 \cdot 4 \cdot 5 \cdots$$

偶整數也有無限多個：

$$2 \cdot 4 \cdot 6 \cdot 8 \cdot 10 \cdots$$

數學家聲稱整數的集合與偶整數的集合兩者的**大小**（稱為基數或無窮大的層級）是一樣的，因為它們可以互相配對：

$$
\begin{array}{ccccc}
1 & 2 & 3 & 4 & 5 & \cdots \\
\updownarrow & \updownarrow & \updownarrow & \updownarrow & \updownarrow & \cdots \\
2 & 4 & 6 & 8 & 10 & \cdots
\end{array}
$$

可以跟正整數配對的集合稱作**可數的**，而可數的集合對應於最小層級的無窮大。任何可以**條列**的集合都是可數的，因為條列出的第一

個元素會與 1 配對，第二個元素會與 2 配對，以此類推。所有整數的集合

$$\cdots-3 \cdot -2 \cdot -1 \cdot 0 \cdot 1 \cdot 2 \cdot 3\cdots$$

無法從最小的數條列到最大的數（該把哪個數放在第一個呢？），但它們可以用下面這個方法條列：

$$0 \cdot 1 \cdot -1 \cdot 2 \cdot -2 \cdot 3 \cdot -3\cdots$$

於是，所有整數的集合是可數的，因此它跟正整數的集合有同樣的大小。

那麼正有理數的集合又如何呢？這些數符合 m/n 的形式，其中 m 與 n 都是正整數。信不信由你，這個集合也是可數的。它們可以用如下的方式條列：

$$\frac{1}{1}, \quad \frac{1}{2}, \frac{2}{1}, \quad \frac{1}{3}, \frac{2}{2}, \frac{3}{1}, \quad \frac{1}{4}, \frac{2}{3}, \frac{3}{2}, \frac{4}{1}\cdots$$

規則是先根據分子加上分母的大小排成一組一組，每組再根據分子的大小條列。由於所有的有理數都出現在列表中，因此正有理數的集合一樣也是可數的。

悄悄話

在那些由無限多個數構成的集合中，有任何**不可數的**嗎？德國數學家康托（1845～1918）證明出實數是一個不可數的集合，即使是限制在 0 到 1 之間的實數也一樣。你可能會試著將它們條列如下：

0.1、0.2、…、0.9、0.01、0.02、…、0.99、0.001、0.002、…0.999、…

以此類推，但這樣只會產生有限位數的實數。舉例來說，1/3＝0.333... 永遠都不會出現在列表中。不過，是否有更具創意的方法能列出所有的實數？康托證明了這是不可能的，理由如下：我們反過來假設實數能被條列出來，為了提出一個具體的例子，我們假設這個列表一開始是下面這幾個數

$$0.314159265\cdots$$
$$0.271828459\cdots$$
$$0.618033988\cdots$$
$$0.123581321\cdots$$
$$\vdots$$

只要我們能創造出一個不會出現在列表上的實數，就能證明這樣的列表絕對不會完整。更明確地說，我們能創造出 $0.r_1r_2r_3r_4...$ 這個實數，其中 r_1 是 0 到 9 之間的一個整數，而且跟列表中第一個數的第一個小數不同（在我們的例子中就是 $r_1 \neq 3$）；r_2 跟列表中第二個數的第二個小數不同（在這裡就是 $r_2 \neq 7$），以此類推。舉例來說，我們創造出的數可能是 0.2674...，它不可能出現在列表中任何一處。為什麼它不會是列表中第一百萬個數呢？因為該數的第一百萬個小數跟它不同。因此，你創造出的任何列表都一定會漏掉某些數，所以實數的集合是不可數的。這就稱作康托的對角論證法，也可以稱為康托的反例證法。

原則上，我們已經證明出雖然有理數有無限多個，但無理數甚至還比它多得多。如果你從一條實線上隨機選出一個實數，幾乎可以肯定它會是無理數。

機率問題中經常出現無窮級數。假設你不斷地擲兩顆六面骰子，直到兩者相加的總數為 6 或 7 點為止。如果 6 比 7 先出現，你就是獲勝的那一方，否則你就是輸家，那麼你獲勝的機率為何呢？擲出的骰子會有 6×6＝36 種相同機率的結果，其中有 5 種結果的總數是 6 點（也就是 (1,5),(2,4),(3,3),(4,2),(5,1)），而有 6 種結果的總數是 7 點（(1,6),(2,5),(3,4),(4, 3),(5, 2),(6,1)）。因此，你獲勝的機率看來應該會小於百分之五十。憑直覺來說，當你擲骰子時，總共只有 5+6＝11 種結果是有效的——得到其他的結果都必須重擲一次。在這 11 組數中，有 5 個會讓你贏，6 個會讓你輸，因此看來你贏的機率應該是 5/11。

用上幾何級數，我們就能證明你贏的機率確實就是 5/11。第一次擲骰子時，你的勝算為 5/36，那麼在擲第二次骰子的時候獲勝的機率為何呢？要出現這種情況，你第一次擲骰子時絕對不能得到 6 或 7 點，而在第二次則要得到 6 點。第一次擲骰子你得到 6 或 7 點的機率為 5/36+6/36＝11/36，所以不是 6 或 7 點的機率就是 25/36。為了找出在第二擲就贏的機率，我們將此數乘以擲出 6 的機率（也就是 5/36），因此在第二擲就贏的機率是 (25/36)(5/36)。若要贏在第三擲，前兩次擲骰子的結果必定不是 6 或 7 點，而第三擲必須要得到 6 點，這樣的機率為 (25/36)(25/36)(5/36)。贏在第四擲的機率則是 $(25/36)^3(5/36)$，以此類推。將這些機率全部相加，就得到你成為贏家的機率為

$$\frac{5}{36} + \left(\frac{25}{36}\right)\left(\frac{5}{36}\right) + \left(\frac{25}{36}\right)^2\left(\frac{5}{36}\right) + \left(\frac{25}{36}\right)^3\left(\frac{5}{36}\right) + \cdots$$

$$= \frac{5}{36}\left[1 + \frac{25}{36} + \left(\frac{25}{36}\right)^2 + \left(\frac{25}{36}\right)^3 + \cdots\right]$$

$$= \frac{5}{36}\left(\frac{1}{1-\frac{25}{36}}\right) = \frac{5}{36-25} = \frac{5}{11}$$

正是預期的結果。 □

調和級數與其變奏

　　當無窮級數之和是一個（有限的）數，我們就聲稱這個級數**收斂**至那個數。一個無窮級數如果不會收斂，我們就稱之為**發散級數**。如果無窮級數會收斂，個別項必須要愈來愈接近 0。舉例來說，我們已經知道 $1+1/2+1/4+1/8+\cdots$ 這個級數會收斂至 2，請注意其中 1、1/2、1/4、1/8 這些項一個比一個更接近 0。

　　但是逆論述並不成立，因為即使個別項愈來愈接近 0，這個級數還是有可能發散。最重要的例子是**調和級數**，這個名字的由來是因為古希臘人發現長度比例為 1、1/2、1/3、1/4、1/5…的琴弦可以創造出和諧的聲音。

　　定理：調和級數會發散，也就是說：

$$1 + \frac{1}{2} + \frac{1}{3} + \frac{1}{4} + \frac{1}{5} + \cdots = \infty$$

　　證明：為了證明這個總和是無窮大，我們需要示範它會一直不斷變大。為此，我們將這個級數根據分母的位數來分組。請注意，因為前 9 項每一個都大於 1/10，因此

$$1 + \frac{1}{2} + \frac{1}{3} + \frac{1}{4} + \frac{1}{5} + \frac{1}{6} + \frac{1}{7} + \frac{1}{8} + \frac{1}{9} > \frac{9}{10}$$

接下去的 90 項每一個都大於 1/100，所以

$$\frac{1}{10} + \frac{1}{11} + \frac{1}{12} + \cdots + \frac{1}{99} > 90 \times \frac{1}{100} = \frac{9}{10}$$

同樣地，接下去的 900 項每一個都大於 1/1000，於是

$$\frac{1}{100} + \frac{1}{101} + \frac{1}{102} + \cdots + \frac{1}{999} > \frac{900}{1000} = \frac{9}{10}$$

持續這個方式，我們就會看到

$$\frac{1}{1000} + \frac{1}{1001} + \frac{1}{1002} + \cdots + \frac{1}{9999} > \frac{9000}{10,000} = \frac{9}{10}$$

以此類推。因此這個級數的總和至少是

$$\frac{9}{10} + \frac{9}{10} + \frac{9}{10} + \frac{9}{10} + \cdots$$

它會愈來愈大，沒有任何上限。☺

悄悄話

下面是一個有趣的事實：

$$1 + \frac{1}{2} + \frac{1}{3} + \cdots + \frac{1}{n} \approx \gamma + \ln n$$

其中 γ 代表 0.5772155649... 這個數（稱作歐拉－馬斯刻若尼常數），而 $\ln n$ 就是 n 的自然對數，這點我們在第十章討論過（目前還不知道 γ 是否為有理數）。n 的值愈大，我們就會得到愈佳的近似值。下面是一個總和與近似值的對照表。

n	$1 + \frac{1}{2} + \frac{1}{3} + \cdots + \frac{1}{n}$	$\gamma + \ln n$	誤差值
10	2.92897	2.87980	0.04917
100	5.18738	5.18239	0.00499
1000	7.48547	7.48497	0.00050
10,000	9.78761	9.78756	0.00005

還有個同樣迷人的事實，如果我們只看分母為質數的部分，那麼對一個大的質數 p 來說：

$$\frac{1}{2} + \frac{1}{3} + \frac{1}{5} + \frac{1}{7} + \frac{1}{11} + \frac{1}{13} + \cdots + \frac{1}{p} \approx M + \ln \ln p$$

其中 $M=0.2614972\ldots$ 是**麥爾滕常數**，而 p 的值如果愈大，這個近似值就會愈精準。

這個事實會導致如下結果：

$$\frac{1}{2}+\frac{1}{3}+\frac{1}{5}+\frac{1}{7}+\frac{1}{11}+\frac{1}{13}+\cdots = \infty$$

不過實際上它趨近無窮大的速度相當緩慢，因為即使 p 這個數相當大，p 的對數的對數還是相當小。舉例來說，當我們將小於「古戈爾」（也就是 10^{100}）的所有質數的倒數相加，得到的總和還是小於 6。

讓我們看看調和級數被稍加修改後會發生什麼事。如果捨棄其中的有限多項，它依然還是個發散級數。舉例來說，如果你捨棄首一百萬項，也就是總和比 14 稍微小一些的 $1+\frac{1}{2}+\cdots+\frac{1}{10^6}$，其餘項的總和依舊會是無窮大。

如果你將調和級數中每一項都放大，那麼總和依然會發散。舉例來說，凡是 $n>1$ 都有 $\frac{1}{\sqrt{n}}>\frac{1}{n}$，於是我們得到

$$1+\frac{1}{\sqrt{2}}+\frac{1}{\sqrt{3}}+\frac{1}{\sqrt{4}}+\cdots = \infty$$

不過讓每一項都**變小**並不一定意味著總和就會收斂。舉例來說，如果我們將調和級數中的每一項都除以 100，它依然是個發散級數，因為

$$\frac{1}{100}+\frac{1}{200}+\frac{1}{300}+\cdots = \frac{1}{100}(1+1/2+1/3+1/4+\cdots) = \infty$$

然而的確有些改變能夠讓它變成收斂級數。比方說，如果我們逐項平方，得到的級數就會收斂了。如歐拉曾證明的：

$$1+\frac{1}{2^2}+\frac{1}{3^2}+\frac{1}{4^2}+\cdots = \frac{\pi^2}{6}$$

事實上，我們可以（藉由積分）證明對任何大於 1 的 p 來說

$$1 + \frac{1}{2^p} + \frac{1}{3^p} + \frac{1}{4^p} + \cdots$$

會收斂至某個小於 $\frac{p}{p-1}$ 的數。舉例來說，當 $p = 1.01$ 時，即使各項只是比調和級數中的對應項小一點點，我們還是會得到收斂級數

$$1 + \frac{1}{2^{1.01}} + \frac{1}{3^{1.01}} + \frac{1}{4^{1.01}} + \cdots < 101$$

　　假設我們從調和級數移走任何包含 9 的數，在這個情況下，我們可以證明這個級數的總和就不再是無窮大（因此必定收斂至某數）。只要將這些沒有 9 的數依據分母的位數來分組，我們就能證明這一點。比方說，分母只有一位數的分數共有 8 個，也就是從 $\frac{1}{1}$ 到 $\frac{1}{8}$。二位數中共有 $8 \times 9 = 72$ 個不包含 9 的數，這是因為第一位數有 8 個選擇（任何不是 0 或 9 的數）且第二位數有 9 個選擇。推而廣之，三位數中共有 $8 \times 9 \times 9$ 個不包含 9 的數。更一般性地說，在 n 位數中有 $8 \times 9^{n-1}$ 個不包含 9 的數。請注意，分母為一位數的分數中最大的是 1，分母為二位數的分數中最大的是 1/10，分母為三位數的分數中最大的是 1/100。於是我們可以將這個無窮級數分成如下各組：

$$1 + \frac{1}{2} + \frac{1}{3} + \frac{1}{4} + \frac{1}{5} + \frac{1}{6} + \frac{1}{7} + \frac{1}{8} < 8$$

$$\frac{1}{10} + \frac{1}{11} + \frac{1}{12} + \cdots + \frac{1}{88} < (8 \times 9) \times \frac{1}{10} = 8 \left(\frac{9}{10} \right)$$

$$\frac{1}{100} + \frac{1}{101} + \frac{1}{102} + \cdots + \frac{1}{888} < (8 \times 9^2) \frac{1}{100} = 8 \left(\frac{9}{10} \right)^2$$

以此類推。根據幾何級數公式，這些數的總和至多是

$$8 \left(1 + \frac{9}{10} + \left(\frac{9}{10} \right)^2 + \left(\frac{9}{10} \right)^3 + \cdots \right) = \frac{8}{1 - \frac{9}{10}} = 80$$

因此，這個不包含 9 的級數會收斂至一個小於 80 的數。　　　　□

　　解釋這個級數會收斂的一個方法是幾乎所有的大數中都會存在一個
9。事實上，如果隨機產生出一個數，其中每個位數都是從 0 至 9 隨機
挑選，那麼 9 這個數不會出現在首 n 個位數的機率會是 $(9/10)^n$，隨著 n
愈來愈大，這個機率就會愈來愈接近 0。

悄悄話

　　如果我們將 π 和 e 的小數視為兩串隨機產生的數，那麼你最喜
歡的整數幾乎肯定會出現在其中。舉例來說，我最喜歡的四位數是
2520，它出現在 π 的小數第 1845 到 1848 位。前六個費氏數 1、1、
2、3、5、8 則是從第 820,390 個位數開始出現。在首一百萬個位數
中就能看到這些數並不是太讓人驚訝的事，因為在隨機產生的數目
當中，一組特定的六位數出現在某處的機率是百萬分之一。所以在
大約一百萬個六位數當中，這樣的機會滿大的。另一方面，比較令
人吃驚的是 999999 這個數在 π 的小數位中非常早就出現了，是從
第 762 位開始的。物理學家費曼曾說如果他記住 π 的 767 個位數，
那麼大家可能會以為 π 是個有理數，因為他可以用「999999 等
等」來作結。

　　有一些程式和網站可以讓你在 π 和 e 中找出你最喜歡的那一串
數字。利用一個這樣的程式，我發現如果我記住 π 的 3000 個位
數，結尾會是 31961，這讓我非常吃驚，因為 1961 年 3 月 19 日正
好是我的生日！

迷人卻又不可能的無窮總和

讓我們把目前看過的一些總和做個整理：

首先，我們在本章一開始研究了

$$1 + \frac{1}{2} + \frac{1}{4} + \frac{1}{8} + \frac{1}{16} + \cdots = 2$$

當時我們認為這是幾何級數的一個特例。對任何介於 -1 和 1 之間的 x 來說，幾何級數的公式是

$$1 + x + x^2 + x^3 + x^4 + \cdots = \frac{1}{1-x}$$

請注意，這個公式也適用於 0 到 -1 之間的負數。舉例來說，當 $x = -1/2$，

$$1 - \frac{1}{2} + \frac{1}{4} - \frac{1}{8} + \frac{1}{16} - \cdots = \frac{1}{1-(-1/2)} = \frac{2}{3}$$

在正數和負數之間不斷交替且愈來愈接近 0 的級數稱為**交錯級數**，這個級數永遠會收斂至某數。為了說明上面這個交錯級數，請先畫出一條實數線，然後將你的手指放在 0 上，接著向右移動 1 單位，再向左移動 $1/2$ 單位，再向右移動 $1/4$ 單位（這時，你的手指應該在 $3/4$ 這一點），然後再向左移動 $1/8$ 單位（使得你的手指到了 $5/8$ 這一點），以此類推。你的手指將會被逐步導向某個固定數值，在這個例子中是 $2/3$。

考慮下面這個交錯級數

$$1 - \frac{1}{2} + \frac{1}{3} - \frac{1}{4} + \frac{1}{5} - \frac{1}{6} + \cdots$$

經過四項之後，我們就知道這個無窮級數的總和至少會是 $1 - 1/2 + 1/3 - 1/4 = 7/12 = 0.583...$。而經過五項之後，我們得知它至多是 $1 - 1/2 + 1/3 - 1/4 + 1/5 = 47/60 = 0.783...$。最終的總和是在這兩數之間而稍微大於平均值，也就是 $0.693147...$。利用微積分，我們可以找出這個數的**實際**值。

先用下面這個幾何級數當作暖身練習：

$$1 + x + x^2 + x^3 + x^4 + \cdots = \frac{1}{1-x}$$

讓我們看看將等號兩邊同時微分會發生什麼事。回想在第十一章，我們說過 1、x、x^2、x^3、x^4 等項的導數分別為 0、1、$2x$、$3x^2$、$4x^3$ 等等。因此，如果我們假設無限多項之和的導數就是（無限多個）個別導數之和，並利用連鎖法則來將 $(1-x)^{-1}$ 微分，那麼對介於 -1 和 1 之間的 x 來說，我們會得到

$$1 + 2x + 3x^2 + 4x^3 + 5x^4 + \cdots = \frac{1}{(1-x)^2}$$

接著我們用 $-x$ 來替換幾何級數中的 x，使得在 $-1<x<1$ 的情況下：

$$1 - x + x^2 - x^3 + x^4 - \cdots = \frac{1}{1+x}$$

現在我們要來取等號兩邊的**反導數**，這對學過微積分的學生來說其實就是**積分**。為了找出反導數，我們要倒著走。舉例來說，x^2 的導數是 $2x$，所以如果倒著走，我們就得到 $2x$ 的反導數是 x^2。（學過微積分的學生請注意，對 x^2+5 或 $x^2+\pi$ 或一般的 x^2+c 來說，三者的導數都是 $2x$，所以 $2x$ 的反導數其實應該是 x^2+c。）1、x、x^2、x^3、x^4 等數的反導數分別是 x、$x^2/2$、$x^3/3$、$x^4/4$、$x^5/5$，且 $1/(1+x)$ 的反導數就是 $1+x$ 的自然對數。這就意味著，對介於 -1 和 1 之間的 x 來說

$$x - \frac{x^2}{2} + \frac{x^3}{3} - \frac{x^4}{4} + \frac{x^5}{5} - \cdots = \ln(1+x)$$

（給學過微積分的學生一點提示：等號左邊的常數項為 0，這是因為當 $x=0$ 時，我們希望等號左邊等於 $\ln 1=0$。）隨著 x 愈來愈接近 1，我們就發現 $0.693147...$ 的「自然」意義，那就是

$$1 - \frac{1}{2} + \frac{1}{3} - \frac{1}{4} + \frac{1}{5} - \frac{1}{6} + \cdots = \ln 2$$

悄悄話

　　如果我們用 $-x^2$ 代替幾何級數中的 x，那麼對介於 -1 和 1 之間的 x 來說，我們就得到：

$$1 - x^2 + x^4 - x^6 + x^8 - \cdots = \frac{1}{1+x^2}$$

大多數的微積分教科書都會證明出 $y = \tan^{-1} x$ 的導數為 $y' = \frac{1}{1+x^2}$。因此，如果我們取等號兩邊的反導數（請注意 $\tan^{-1} 0 = 0$），就會得到

$$x - \frac{x^3}{3} + \frac{x^5}{5} - \frac{x^7}{7} + \frac{x^9}{9} - \cdots = \tan^{-1} x$$

讓 x 愈來愈接近 1，我們得到

$$1 - \frac{1}{3} + \frac{1}{5} - \frac{1}{7} + \frac{1}{9} - \frac{1}{11} + \cdots = \tan^{-1} 1 = \frac{\pi}{4}$$

　　我們已經見識了如何善用幾何級數，現在讓我們來看看它被濫用的例子。幾何級數的公式聲稱，對介於 -1 和 1 之間的 x 來說

$$1 + x + x^2 + x^3 + x^4 + \cdots = \frac{1}{1-x}$$

讓我們看看當 $x = -1$ 時會發生什麼事，這時，這個公式就會告訴我們

$$1 - 1 + 1 - 1 + 1 - \cdots = \frac{1}{1-(-1)} = \frac{1}{2}$$

這當然是不可能的；由於加加減減的都是整數，所以就算這些整數的總和會收斂至某數，也不可能是 1/2 這樣的分數。但另一方面，這個答案也不算全然荒謬，因為只要看看一些部分和，我們就會發現

$$1 \quad = \quad 1$$
$$1 - 1 \quad = \quad 0$$
$$1 - 1 + 1 \quad = \quad 1$$
$$1 - 1 + 1 - 1 \quad = \quad 0$$

以此類推。由於這些部分和其中一半是 1，另外一半是 0，所以 1/2 這個答案並不會太沒道理。

使用 $x = 2$ 這個違規的數值，幾何級數公式就會聲稱

$$1 + 2 + 4 + 8 + 16 + \cdots = \frac{1}{1-2} = -1$$

這個答案看起來甚至比上一個更荒謬，一堆正數的總和怎麼可能會是負數呢？然而，這個答案可能也有個合理的解釋。舉例來說，我們在第三章曾碰到過讓正數表現得像負數的方法，例如下面這個關係

$$10 \equiv -1 \quad (\text{mod } 11)$$

能讓我們得到像是 $10^k \equiv (-1)^k (\text{mod } 11)$ 這樣的論述。

下面有一個理解 $1 + 2 + 4 + 8 + 16 + \cdots$ 的方法，但我們需要跳脫一點框架來思考。回想一下，在第四章我們觀察到每個正整數都可以用數個 2 的次方之和來表現，而且方法是唯一的。這就是二進位算術的基礎，也就是電腦執行運算的方式。每個整數都能用有限多種 2 的次方組成，但現在假設我們允許**無窮大整數**的存在，也就是無論用多少種 2 的次方組成它都可以。典型的無窮大整數看起來可能像這樣

$$1 + 2 + 8 + 16 + 64 + 256 + 2048 + \cdots$$

其中 2 的各種次方不斷出現，無止無盡。我們並不清楚這些數目代表什麼，但我們可以發明運算這些數的合理法則。舉例來說，只要允許我們以自然的方式進位，我們就可以將這種數目相加。比方說，如果我們將 106 加入上述數目中，就會得到

$$1 + 2 \quad + 8 + 16 \quad + 64 \quad + 256 + \cdots$$
$$\underline{\quad + 2 \quad + 8 \quad + 32 + 64 \qquad\qquad\qquad\qquad}$$
$$1 \quad + 4 \qquad\qquad\quad + 64 + 128 + 256 + \cdots$$

其中 2+2 這個組合會形成 4；接下來，8+8 會形成 16，但當我們將它
和下一個 16 相加後，就會形成 32，此數再加下一個 32 會形成 64，此
數再加兩個 64 會形成一個 64 和一個 128，而所有比 256 大的數都沒有
改變。接下來，想像當我們將「最大的」無窮大整數加上 1 會發生什麼
事：

$$1 + 2 + 4 + 8 + 16 + 32 + 64 + 128 + 256 + \cdots$$
$$\underline{+1 \qquad\qquad\qquad\qquad\qquad\qquad\qquad\qquad\qquad}$$

結果會是一個永無止盡的連鎖進位過程，2 的任何次方都絕不會出現在
這條線下方。因此，我們可以將這個總和視為等於 0。既然 (1+2+4+
8+16+⋯)+1=0，那麼將等號兩邊都減去 1 就暗示著這個無窮總和表
現得就像是 −1。

　　下面是我最喜歡的一個「不可能的無窮總和」：

$$1 + 2 + 3 + 4 + 5 + \cdots = \frac{-1}{12}$$

我們可以用**推移法**來「證明」這個式子，它在有限幾何級數的第二個證
明中曾出現過。雖然這個推移法適用於有限和，但若將它用於無窮總
和，卻會導致看來相當荒唐的結果。舉例來說，我們先用推移法來解釋
前面提到的一個恆等式。如下所示，將這個級數重複寫兩次，但在第二
個級數中將每一項都向右等距推移：

$$S = 1 - 1 + 1 - 1 + 1 - 1 + \cdots$$
$$S = \quad\; 1 - 1 + 1 - 1 + 1 - \cdots$$

將兩個等式相加，我們就得到

$$2S = 1$$

因此 $S = 1/2$，就如我們之前將 $x = -1$ 代入幾何級數的結果一樣。

悄悄話

　　我們可以用推移法，對幾何級數的公式做出一個快速但沒那麼嚴格的證明。

$$S = 1 + x + x^2 + x^3 + x^4 + x^5 + \cdots$$

$$xS = \quad x + x^2 + x^3 + x^4 + x^5 + \cdots$$

用第一個等式減去第二個，我們會得到

$$S(1 - x) = 1$$

因此

$$S = \frac{1}{1 - x}$$

　　接下來，我們聲稱那個我最喜歡的無窮總和其交錯版本也有同樣有趣的答案，那就是

$$1 - 2 + 3 - 4 + 5 - 6 + 7 - 8 + \cdots = \frac{1}{4}$$

下面是利用推移法的證明。將這個級數重複寫兩次，我們得到

$$T = \quad 1 - 2 + 3 - 4 + 5 - 6 + 7 - 8 + \cdots$$

$$T = \qquad 1 - 2 + 3 - 4 + 5 - 6 + 7 - \cdots$$

當我們將這兩個等式相加,就會得到

$$2T = 1 - 1 + 1 - 1 + 1 - 1 + 1 - 1 + \cdots$$

因此 $2T = S = 1/2$,$T = 1/4$,就跟我們斷言的一樣。

最後,我們將所有正整數的總和以 U 來表示,並在它下方寫下先前那個(且沒推移過的)級數 T,看看會發生什麼事。

$$U = 1 + 2 + 3 + 4 + 5 + 6 + 7 + 8 + \cdots$$
$$T = 1 - 2 + 3 - 4 + 5 - 6 + 7 - 8 + \cdots$$

用第一個等式減去第二個,就會顯示出

$$U - T = 4 + 8 + 12 + 16 + \cdots = 4(1 + 2 + 3 + 4 + \cdots)$$

換言之

$$U - T = 4U$$

把 U 當作變數來解,我們就得到 $3U = -T = -1/4$,因此

$$U = -1/12$$

正是我們斷言的答案。

在此特別聲明,當你將無限多個正整數相加時,總和會發散至無窮大。但別急著將這些「非無限大的答案」視為沒有數學成分的單純魔術,有可能其中藏著讓它自有道理的脈絡。藉由擴展對於數的看法,我們就會看到 $1 + 2 + 4 + 8 + 16 + \cdots = -1$ 這個總和並不是那麼難以置信。回想一下,當我們將數限制在一條實數線上時,你(絕對)找不到平方之後等於 -1 的數,然而一旦我們將複數視為平面上的居民,而且它們有自己的算術規則,這點就是可能的了。事實上,研究弦論的理論物理學家真的在他們的計算中用了 $1 + 2 + 3 + 4 + \cdots = -1/12$ 的這個結果。下次,當你碰到跟這裡證出的總和一樣矛盾的結果時,你可以選擇視之為

不可能，並從此不予理會，但如果你願意用你的想像力來思索這些可能性，那麼一個美麗又合理的體系就可能會出現。

讓我們用另一個矛盾的結果來為本書作結。在本節一開始，我們看到了交錯級數

$$1 - \frac{1}{2} + \frac{1}{3} - \frac{1}{4} + \frac{1}{5} - \frac{1}{6} + \cdots$$

收斂至 ln 2＝0.693147... 這個數，如果你將這些項改用不同的順序相加，你自然會預期得到一樣的總和，因為加法的交換律聲稱對任意數 A 和 B 來說

$$A + B = B + A$$

然而，看看當我們將這些數以下面這個方式重新排列後會發生什麼事：

$$1 - \frac{1}{2} - \frac{1}{4} + \frac{1}{3} - \frac{1}{6} - \frac{1}{8} + \frac{1}{5} - \frac{1}{10} - \frac{1}{12} + \cdots$$

請注意，這個級數的內容跟上面那個交錯級數相同，因為都是所有分母為奇數的分數減去所有分母為偶數的分數。雖然在這一式中偶數出現的速率是奇數的兩倍，但兩者都一樣用之不竭，而且每一個從原級數中取得的分數在這個新級數中也都僅出現一次，這些你都同意嗎？但請注意，這個式子等於

$$
\begin{aligned}
&= \left(1 - \frac{1}{2}\right) - \frac{1}{4} + \left(\frac{1}{3} - \frac{1}{6}\right) - \frac{1}{8} + \left(\frac{1}{5} - \frac{1}{10}\right) - \frac{1}{12} + \cdots \\
&= \quad \frac{1}{2} \quad\; - \frac{1}{4} \quad\; + \frac{1}{6} \quad\; - \frac{1}{8} \quad\; + \frac{1}{10} \quad\; - \frac{1}{12} + \cdots \\
&= \frac{1}{2}\left(1 \quad - \frac{1}{2} \quad + \frac{1}{3} \quad - \frac{1}{4} \quad + \frac{1}{5} \quad - \frac{1}{6} + \cdots\right)
\end{aligned}
$$

其結果正是原總和的一半！這怎麼可能呢？當我們將一個級數重新排列，怎麼會得到一個完全不同的結果呢？原因令人感到驚訝：其實在你將無限多個數相加的時候，加法的交換律會**失效**。

　　只要一個收斂級數中的正項和負項都分別會形成發散級數，換言之，正項會不斷累加至∞而負項會不斷累加至－∞，這個問題就會出現，這正是我們在上面的例子中碰到的情況。這些級數叫作**條件收斂**級數，而令人難以置信的是，它們可以被重新排列並湊成任何數值。我們要如何重新排列前面那個級數以得到 42 這個結果呢？首先，要加上足夠多個正項直到總和稍微超過 42 一點點，然後減去第一個負項，再加上更多個正項直到總數再度超過 42，然後再減去第二個負項。重複這些步驟，你的總和最終會愈來愈接近 42。（舉例來說，在減去第五個負項 －1/10 之後，你跟 42 的差距就會總是在 0.1 以內。在減去第十五個負項 －1/100 之後，你跟 42 的差距就會總是在 0.01 以內，以此類推。）

　　實際上我們碰到的大部分無窮級數都不會表現出這種奇怪的行為。如果我們將每一項都換成它們自身的**絕對值**（所以每一個負項都會變成正項），那麼新的級數如果會收斂，原級數就叫做**絕對收斂**。舉例來說，我們先前碰到過的那個交錯級數

$$1 - \frac{1}{2} + \frac{1}{4} - \frac{1}{8} + \frac{1}{16} - \cdots = \frac{2}{3}$$

就是絕對收斂，因為當我們求各項絕對值的總和時，會得到熟悉的收斂級數

$$1 + \frac{1}{2} + \frac{1}{4} + \frac{1}{8} + \frac{1}{16} + \cdots = 2$$

就絕對收斂級數而言，即使項數有無限多，加法的交換律也始終能正常運作。因此在上面那個交錯級數中，無論你多麼徹底地重新排列 1、－1/2、1/4、－1/8 等……數，重組後的級數永遠都會收斂至 2/3。

　　一本書並不是無窮級數，總有到尾聲的時候。我們不敢試著超越無限，所以這裡看來就是叫停的好地方了，不過，我忍不住要做最後一趟充滿數學魔法的小旅行。

安可！魔方陣！

你有始有終地讀到本書的結尾，值得獎勵一番，希望你會喜歡下面這個魔術般的數學主題。它跟無窮沒有關係，但是「魔術」的確直接出現在它的名字中：魔方陣。**魔方陣**是一個有著許多數字的方格，其中各個直行、橫列，以及對角線內的數字加起來都一樣。最有名的 3 乘 3 魔方陣如下所示，其中三個直行、三個橫列，以及兩條對角線內的數相加都是 15。

4	9	2
3	5	7
8	1	6

▲ 一個 3 乘 3 的魔方陣，其魔術總和為 15。

這個魔方陣有一個鮮為人知的事實，我稱之為平方迴文性質。如果將每一行和每一列都視為一個三位數，並取這些數的平方，你就會發現

$$492^2 + 357^2 + 816^2 = 294^2 + 753^2 + 618^2$$

$$438^2 + 951^2 + 276^2 = 834^2 + 159^2 + 672^2$$

類似的現象也發生在某些**廣義的**對角線中，比方說：

$$456^2 + 312^2 + 897^2 = 654^2 + 213^2 + 798^2$$

果真是魔術般的平方啊！

最簡單的 4 乘 4 魔方陣使用 1 至 16 這些數目，其中各個直行、橫列，以及對角線上的數字相加都會產生 34 這個魔術般的總和，如下圖所示。數學家和魔術師都喜歡 4 乘 4 的魔方陣，因為通常有數十種不同

的方式可以達成這個魔術總和。舉例來說，在下面這個魔方陣中，各個直行、橫列，以及對角線上的數目加起來都是 34。藏在這個魔方陣中的每個 2 乘 2 小方陣也有同樣的性質，例如左上方那個象限 (8,11,13,2)、中間的四個數 (2,7,16,9)，以及魔方陣的四個角落 (8,1,10,15)。即使廣義的對角線之和，以及魔方陣中任一個 3 乘 3 小方陣的四個角落之和也都會是 34。

8	11	14	1
13	2	7	12
3	16	9	6
10	5	4	15

▲ 總和為 34 的魔方陣。各直行、橫列，以及對角線上的數目加起來都是 34，此外幾乎每一組位置對稱的四個方格也都是如此。

有沒有哪個大於 20 的二位數是你特別喜歡的？只要用上 1 至 12 這些數目，你就可以立刻創造一個總和為 T 的魔方陣，其中包含 $T-18$、$T-19$、$T-20$ 和 $T-21$ 這些數，如下圖所示。

8	11	$T-20$	1
$T-21$	2	7	12
3	$T-18$	9	6
10	5	4	$T-19$

▲ 一個魔術總和為 T 的得來速魔方陣。

舉例來說，看看下面這個魔術總和 $T=55$ 的魔方陣。每一組原本加起來會等於 34 的四個數目現在的總和是 55，前提是這 4 個數目中正好包括一個（兩個或零個都不行）用上變數 T 的方格。所以右上角的小方

陣能有正確的總和（35＋1＋7＋12＝55），但左半邊中間的方陣就不對了（34＋2＋3＋37≠55）。

8	11	35	1
34	2	7	12
3	37	9	6
10	5	4	36

▲ 一個總和為 55 的魔方陣。

雖然並不是每個人都有特別喜愛的二位數，但每個人都有生日，而我發現大家會重視那些用他們的生日量身打造的魔方陣。下面是個我用來創造「雙重生日」魔方陣的方法，其中代表生日的數字真的會出現兩次：最上面的橫列和四個角落。如果代表生日的四個數為 A、B、C，和 D，那麼你就可以創造出下面這個魔方陣。請注意，各個直行、橫列、對角線，以及大多數位置對稱的四個數字都會得到魔術總和 $A+B+C+D$。

A	B	C	D
$C-1$	$D+1$	$A-1$	$B+1$
$D+1$	$C+1$	$B-1$	$A-1$
B	$A-2$	$D+2$	C

▲ 一個雙重生日魔方陣，日期 $A/B/C/D$ 出現在最上面的橫列和四個角落。

以我母親的生日 1936 年 11 月 18 日為例，這個魔方陣看起來像下面這樣：

11	18	3	6
2	7	10	19
7	4	17	10
18	9	8	3

▲ 我母親的生日魔方陣：11/18/36，其魔術總數為 38。

現在根據你自己的生日來創造魔方陣吧，如果依據上面提出的模式，你的生日總和會出現三、四十次，看看你能找到幾組吧。

雖然 4 乘 4 的魔方陣算是最變化多端的，但還有其他技巧能夠創造出更大的魔方陣。舉例來說，下面是一個使用數字 1 至 100 的 10 乘 10 魔方陣。

92	99	1	8	15	67	74	51	58	40
98	80	7	14	16	73	55	57	64	41
79	6	88	20	22	54	56	63	70	47
85	87	19	21	3	60	62	69	71	28
86	93	25	2	9	61	68	75	52	34
17	24	76	83	90	42	49	26	33	65
23	5	82	89	91	48	30	32	39	66
4	81	13	95	97	29	31	38	45	72
10	12	94	96	78	35	37	44	46	53
11	18	100	77	84	36	43	50	27	59

▲ 一個使用數字 1 至 100 的 10 乘 10 魔方陣。

在不計算任何一組總和的情況下，你能找出各個直行、橫列，以及對角線的魔術總和嗎？當然可以！由於我們在很久以前就證明過將 1 至 100 全部相加會得到 5050，所以每一排相加的結果一定是這個數的十分之一，因此這個魔術總和一定會是 5050/10＝505。本書從一個將 1 至

100 相加的問題開始，所以看來我們就在這裡結束是滿合適的。恭喜你（也謝謝你）有始有終地讀完了這本書。我們在本書中涵蓋了許多的數學主題、觀念，以及解決問題的策略。當你回過頭來把這本書再看一次，或閱讀其他有賴數學思維的書籍時，我希望你會發現這本書裡提過的觀念既實用，又有趣，而且如魔術般神奇。

後記

　　我希望這不會是你讀的最後一本數學書，因為除此之外還有很多優秀的教材呢。的確，大多數真正有趣的數學我都是在課堂外學到的，其中也包含了很多列在本書中的部分。

　　本書是從我的影片課程「數學的樂趣」（*The Joy of Mathematics*）衍生出的成果，此影片由「大課程」（The Great Courses）出版。這個課程包含了二十四堂各三十分鐘的內容，全部由我親自授課。本書除了涵蓋所有的主題外，另外還多了幾個，例如「有趣的機率」、「數學遊戲」，以及「魔術」。（我很感激他們願意讓我借用許多那個課程中的點子來完成這本書。）「大課程」有三四十個數學課程（可取得的形式有音訊、影像，而且可以下載。）講述許多數學主題，包括全力致志於像是代數、幾何、微積分，以及數學史這些主題的全套課程。他們非常用心，找了許多全國最好的教授來講解這些課程，我也非常榮幸能為他們創造其中的四個課程。另外的三個課程分別是「離散數學」、「數學速算魔法」，以及「遊戲和謎題中的數學」。

　　對於如何在腦中運算數學，紙本資料請參閱我與 Michael Shermer 合著的《數學速算魔法》一書，此書由蘭登書屋（Random House）出版（在台灣由稻田出版）。這本書詳盡解釋了如何快速且正確地運算各種問題，無論規模大小為何。如果你熟悉十十乘法表，那麼你應該就能理解本書中所有的技巧了。對於更基礎的方法，我已經創造出一本針對小學年紀學童的練習本，此書談及心算加法和減法，稱之為「心算的藝

術」（The Art of Mental Calculation）（Natalya St. Clair 是本書的共同作者和美麗插圖的畫家），你可以在亞馬遜網路書店或是它旗下的隨需印刷出版平台（createspace.com）找到這本書。

我已經為進階讀者寫了其他三本數學書，美國數學協會已經出版了我與 Jennifer J. Quinn 合著的《可靠的證明：組合證明的藝術》（*Proofs that Really Count: The Art of Combinatorial Proof*），以及與數學教授 Ezra Brown 共同編輯的《數論餅乾》（*Biscuits of Number Theory*）。我最新的書是與 Gary Chartrand 以及張平合著的《圖表理論的奇妙世界》，由普林斯頓大學出版社發行。

我欠 Martin Gardner 一個書面致謝，他是有史以來最偉大的數學魔術師，有超過兩百本著作，其中大多數都與趣味數學有關。他的書（以及《科學美國人》雜誌中的數學遊戲專欄）啟發了許多世代的科學家以及數學愛好者。跟隨加德納的腳步，我也推薦由 Alex Bellos、Ivars Peterson 以及 Ian Stewart 三位分別寫的所有著作。在這個類型中最好的新書之一是 Steven Strogatz 所寫的《X 的奇幻旅程：從零到無限的數學》。

對於那些將目標放在高階數學的教科書來說，我自己本身就是 Richard Rusczyk 所寫的《解題的藝術》系列叢書的忠實書迷。這些包含了代數、幾何、微積分、解題以及更多主題的書雖然極富挑戰性，但內容都清楚明瞭。他們的網站（ArtOfProblemSolving.com）也提供離線課程給那些喜愛數學以及參與數學競賽的學生。

另外還有一些有趣的線上資源。我的同事 Francis Su 在他的「有趣的數學事實」（Math Fun Facts）這個網站中（www.math.hmc.edu/funfacts）有上百個令人吃驚的數學例子，它們最初是為了那些希望在課堂的前五分鐘能夠做些快速又有趣的事情的老師所設計。Alex Bogomolny 創造出「快刀斬亂麻」這個網站（Cut-The-Knot.org），裡面有很多各式各樣的數學互動遊戲和謎題，可以讓你玩上很長一段時間。他的其中一個

專欄提供了超過一百個畢氏定理的證明。純屬好玩，去看看「數字愛好者」這個網站（Numberphile.com）上的免費影片吧，在這裡呈現出的數學非常有趣。

　　我已經無法再加上（或乘上）其他內容了，希望你閱讀愉快！

誌謝

　　要是沒有許多人的持續鼓勵，這本書就不會存在。在此感謝我的作家經紀人 Karen Gantz Zahler，以及基礎叢書出版社的非凡編輯 TJ Kelleher 的熱情支持。

　　要是沒有 Natalya St. Clair 極為寶貴的幫助，我無法想像自己怎麼能夠完成這個計畫。他創造出的各種插畫、圖表，和數學圖解讓本書生色不少。她有一種能讓數學書看來很美麗的天賦，而且與她共事是件愉快的事情。

　　從之前的一位學生 Sam Gutekunst 那裡我得到數不清的珍貴回饋，他仔細地閱讀本書的每一章，並且用很多方法改善本書，讓凱勒的工作著實輕鬆不少。我運氣很好，能夠有數學家雪兒 Amy Shell-Gellasch 以及 Vincent Matsko 這兩雙銳利的眼睛，他們讀完本書後所提出的建議對最後的成品有深遠的影響。

　　我很幸運能在哈維穆德學院擁有許多優秀的同事和學生，在此我要特別感謝 Francis Su 的會談和他的「有趣的數學事實」網站，以及 Scott 和 Carol Ann Smallwood 賦予我斯默伍德家族協會中數學主席的位置。我也很感謝 Christopher Brown、Gary Chartrand、Jay Cordes、John Fort、Ron Graham、Mohamed Omar、Jason Rosenhouse，以及 Natalya St. Clair 等人的寶貴討論和想法。

　　我也要謝謝 Ethan Brown 分享了他用來背住 τ 的記憶法，謝謝 Doug Dunham 允許我使用它的蝴蝶圖像，謝謝 Mike Keith 讓我使用他

那偉大的 π 之頌詞「Near a Raven」，謝謝數學家 Larry Lesser 和 Dane Camp 允許我使用他們的歌詞「數學上的 π」以及「眾所皆知的數學歸納法」，還有 Natalya St. Clair 的那張「黃金切割比下的玫瑰」照片。

謝謝珀修斯圖書集團諸位非常專業的職員。非常榮幸能與 Quynh Do、TJ Kelleher、Cassie Nelson、Melissa Veronesi、Sue Warga 和 Jeff Williams（以及無數個幕後推手）共事。

我對「大課程」致上無盡的感激之情，他們創造出這麼棒的 DVD 課程，而且允許我以我從未想過有可能實現的方式將數學傳播給大眾，並同意讓我在準備本書時能將我的「數學的樂趣」課程中的教材擴大沿用。綜觀這些課程，Jay Tate 這個人一直都是我不可或缺的資源。

感謝我完美的父母賴瑞以及蕾諾兒，以及將我塑造成今日模樣的各位老師。我永遠都會感謝我的小學教師 Betty Gold、Mary Ann Spark 和 Jean Fisler，以及梅菲爾德高中、卡內基美隆大學、約翰霍普金斯大學，和哈維穆德學院的數學系與應用數學系的所有教職員和學生。

最重要的是，感謝我的妻子迪娜以及我的女兒羅瑞兒和艾麗兒，感謝她們在我寫這本書期間的愛與耐心。迪娜為我校對所有內容，我對她懷有無盡的愛和感激。迪娜、羅瑞兒，以及艾麗兒，謝謝你們為我的人生增添這麼多的魔力。

班傑明

克萊蒙特，加州

2015

中英對照表及索引

十畫

十一畫